新形态教材
New Integrated Form of Coursebook

U0160698

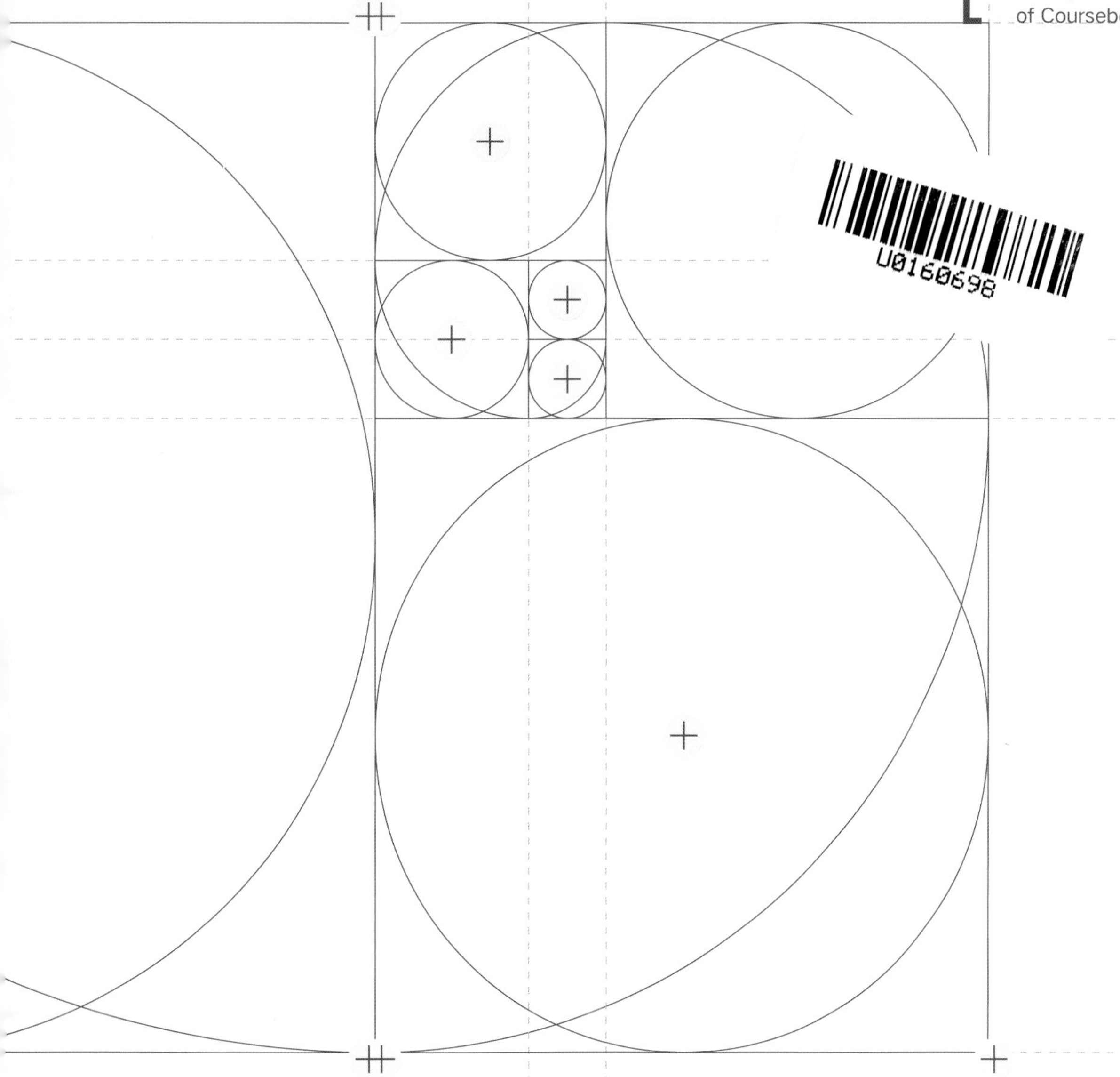

# 网格系统与版式设计

# Grid Systems In Typography

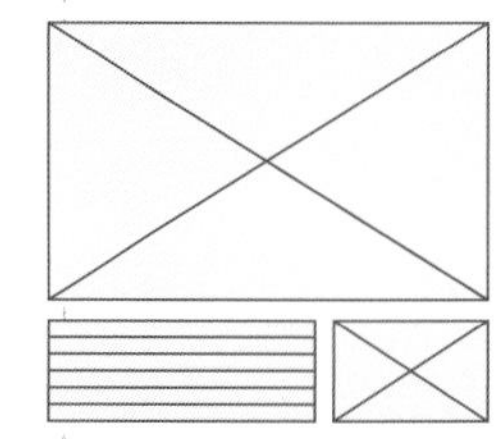

方舒弘 著

秩序与自由 ● 边界内的诗意 ● 古典与当代设计中的网格

微感知训练 ● 版式语言的自我探索 ● 网格系统的多元演绎

中国美术学院出版社

# 前言　PREFACE

一直以来，网格系统与版式设计被视为视觉传达设计专业教学的核心课程。这是因为，一方面，版式设计是贯穿视觉传达设计发展史的重要内容，是学习视觉传达设计专业知识无法忽视的要点问题；另一方面，从行业所需的专业技能角度来讲，版式设计也是设计行业人员的入门必修课。

然而，凡是深入接触过版式设计这门专业基础课程的学生与老师都知道，版式设计学习是一项艰巨的任务。对于初学者来讲，版式设计涉及形式法则、视觉要素加工、信息层级、阅读习惯等诸多内容，知识点繁杂琐细；随之而来的，如何让这些知识整合起来发挥作用，完成有效地信息传递和视觉说服则是另一项难题。多年来笔者试图直面与解决上述难题，本书便是对这些教学探索的一次记录、梳理、总结与演绎。

## 本教材目标

如前所述的这些教学挑战构成了本教材的出发点。经笔者多年教学实践与摸索，找到的解决方法之一就是，将技能训练与设计者思维过程联系到一起。本书希望尽可能准确地介绍这一教学设计创新方法的理论来源与实操过程，充分激活初学者的水平和纵向思维，展示网格系统设计方法的效用，为他们深入探索平面设计世界提供一条扎实有效的路径，也为授课教师提供一种可实操、可借鉴的崭新思路。

同时，本教材的另一个目标在于，呼吁业内人士重新思考和审慎对待当前版式设计教学中存在的知识与技能之间相对断裂、缺乏转化路径的问题。我们需要格外注意，如何让那些依赖于传统平面印刷媒介的基础知识，以及版式设计中蕴含的极为丰富的文化基因、视觉形式原理与技术术语，真正内化、转化为学生的一种设计意识、思维方法和工具，帮助他们从模糊的“感觉”过渡到具备认知的“感知”，建立起设计意识；引导他们摆脱“默会模仿”的惯性动作，充分调动主观能动性，深入自我探索与开发的过程，并灵活运用实用工具（网格系统），提高系统思考与视觉化处理复杂问题、寻找最佳方案的高阶能力。因此，本教材在充分重视与强调历史传统脉络与基本原理的传达的同时，也开发了一套卓有成效的创新性教学方法，希望在知识与技能之间架起一座桥梁，让学生在习得“如何设计”的同时，也更深刻地明白“为何如此设计”，真正“知来处，明去处”，为未来世代的设计师们提供更为多元、广阔的创作根基与视野。

## 本教材的受众

无疑，本教材的初衷是为视觉传达设计专业的学生与教师而作。本教材的内容的确有十分专业化与技术化的部分，但在撰写时，笔者试图追本溯源、深入浅出，充分考虑其易读性，因此，所有有志于版式设计或对此真正感兴趣的人都可以成为本教材的读者。然而，需要特别提醒的是，读者需要认真做好准备。优秀的平面设计师就像深藏不露的“棋王 / 武林高手”，除了持久的练习以外，他们大多数都不愿意透露自己本领背后的方法。就如同师徒间，师傅只会对那些诚心承诺要学习这门功夫的人透露秘籍。同样的，这本教材也将给读者提供一个独一无二的学习机会——而且只有认真看待设计的人才能得到这个机会。

## 写给教师的话

笔者作为视觉传达设计专业教师开展版式设计的授课已经十多年了。2009 年笔者从苏黎世艺术大学（苏黎世工艺美术学院）访学回国后，将瑞士经典的文字排印课程教学方法融入中国美术学院的“设计编排”课程中。经过三年的课堂教学实验和调整，于 2012 年形成了关于“网格系统与版式设计”课程的初步设想，但当时课程名仍为“设计编排”。直至 2016 年视觉传达设计专业教学改革，课程正式更名为“网格系统与版式设计”。至此，在课程名称中已能比较明确地体现出网格系统设计方法作为版式设计基础的重要教学内容。课程设计经过不断优化，沿用至今。

与传统的版式设计教学方式不同，笔者试图将思维的训练渗透到课程设计中，鼓励学生从分析、直觉、水平思考、纵向推演中，发展出自己的视觉风格，而非仅仅是示范式、默会式的训练。笔者希望这一重塑版式设计教学本质的实验，不仅能够收到显著的教学效果，还能帮助教师获得一种有益而充满活力的教学体验。当然，版式设计教学的探索还有很长的路要走。作为教师，我们面对着新的时代、新的世代、新的技术、新的目标、新的挑战，教学改革也非一蹴而就之举，只能与时俱进，不断自我革新、精益求精。在此，与阅读本书的所有教师们共勉。

## 章节设置

本教材分为“理论与观念之脉”与“实训与进阶之路”两个部分。

第一部分旨在通过厘清西方版式设计的历史演进以及东方传统版式设计自成一脉的独特现象，来呈现脱胎于不同文化源头的版式设计理念的差异与多元形式。在此基础上，从历史传承与演化的角度重新审视现代网格系统的诞生与应用方法。由此，帮助读者对版式设计与网格系统的历史脉络、基本原理与理论建立起纵横交织、全面系统的认知，形成初步的设计意识与多元视野，为后续的设计创作夯实基础。

第一章“在秩序与自由之间舞蹈：西方版式设计回望”，是基于人类信息传播史的新视角，从技术手段与历史文化的更迭入手，分手稿书写时代、传统印刷时代、工业印刷时代、数字信息时代四小节，系统阐述西方版式设计在理性主义与人文主义、秩序与自由之间碰撞前进的演变过程。第二章“在边界内书写诗意：中国版式设计追索”，试图提炼出东方版式设计的特征性现象和标志性线索，即一贯性、整体性、灵活性的总体特征，汉字中蕴含的中国编排设计基础价值观，“右起直行”竖向文字编排方式的固定性，图文并置模式的演进，以及界格栏线系统体现出的东方式“边界”意识。第三章“从古典原则到当代设计：再谈网格系统”，通过追溯根植于古埃及、古希腊的古典秩序原则且不断迭代的规则体系，串联并梳理了现代网格系统产生与发展的历史过程，形成对“什么是网格系统”这一问题的崭新认识，并介绍了网格系统的构成要素与基本类型，探讨了这一秩序系统中包含的多样性与可能性。

第二部分则从不同角度正面回应了教学中知识与技能之间相对断裂、缺乏转化路径的问题，系统梳理与呈现了笔者在长期教学实践中探索出的三个循序渐进且卓有成效的课程实训，即“版式要素的微感知训练”“版式语言的自我探索”与“网格系统的多元演绎”。

具体而言，每一章的开篇，首先阐明了每个课程实训的设置意图与实操框架；阐明了以微观的尺度感知训练为起点帮助学生从“感觉”过渡到“感知”，以展览宣传单的个性化设计为开端引导学生从“默会”发展到“创造”，以网格介入复杂文本版式设计为案例促使学生从“低阶能力”上升到“高阶能力”的必要性、重要性与训练宗旨。继而完整展示了实训环节与步骤，并在其中嵌入了相应的核心知识点，最后在学生课堂习作的具体展示中生动呈现了操作技能和创意方法，帮助读者更直观、明确地感受与理解如何将那些看似枯燥复杂而机械的原则、方法与技术转化为更加灵活多样的表达形式。教师读者可以将这部分内容直接应用于课堂教学设计中，而学生读者则可以将这部分内容视为一份设计指南加以自我训练和运用。

# 目录　CONTENTS

## 第二部分——实训与进阶之路

# 理论与观念之脉

# Tracing the Theory and Concept

# 第一部分

# Part 1

# 第一章　在秩序与自由之间舞蹈：西方版式设计回望

**本章导读**

■ 自人类有意识地在一个平面上按一定章法安排文字、图片、色彩等元素来清晰地传递信息开始，便有了版式设计。简言之，版式是信息传达的重要媒介之一。由此，人类信息传播的历史脉络将为我们理解西方版式设计的演变提供一个新的视角。

■ 从古至今，人们交流和传播信息的方式一直在不断演进。从早期的口耳相传，到书写记录，再到印刷分发，乃至今天的数字交互，信息分享与传递的时空跨度不断扩大，接收人群愈加广泛，且传播速度越来越快，传播途径日渐多元。

■ 随着人类交流能力的一次次显著提高，版式设计领域也在发生明显变化。究其根本，背后主要有两个推动要素：一是绘写与制作各种图形、文字的物质技术手段；二是不同的历史文化背景。

■ 纵观西方版式设计的发展历程，犹如一部激荡人心的交响曲，人文主义与理性主义在此反复交织，对秩序的追求与对自由的崇尚在此碰撞变奏，呈现出波浪式前进的姿态。

## 一、手稿书写时代：古老的形式　经典的源流

自从两河流域的苏美尔人在泥板上刻写楔形文字，并用一些线条将文字进行分隔以来，人类就一直尝试着在某个平面上对信息要素进行组织。古代的埃及人引入了几何学原理，史前的希腊人引入了比例原理。经典的风格和信息传达的方式由此发展起来，逐渐深入人心。

古埃及以图形为核心的象形文字最初是专门的书记员为记录法老财富而发明的。古埃及人将这些文字符号记录于草纸上（图 1），可视为版面设计的雏形。

公元前 3 至公元 6 世纪，古罗马走向衰亡，进入中世纪。这一时期出现了一些沿用至今的字体，兼备审美和功用的特点，其设计包含着字体的历史及传播的信息。同时，插图和图表——例如地图、表格和示意图等——都开始用来构成和传播特定的知识。文本用途的改变使手抄本的格式得到发展，出版成为一个行业，满足了宗教神学、医药、法律等领域的专门化需求以及人们对文学的普遍兴趣。

其中宗教手抄本体现了版面设计的高水准，比较有代表意义的是凯尔特人的手抄书籍版面（图 2），精美的插图和规范的文字混合编排，华丽烦琐的装饰形成了这一时期版面样式的主要特征。

## 二、传统印刷时代：早期标准化框架的确立

这一时期，版式设计在形式上和技术上都与活字印刷的发展紧密相关。

1450 年，来自德国的工匠——约翰 · 古登堡（Johannes Gensfleisch zur Laden zum Gutenberg）发明了西方最早的金属活字印刷术，并以该技术印刷了《圣经》（图 3）。金属活字的出现，使得文字和插图可以进行比较灵活地拼合；相对于从左到右的传统抄写模式，分栏的使用更加普遍；新的字型被逐渐开发出来，而能够大量复制的木版或铅版在投入使用前，对其版式的美化程度亦逐渐提高。当时这种新的利用金属活字和插图版配合组成版面的工作，就称得上是现在意义上的“排版”了。

随着印刷为字体、版式和编排习惯建立了标准，同时，经历了文艺复兴时期人文主义思潮的兴起、科学研究的发展，乃至后来启蒙运动中高度重视理性和客观态度的确立，在技术与文化的双重带动下，欧洲出版业的繁荣时代全面到来。印刷品的种类和流通更加广泛，科学、工程、文学、戏剧等不同兴趣面向的读者群体形成，政府行政和商业管理对印刷品的需求亦有所增加，也反过来对版式编排与视觉形式提出了区分鲜明、个性突出的设计要求。

值得注意的是，文艺复兴时期，有关比例和形态的经典理论得以复活，并被用于版式设计中。德国的阿伯里奇 · 丢勒 (Albrecht Dürer) 于 1525 年出版了自己有关书籍设计的理论著作《运用尺度设计艺术的课程》（图 4、图 5），推动了版式编排在美术理论、设计技法的研究上的进步。

## 三、工业印刷时代：摆动于人文主义与理性主义之间

18 世纪 60 年代，西方工业革命在英国拉开序幕。这场持续了近百年的产

图 1

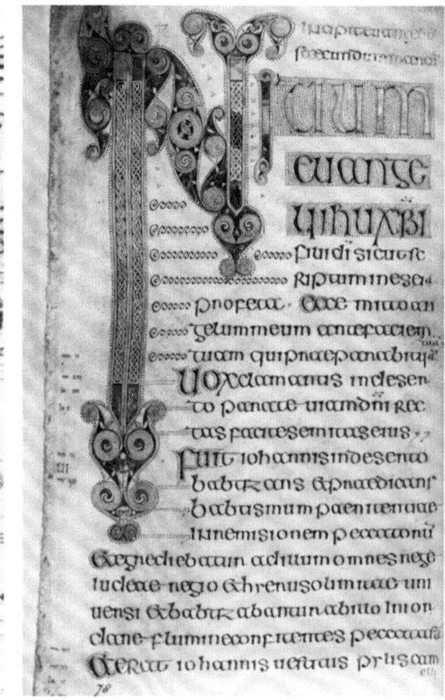

图 2

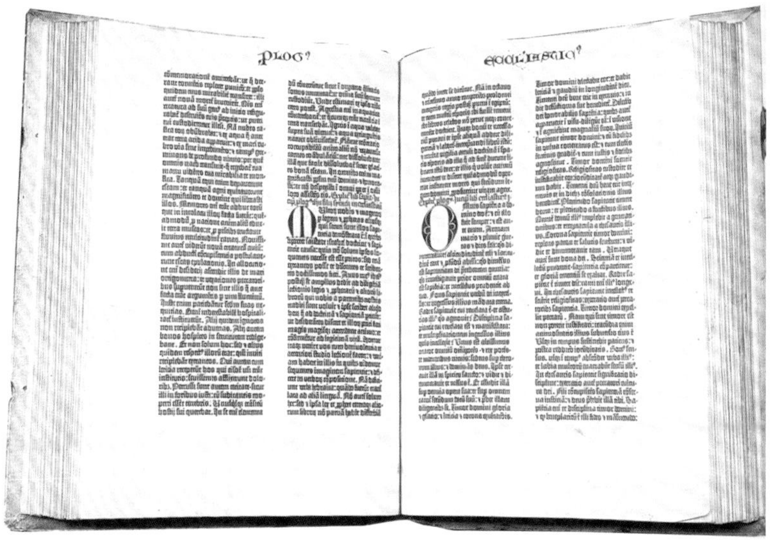

图 3

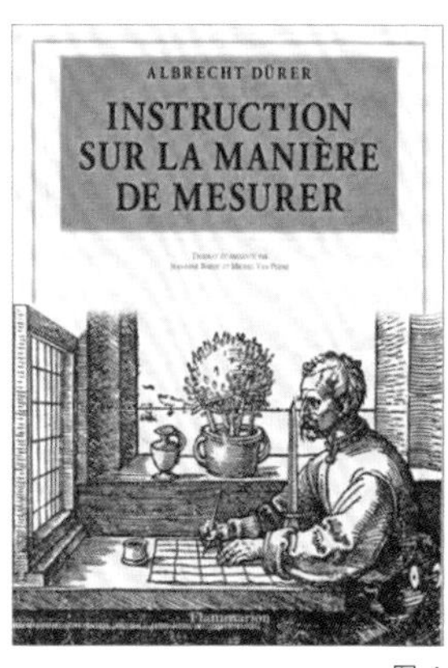


图 4

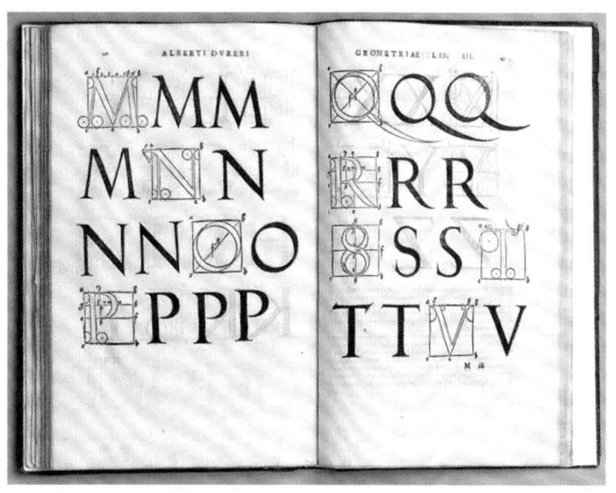


图 5

图 1　公元前 1450 年的《死亡书》，图像和文字采用竖排的形式组织整体，版式典雅富有装饰感，透出古朴和神秘的气息

图 2　凯尔特人手抄书具有强烈的装饰特点，色彩绚丽，金碧辉煌。首写字母装饰得大而华贵，装饰花边环绕在图案式的插图周围，设计十分讲究

图 3　金属活字印刷的《圣经》，折本书的单页版面中的文字分为两栏，版面工整，插图和文字分开在不同的版面上，阅读非常方便

图 4、图 5　阿伯里奇·丢勒书籍设计理论著作《运用尺度设计艺术的课程》封面与内页，1525 年

业革命深刻改变了人类社会生活的方方面面。而早在 1845 年，德国第一台快速印刷机的发明，已经推动印刷排版进入了机械化时代，这也为版式设计领域各种现代潮流的兴起提供了技术条件。

艺术家们对社会的工业化现象做出了种种不同的回应：有的缅怀古典时代，渴望复兴工艺传统；有的崇尚人本与自然，排斥机械异化；有的拥抱工业主义，推崇理性与规则；有的极端反对理性主义，强调自我与自由……在各抒己见的争锋与创造中，涌现出一批目标各异、截然不同的风格流派，极大地推动了现代版式设计的发展。

## 1. 重新诠释古典：维多利亚风格

英国维多利亚女皇执政期间（1837—1901），出现了一个和平、繁荣的稳定时期，被后世称为“英国工业革命和大英帝国的峰端”。当时人们对于艺术审美的要求日益提高，维多利亚风格开始了人类生活中一种全新的对艺术价值的定义，它重新诠释了古典的意义，扬弃机械理性的美学。这时候的版面设计日趋成熟，追求烦琐、华贵、复杂装饰的效果（图 6）。

另外，18 世纪末出现的石版印刷与彩色木刻技术（图 7），因其精美的印刷质量和丰富的色彩层次能够体现更为真实的版面内容，常常被用于各种不同的商业海报和包装、马戏与娱乐广告中，更是推动了这一时期烦琐、复杂风格的发展。

## 2. 回归传统与自然：工艺美术运动与新艺术运动

随着工业革命的推进，生产力显著提高，人们普遍追求效率，大批量工业化生产和维多利亚风格的烦琐装饰导致设计水准急剧下降，也引发了艺术家们对工业主义的质疑。

图 6　维多利亚时期书籍 *The Pencil of Nature*，版面设计出现了烦琐、复杂的装饰风格

图 7　20 世纪早期的彩色石版印刷，石版印刷的发明推动了版面中的图像和色彩的表达。在标题字体的设计上，为了达到华贵、花哨的效果，广泛使用了类似阴影体和装饰体的字体

图 8　威廉·莫里斯，古典主义版面的创始人，他将文字和曲线花纹拥挤地结合在一起，将各种几何图形插入，以分割画面

图 9　英国的比亚兹莱绘制的插图和设计的书籍达到了很高的水准

图 10　穆夏的插画作品

图 6

图 7

19 世纪下半叶，英国艺术家、诗人威廉·莫里斯（William Morris）倡导了一场“工艺美术”运动：强调艺术、设计是为大众服务的，主张设计实用性与美观性的结合，关注艺术与传统手工艺以及人的审美趣味；在装饰上，反对繁复的维多利亚风格，提倡哥特风格、其他中世纪风格、自然主义风格和东方风格，讲究简单、朴实，主张设计诚实。这一时期的版面设计注重从传统手工艺和自然形态中汲取养分，采取对称的版面格局，强调版面的装饰性，形成了严谨、庄重的风格。“工艺美术”运动家创造了许多被以后设计家广泛运用的版面构成形式。其中，比较典型的特征是将文字和曲线花纹拥挤地结合在一起，将各种几何图形插入和分隔画面等（图 8）。

而 19 世纪末 20 世纪初，旧的、手工艺的时代接近尾声，新的、现代化的时代即将开始，正是新旧交替时期，“新艺术”运动应运而生并席卷欧洲和美国。它主张完全从自然中汲取设计装饰。因此，波浪起伏的线条、蜿蜒的曲线，以及树叶、花朵和流动的葡萄藤蔓的形象反复出现，强调装饰性、象征性。这一时期的版式设计以招贴广告和书籍设计为主，风格特点表现为写实中注意平面处理，后期有强化装饰性与平面化的趋向。英国的代表人物奥伯利·比亚兹莱（Aubrey Beardsley）绘制的插图和设计的书籍（图 9）达到了很高的水准。埃贡·席勒（Egon Schiele）、图卢兹·劳德雷克（Henri de Toulouse-Lautrec）等人的招贴广告，强调大色块的对比和画面形象要素的戏剧化冲突，构图以艺术家的主观感性判断为主。此后以阿尔丰斯·穆夏（Alphonse Maria Mucha）等人为代表的设计（图 10）装饰性越来越强，平面化的趋向逐渐占据了主导地位。

THE STORY OF THE GLITTERING PLAIN OR THE LAND OF LIVING MEN

Chapter I. Of those Three who came unto Hallblithe to the House of the Raven

IT HAS been told that there was once a young man of free kindred and whose name was Hallblithe: he was fair, strong, and not untried in battle; he was of the House of the Raven of old time. This

图 8

图 9

图 10

*“现代版式设计的根基与 20 世纪的绘画、诗歌和建筑的根基缠绕在一起……未来主义、达达主义、风格主义、至上主义和构成主义是一些发源于不同国家的运动，它们目标各不相同，有时候甚至冲突；然而，各个运动都用自己的方式对版面设计以及字词与形象的融合做出了重要贡献。”*

*——《现代版式设计先驱》［英］赫伯特·斯潘塞*

## 3. 自由 or 理性：现代主义的多种取向

随着西方社会的工业化和城市化进程不断加深，中产阶级涌现，战争频发，个体孤独感蔓延，人们想要透彻了解这种巨变的来源，纷繁的现代主义思潮兴起。

现代主义（1890—1940）通过立体主义、未来主义、达达主义、超现实主义而逐渐形象化，其核心是对以往艺术内容和传统艺术表现媒介的改革。与未来主义（图 11、图 12）极端膜拜工业化，歌颂技术之美与运动之美的特点有所不同，达达主义（图 13—图 15）认同虚无主义，反理性，强调自我、荒诞、随机、偶然、杂乱无章。但两者在版面设计上有共同之处，其中最大的影响在于利用拼贴方法设计版面，利用照片的摄影拼贴来创作插图，以及版面编排上的无规律化、自由化。

现代主义的宗旨是“形式追随功能”，这使现代主义者们在创作中追求功能化和先进性。同时，他们秉持的理性主义观点认为，艺术设计应以理性思考与客观分析为前提，尽可能减少感性思维与作品中的个性化成分。

20 世纪二三十年代，在欧洲出现了三个重要的核心运动，即俄国的构成主义、荷兰的风格派、德国的包豪斯。它们以工业时代的机器隐喻为基础进行版式设计，作品中多采用简洁的几何抽象造型、无装饰线字体为主的新字体体系，结合摄影图像和纵横分割编排方式组织画面，以传达信息为第一目标。其“易读性、抽象性、构成性”特征象征理性和效率，借此展示工业时代的本质特征，体现出对那个时代世界大同主义的接受。

图 11

图 12

图 11、图 12　未来主义主张高度的无政府主义，反对任何传统艺术形式，极端地追求个性自由，探索在时间、空间和机械美学方面的表现。在版式设计上，它反对严谨正规的排版方式，提倡自由组合——散构，编排无中心、无主次、杂乱无章、“字体自由”、毫无拘束的版面

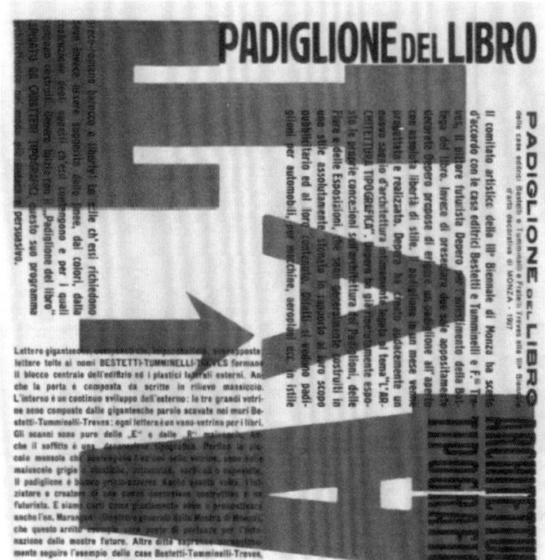

图 13

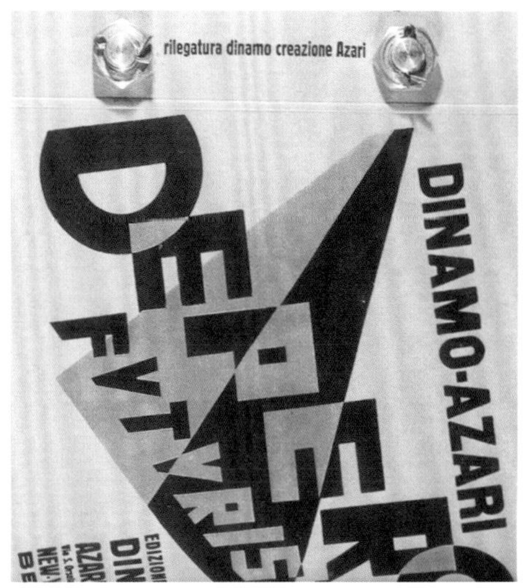

图 14

图 13—图 15　达达主义主张高度无政府主义。在艺术观念上强调自我，反理性，认为世界没有任何规律可以遵循，所以表现出虚无主义特点：随机性和偶然性，荒诞和杂乱。版式设计上，提倡把文字、插图等版面视觉因素进行非常随意地近乎游戏般地编排，将追求视觉效果完全凌驾于表达实质意义之上

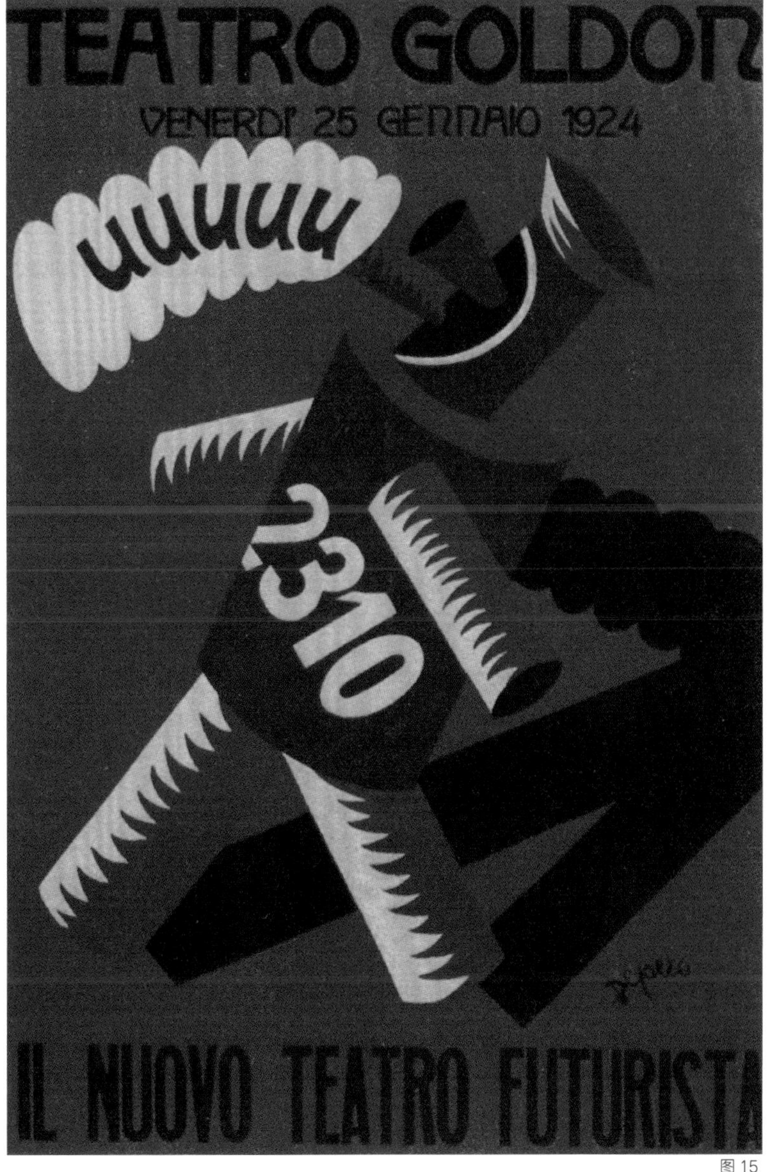

图 15

俄国构成主义代表人物埃尔·利西茨基（El Lissitzky）倡导设计简单明确，摒弃传统装饰风格，以理性、简洁的几何形态构成图形，版面中的字体全都使用无装饰线体，着重于版面构成的节奏和抽象美（图 16、图 17）。荷兰“风格派”运动的成就主要体现在《风格》杂志（图 18、图 19）的设计上，特点是高度逻辑化，完全采用简单的纵横风格，排除曲线的构成方式，并在分割面上使用单纯的颜色和比率，基本没有其他多余装饰。同时，版面中采用非对称方式，追求非对称中的视觉平衡。

1919 年德国建筑家沃尔特·格罗皮乌斯（Walter Gropius）在德国魏玛市建立了“国立魏玛包豪斯学校”，它成了现代设计的先驱和摇篮。包豪斯在平面设计上受到俄国构成主义和荷兰“风格派”运动的影响，具有高度的理性化、功能化和几何形化特征。在校刊《包豪斯》（图 20）的设计中，我们可以看到其版面设计强调几何结构的非对称平衡，采用无装饰线字体。而将这一时期艺术流派和艺术运动在版面设计上的探索成果介绍给社会大众，并通过实际运用使社会接受这种新兴设计风格的主要人物，是德国的扬·奇肖尔德（Jan. Tshichold）。他在《字体排印设计》（图 21）刊物上发表自己的文章和设计作品进行示范，具体讲解非对称版面的特点和设计方式，主张新时代版面设计主要目的是视觉传达，而不是陈旧的装饰美化。二战后，他曾为伦敦当时著名的“企鹅丛书”做设计，成为国际主义平面设计风格的奠基人之一。

图 16

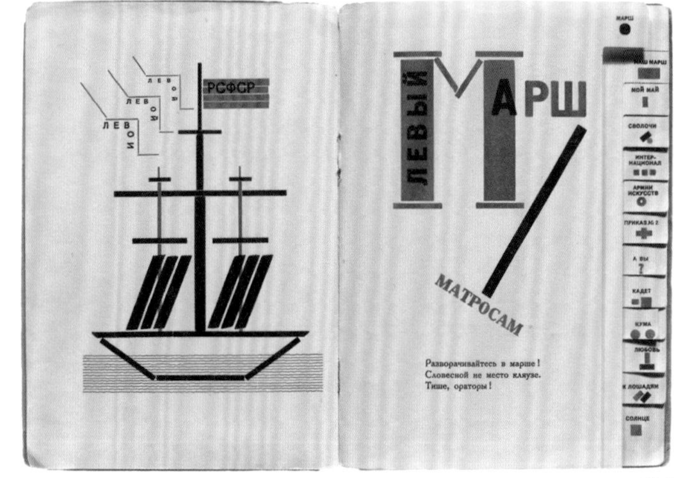


图 17

图 18

图 19

图 20

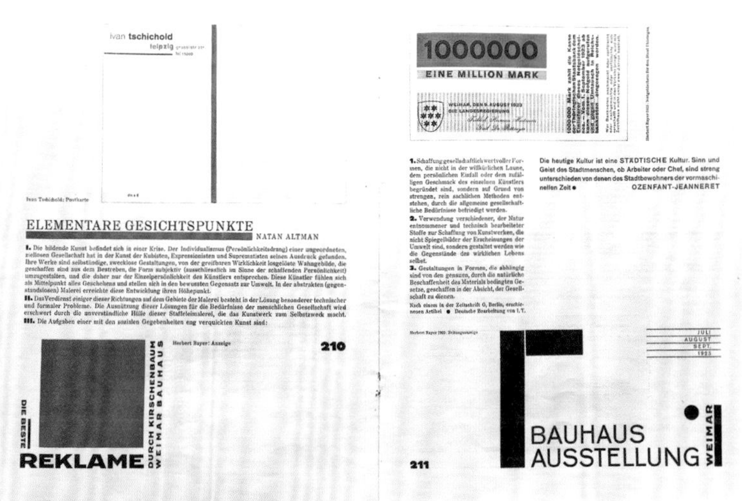


图 21

图 16、图 17　埃尔·利西茨基作品

图 18、图 19　《风格》杂志封面

图 20　包豪斯校刊

图 21　扬·奇肖尔德是将这一时期艺术流派和艺术运动在版面设计上的探索成果介绍给整个社会，让大众了解，并且通过实际的运用使社会接受这种新的设计风格的主要人物

## 4. 系统、理性、中立：国际主义设计风格

二战期间，如何以一种经济且组织有序的形式来快速而精准地呈现大量密集信息，成为设计师们的重要任务。标志系统、统计图示和图表等高度形式化的表现语言由此发展起来。同时，系统理论、控制论和计算机科学的诞生，为信息的平面呈现提供了新的方式。二战后，欧洲各国迅速强大，带动世界经济由西向东快速崛起。技术与市场的共同发展，也使商业平面设计走向简约，版式设计的信息传达功能变得越发重要，客观、理性、中立的态度，以及有序、谨慎、高效、结构化、系统化的信息美学得到前所未有的推崇。

于是，到 20 世纪 50 年代，与现代主义设计运动一脉相承的一种新设计风格在瑞士形成并很快流行全世界，成为二战以后影响最深远的一种平面设计风格，它被称为“国际主义风格”。代表人物有马克斯·比尔（Max Bill）、埃米尔·鲁德（Emil Ruder）、约瑟夫·米勒 - 布罗克曼（Josef M ü ller-Brockmann）等。这些设计师们强调准确的视觉传达功能，主张高度的秩序化与理性化，在版式设计实践中发展了一类网格式构图的设计过程，版式设计走向公式化、标准化和规范化。

国际主义风格继承了包豪斯、荷兰“风格派”及 20 世纪二三十年代的平面设计风格。马克斯 · 比尔是承前启后的关键人物。他曾在包豪斯学习，师从格罗皮乌斯、康定斯基、莫霍里 · 纳吉等人。其设计特点是把平衡、对称、比例、对比互补关系这些视觉内容以高度理性的方法融为一体，达到完美的地步（图 22、图 23）。

埃米尔 · 鲁德作为学院派的突出代表，曾在苏黎世艺术与工艺学校学习，后期成了巴塞尔设计学院的教员，负责版面设计教学。他在版面设计上发展出自己的技术和立场，他强调高度的可读性、易读性及逻辑性，主张采用基于网格的排版系统，以达到功能与形式的和谐，统一中包含多样性和变化性（图 24、图 25）。网格系统的教学理念从这里发源。

约瑟夫 · 米勒 - 布罗克曼的设计特点则是注重点、线、面的合理布局，强调在设计的功能与形式高度和谐的基础上，元素关系所产生的审美意象，讲求画面空间的整体平衡感与节奏美（图 26）。他的《平面设计中的网格系统》一书被广为移译。同时，他参与创办的出版物《新平面设计》（图 27）成为 20 世纪五六十年代早期国际主义风格的主要宣传工具。

而同一时期的美国一方面开始接受欧洲的这种理性化的版面风格，另一方面又对这种现代主义设计进行改良，以适合大众的需求，建立美国自己的现代主义设计风格，逐步形成所谓的“纽约平面设计”风格。

*当代艺术中的数学思维方式并不是数学本身，事实上，人们通常所理解的精确数学对我们的目的没有什么用处。这种思维方式更像是一种节奏和关系的模式，一种法则的模式，它们有着各自的来源，就像数学一样。*

*——《在艺术时代的时代》 马克斯 · 比尔*

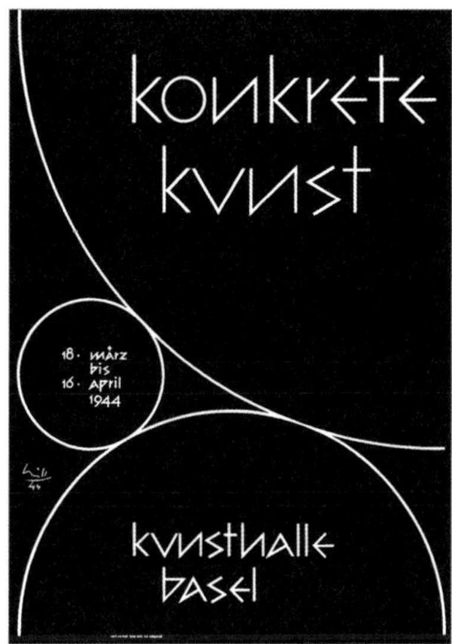


图 22

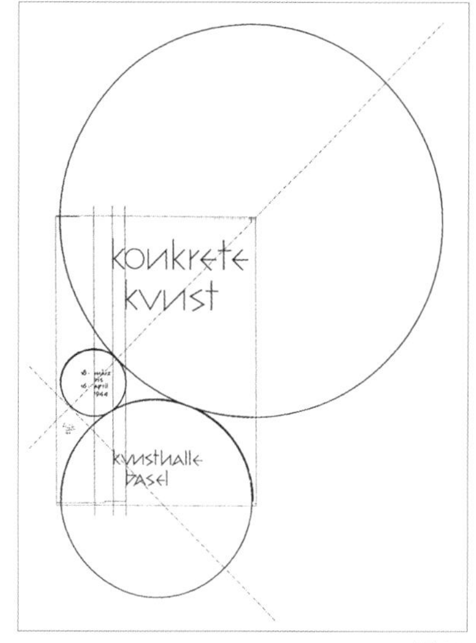


图 23

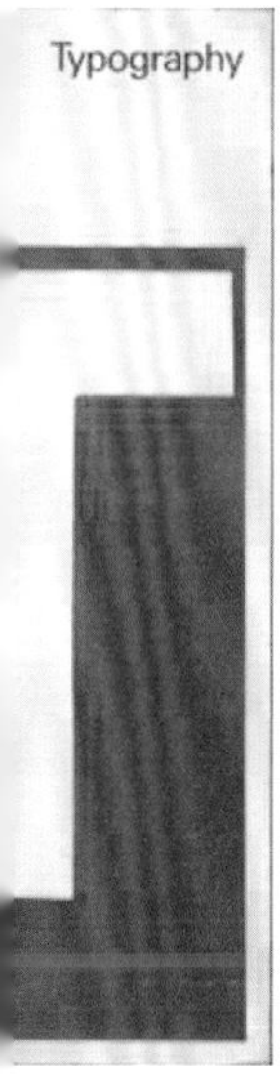

图 25

图 24

图 26

图 27

图 22、图 23　马克斯·比尔习惯于采用纵横线条划分平面空间；以方格组成网格，并以单元格为基本模数单位；采用数学比例和几何比例进行版面排版。如《具象艺术》海报由一个 1/4 圆形、一个半圆和一个圆形相切而成。整圆的直径大约是半圆直径的三分之一，是 1/4 圆形的六分之一。因此，这三个圆之间形成了 1:3:6 的比例关系

图 24、图 25　路德的设计方法论、设计思想集中体现在他 1968 年出版的著作《版面设计：设计手册》中。这本著作迄今依然有国际性的影响，在西方各个国家的平面设计界和设计学院中很受重视

图 26　1958 年，四位瑞士的平面设计师查德·保罗·洛赫斯 (Richard Paul Lohse)、约瑟夫·米勒 - 布罗克曼（Josef Müller-Brockmann）、汉斯·纽伯格 (Hans Neuburg) 和卡洛·维瓦雷利 (Carlo Vivarelli) 共同创办了杂志《新平面设计》，将新的方法与设计理念传达给世界各地的设计艺术界

图 27　约瑟夫·米勒 - 布罗克曼设计作品

## 四、数字信息时代：多元交互　无限未来

20 世纪 60 年代末 70 年代初，战后各国经济、科技全面进步，社会生活与审美导向呈多元化发展，“国际主义风格”显得单调刻板，日渐式微。同时，计算机飞速发展与普及使编排设计彻底摆脱了印刷制版技术的束缚，向“后现代主义”转变。

“后现代主义”可视为对“现代主义”“国际主义”的一种装饰性改良，其核心是反对纯粹的功能化理念，即“少即是多”的减少主义，主张通过挖掘电脑技术的潜能，开发创新的造型手法，结合各种历史装饰与现代符号，以更为感性的角度对版面进行装饰，使编排元素与整体效果更加丰富与人性化。在信息与观念传递中，版式设计的地位进一步强化与显化。设计师得以通过各种实验与设计作品主动回应社会变革，并且操控版面视觉语言和空间结构来传达观念。随着新技术、新理念、新方法不断涌现，我们正在迎来一个交织着感性与理性、传统与现代、复古与时尚，市场需求差异化，设计风格多元共存的新时代。

### 1. 改良与突破：早期瑞士后现代设计与新浪潮运动

20 世纪 60 年代，早期的瑞士后现代设计扩展和延伸了国际印刷风格的范围，这场运动的主旨是走向中立和客观的字体排印设计。代表人物罗斯玛丽 · 蒂西（Rosmarie Tissi）是其中有力的改革者，她擅于使用具有强烈冲击力的图形、有趣的形式感和意想不到的空间布局，寻求逻辑化的、有效的解决方案。将文本排版放置在由文本围绕而成的几何图形上，通过叠加和组合字体实现印刷活力，是蒂西在20世纪八九十年代经常使用的技术（图28）。另一位设计师布鲁诺·蒙古齐（Bruno Monguzzi）则将字体印刷术视为一种扭曲现代主义传统的手段，其排版设计通过创新的形式和功能来表达主题（图 29）。

这种过于严谨理性的设计让一部分设计师开始感到无聊，从 20 世纪 70 年代开始，他们开始打破禁锢，对图像、文字和排版进行实验性探索。这就是新浪潮运动。而其中最突出的代表人物便是沃尔夫冈 · 魏因加特（Wolfgang Weingart）。他曾师从阿明 · 霍夫曼（Armin Hofmann）和埃米尔 · 鲁德，毕业后长期在巴塞尔设计学院任教，被视为典型的国际主义风格传人。但他从不循规蹈矩、墨守成规，他对字体设计和视觉语言系统的悠久传统进行了重新思考，为排版的秩序和整洁注入了一种新的精神与活力，以至于在设计实践、设计教学和设计思想等诸多方面，成了一位里程碑式的人物。

在中后期的作品中，魏因加特进行了大量的文字和编排实验，在内容和设计媒介上打破了国际主义风格原有的常规限制，形成了一种实验性、自发性的瑞士风格。他的设计使用大胆的、富有冲击力的装饰性设计，大量使用黑、白和空白、疏密对比的方法，与新颖的无衬线字体相结合，充满了活跃、纷乱、生动等相反风格的特点。另外，他开创性地运用铅活字排版印刷技术和胶印、胶片拼贴等方式（图 30、图 31），颠覆了人们以往对于平面设计的想象。今天的数码化设计中，有很多经验是受益于他的这些实验。他的实验作品为照相制版科技转向数码设计提供了可能性，这令他成为那个时代的先行者。同时，他把这种完全实验性的设计方法传授给学生，直接影响到新一代富有表现力的排印师，其设计风格至今仍影响世界各地的平面设计师和学生。

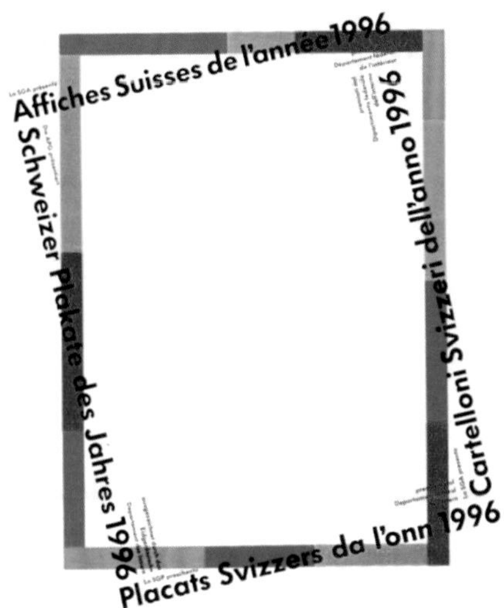


图 28

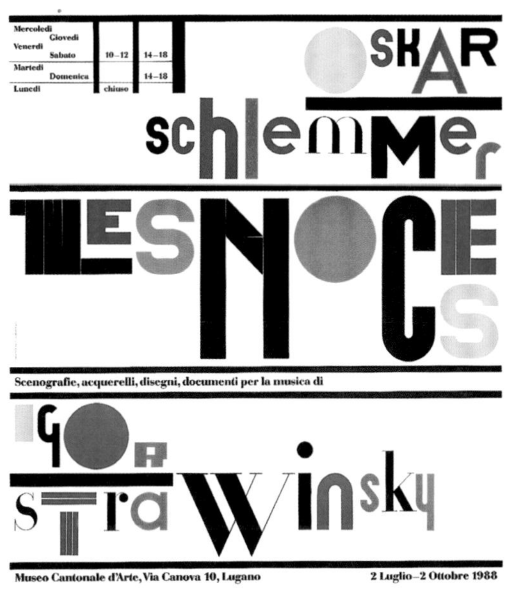

图 29

图 30

图 31

图 28　罗斯玛丽・蒂西为瑞士年度海报展所作的海报设计

图 29　布鲁诺・蒙古齐的文字排印海报设计作品，1988 年

图 30　沃尔夫冈・魏因加特设计的 *Typografische Monatsblätter* 杂志的版面。版面设计打破了常规的从左到右和自上而下的视觉流程，将文本与图像层叠组合，辅以箭头和数字引导阅读

图 31　被誉为“新浪潮”设计之父的沃尔夫冈・魏因加特实验性地玩味文字，采用切割、分解和组合等手法，创造出具有趣味性的独特风格

## 2. 创新与交流：全球视野中的版式设计

20 世纪 80 年代后，随着印刷技术、电子与计算机技术、互联网、电子邮件、跨境物流、传真机、全球电视通信、国际长途的进一步发展，人类社会逐渐缩小为一个“时空连续”的“地球村”。从本地开始的持续创新和视觉创新很可能具有快速、有力和直接的全球影响力。在一个全球对话与民族愿景并存的环境中，平面设计进入了一个爆炸性和多元化的时代。许多国家和地区的设计师已然形成了一个独特的国家设计姿态，包括英国、荷兰、伊比利亚半岛等。

二战后的英国平面设计吸收了瑞士设计风潮的纯粹主义、现代主义和纽约的图形表现主义，同时，以赫伯特·斯宾塞（Herbert Spencer）为代表的设计师们开辟出了复兴英国平面设计的崭新局面。斯宾塞通过自己的写作、教学和平面设计实践，包括编辑与设计《印刷字体》（*Typographica*）杂志，编写《现代印刷术的先驱》（*Pioneers of Modern Typography*）一书等，努力将对现代艺术和设计的理解转化为罕见的字体敏感性和结构活力。另外，1962 年成立的“五角星工作室”（Pentagram）以概念性的、视觉性的，以及具有智慧的、充满表现性幽默的设计解决方案帮助英国建立起了国际影响力。

在与世隔绝的伊比利亚半岛，则形成了一种独特的平面设计方法。西班牙和葡萄牙的设计审美比较相似，通常反映出一种宁静的生活观——迷人、温暖、丰富多彩，有时充满了感性、超现实和机智。

而在荷兰，出现了两股强大的潮流：一股是实用主义的建构主义，其灵感来自 19 世纪上半叶荷兰的传统以及战后瑞士设计风潮的影响；另一股是强有力的表现主义，带有震撼的意象和自由的表现形式。这种二元性或许与荷兰人的秩序性与包容性有关。

其中，维姆·克劳维尔（Wim Crouwel）是功能设计的领军人物，他领导组建了大型的多学科设计公司 Total Design（TD），以构思和实施“在所有领域的设计理念，以便尽可能实现思想的统一，或在这些领域的‘总体设计’”。克劳维尔并不强调通用的形式和标准化的格式，他强调设计师是一个客观的问题解决者，应当通过研究和分析找到解决方案，简化信息，创造一种清晰、简洁的传达方式。他实现了一种非凡的极简主义（图 32）。格特·登贝（Gert Dumbar）则于 1977 年创立了登贝工作室（Studio Dumbar），并在 2003 年退休之前一直担任创意总监。他提倡平面设计要有“超越时代的风格持久性”，重视幽默和冲动的作用，不排斥恰如其分的娱乐和游戏元素。在满足客户目标的同时，鼓励直觉式、自由化、个人化、多样化的表达。作品中不乏创新和挑衅性的图形，支离破碎、复杂混乱、层层叠叠，拼贴背景、插图、摄影、排版和雕塑都融入了活泼的视觉语法。另外，厄玛·布姆（Irma Boom）专门从事图书制作并于 1991 年成立了厄玛·布姆设计办公室。她将书籍视为雕塑般的物体，*SHV Think Book 1996—1896 是她最重要的设计作品之一*。荷兰设计以其独特的创造力与活力在视觉设计领域占据一席之地，激励着世界各地的设计师们继续刷新创意极限。

## 3. 开放与多元：数字革命下的先锋探索

在过去的几十年里，数字计算机技术、互联网以惊人的速度发展，不可

图 32

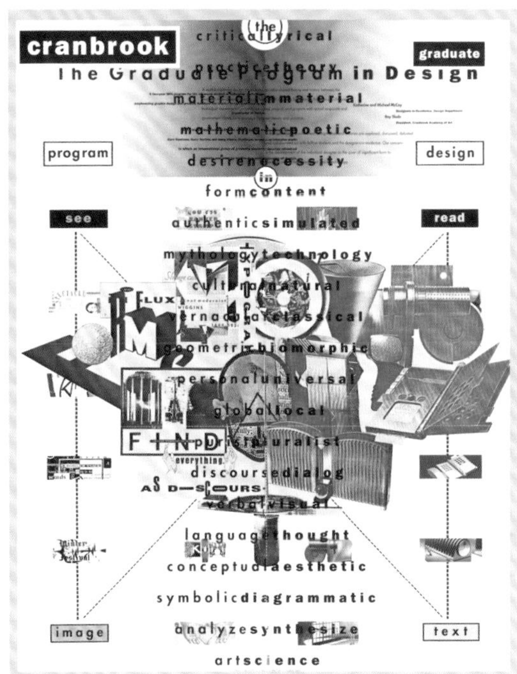


图 33

图 32　维姆・克劳维尔为阿姆斯特丹艺术博物馆设计展创作的海报。他将本来用于组织画面的网格系统在海报中直接暴露出来

图 33　凯瑟琳・麦科伊，克兰布鲁克招募海报，1989 年。海报中的视觉要素由学生作品照片拼贴而成的图像、一份文字列表和一张传播理论图表层叠而成

逆转地改变了人类活动的许多领域，包括平面设计。从 1984 年苹果公司推出第一代麦金塔电脑（Macintosh），发布文字处理、绘图和绘画的应用软件 PostScript，使页面布局程序成为可能，到 1985 年苹果公司推出第一台激光打印机，发布能够实现“桌面出版”的排版软件 PageMaker，再到 1990 年具有彩色功能的 Macintosh II 计算机和经过改良的软件问世，至此，设计从物理媒介的限制中走出来，以往平面设计师绘图桌上的刀、胶水和镊子被取代，数字技术使一个人操作一台计算机来实现页面布局设计、排版、制作乃至印刷的无缝电子流程成为现实。这在版式设计领域引发了一场前所未有的创造性革命，部分设计师一开始便拒绝新技术，但许多人将它视为一种创新工具，开始接受并开发其潜力，探索其对设计范围、设计过程本质的影响。

凯瑟琳・麦科伊（Katherine McCoy）所领导的美国密歇根州克兰布鲁克艺术学院通过理论论述和计算机技术实验，成为重新定义平面设计的重要中心之一。她强调实验性，拒绝采用统一的哲学或方法论，质疑国际印刷风格的表达限制，鼓励学生在互动中找到自己的方向。在她 1989 年设计的一幅海报中（图 33），挑战了大学招生材料的规范，打破了传统的简单化、还原化的沟通方式，将不同层次的视觉信息和语言信息叠加起来，展示了形式和意义的复杂性。

而在一部分设计师热情探索电脑和绘图软件的可能性时，另一些人对手工和表现主义字体和图像的新兴趣却在不断增长。同时，数字技术也使未经训练或培训不多的从业人员进入这一领域。大卫·卡森（David Carson）便是典型代表。他大学学习社会学，曾是滑板少年、职业冲浪者、音乐家，却在 20 世纪 80 年代自学成才，转向编辑设计。这位奇才以其打破传统的风格、实验性的字体设计和独特的杂志布局而闻名。他藐视设计惯例，坚决不用“网格”，而是选择充分利用每个主题或每一页的表达可能性。“表现性解构”或许可以概括他的风格，即为了追求表现效果，打破几乎所有关于构图和易读性的标准规则（图 34）；他的作品看起来好像正在被拆解，叠印、混乱的排版、蓄意的“错误”、模糊的照片等元素以一种新颖的方式组合在一起。设计师们由此意识到，编辑布局即便不遵守既定的一致排版规则，也同样能被读者阅读和理解。

在排版元素的动态化方向的探索中，阿伯特·米勒（Abbott Miller）做了诸多努力。他毕业于纽约库珀联盟艺术学院，于 1989 年开始了多学科工作室设计、写作与研究。他提出了“设计师作为作者”的概念，开发了一个旨在促进内容和形式同步发展与增强的程序。1999 年，米勒加入了五角星公司在纽约的办公室，并领导一个小组与书籍、杂志和其他编辑部门合作。他在 *2wice* 杂志上的作品（图 35）进一步探索了形式与文字的动态结合。

另外，值得一提的是，宝拉·谢尔（Paula Scher）从业 40 多年来一直锐意创新。她独特的“极简主义”排版方法影响了从 20 世纪 70 年代，一直到今天的许多设计师（图 36）。荷兰设计师卡雷尔·马滕斯（Karel Martens）则专注于字体设计，作品包括邮票、书籍和标志。在他 1999 年设计的荷兰建筑杂志 *OASE*（图 37）中，网格再次变成了一个迷人的元素。

时至今日，信息仍然在自由流动着，世界变得前所未有的民主，人们直接暴露在大量的信息和不同的文化下，设计也不例外，这意味着更多的差异和探索。随着计算机技术在平面设计行业中的全面普及，并逐渐与交互性的新兴数字媒体技术融合，新技术的强大支撑使版式编排过程得以大大简化，并让信息的无限复制和即时传播成了现实，为当代的设计师们提供了更加丰富的设计资源和信息交互平台。由此，在充分的自由表达与共享中，版式设计的风格不断地翻新、碰撞、融合，有了无限发展的可能性。然而，不论科技如何发展，有些原理是永恒的。在充满新媒体的数字时代，如何让感性与理性、自我与时代、旧传统与新观念在作品中选择性流露，并传达信息，将是设计师们崭新的课题。

图 34　大卫·卡森，《海滩文化》杂志内页

图 35　阿伯特·米勒，*2wice* 杂志。米勒将文字和动作转化为对如何传球、踢球、摔倒和跑步的视觉诠释

图 36　宝拉·谢尔的设计作品

图 37　卡雷尔·马滕斯，荷兰建筑杂志 *OASE* 第 52 期，1999 年

图 34

图 35

图 36

Editorial In the past few decades, there has been a process of de-institutionalization of the housing production in European countries with a strong social-democratic tradition. In such instances, the government withdraws its investments and shifts them to the free market. Traditional government tasks – initiation, design, financing – are taken over by developers and privatized housing corporations. The public-private relationships have thus drastically changed, but the essence of the social-democratic housing tradition – centralized direction retaining strong aesthetic control – has remained intact, especially in the Netherlands.
Resistance against the continuity of this 'monopolistic' and 'centralistic' practice has arisen in the Netherlands in recent years. There have been suggestions for an alternative model based on the liberalization of land policies and more freedom for the individual housing consumer. We are directed with some enthusiasm toward the US and Belgium, where this 'wild living' is a traditional commonplace. An important consequence of this 'liberalist' model is the removal of the mediation between the urban plan and architecture; urbanism is roads and building lots; architecture is the individual, context-free dwelling. It is interesting to note however, that in recent years precisely these countries have seen an increase in movements that question the excess of freedom in this type of spatial planning, and argue for a stronger connection between a city plan and its residential building. This issue of OASE investigates the problematic of the commodification of housing production and, within this, the relations between the building and the land it sits on: consumption and territory. The premise is defined by the field of tension between demand – from quantitative to qualitative – and supply – privatization in the housing market.

Redactioneel **Sinds enkele decennia is er in Europese landen met een sterk sociaal-democratische traditie een proces van de-institutionalisering van de woningbouw gaande. Daarbij trekt de overheid haar investeringen terug, en verschuift deze naar de markt. Traditionele overheidstaken – initiatief, ontwerp, financiering – worden overgenomen door ontwikkelaars en geprivatiseerde woningbouwcorporaties. De publiek-private verhoudingen zijn hiermee weliswaar drastisch gewijzigd, het wezen van de sociaal-democratische woningbouwtraditie – centrale regie met sterk esthetische controle – is met name in Nederland echter intact gebleven. Tegen de continuïteit van deze 'monopolistische' en 'centralistische' praktijk is in Nederland sinds enkele jaren verzet gerezen. Er zijn voorstellen gedaan voor een alternatief model gebaseerd op liberalisering van de grondpolitiek en meer vrijheid voor de individuele woonconsument. Met enig enthousiasme wordt hierbij verwezen naar de VS en België, waar dit 'wilde wonen' traditioneel gemeengoed is. Een belangrijke consequentie van dit 'liberalistisch' model is de eliminatie van de bemiddeling tussen stedenbouwkundig plan en architectuur; stedenbouw is wegen en kavels, architectuur is het individuele, contextloze woonhuis. Opvallend is nu echter dat juist in deze landen de laatste jaren bewegingen op gang zijn gekomen die het als al-te-vrijblijvend ervaren karakter van deze vorm van ruimtelijke ordening aan de kaak stellen, en juist een nauwere afstemming van stadsplan en woonbebouwing bepleiten. Dit nummer van OASE onderzoekt de problematiek van commodificatie van woningproductie en de verhouding hierbinnen tussen het gebouwde en de grond: consumptie en territorium. Vertrekpunt vormen veranderingen in het spanningsveld van vraag – van kwantitatief naar kwalitatief – en aanbod – privatisering van de woningmarkt.**

François Claessens, Wouter Deen, Marcel Musch en Lara Schrijver

Uitgeverij SUN / 9 789061 685586

图 37

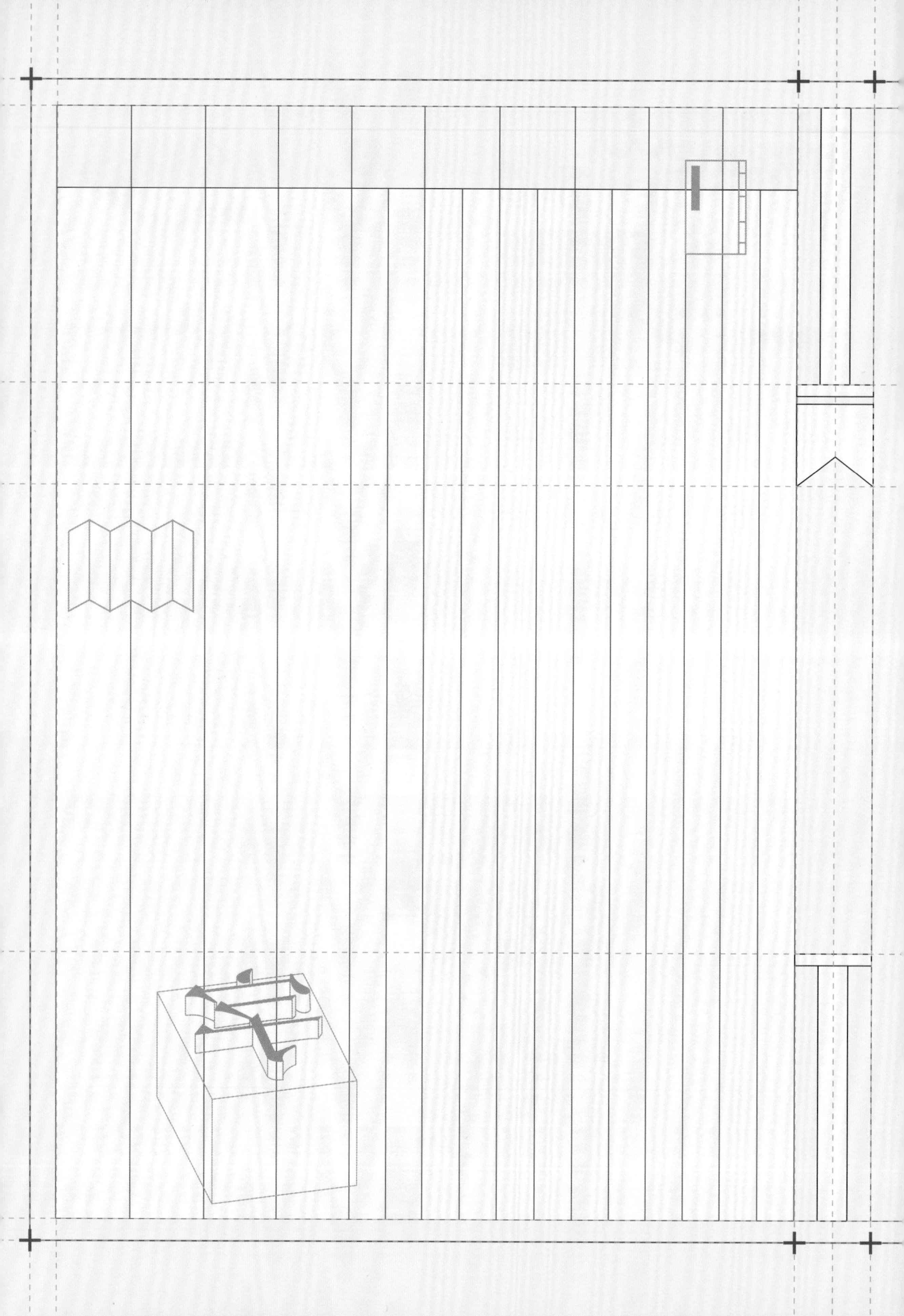

# 第二章　在边界内书写诗意：中国版式设计追索

**本章导读**

- 与西方不同，中国的传统版式设计并没有鲜明的时代分野，总体呈现出一种绵延不断的一贯性，以及整体性与灵活性的统一。
- 中国版式设计的核心价值观可以溯源到汉字本身。方块汉字的间架结构蕴含着中国古老的哲学思想：道法自然、中庸和谐、对立统一的辩证思维。
- 自上而下，从右至左的“右起直行”竖向文字编排方式在中国传统版面中根深蒂固，延续数千年。
- 中国版式讲究图文结合，图文排列方式往往是并置的而非嵌叠的。图文并置模式经历了由单一到多元的持续演进。
- 界格栏线系统兼具实用与美学功能，其产生与发展体现出东方设计中自成体系的“边界”意识与“网格”观念。

# 一、一贯性、整体性、灵活性：中国传统版式的总体特征

在人类文明的早期，我们依稀可以发现版式设计的线索。在几千年前的岩洞石壁的绘画上、龟甲兽骨刻写的象形文字上，以及部落族群的图腾旗帜上，一方面我们可以明显感受到由于材料的珍贵，祖先们充分利用版面的意图；另一方面，我们也能隐约觉察到原始编排的雏形与原始审美的萌芽，版面布局在看似随意中透露出一份对均衡、饱满、端正的追求。

随着文明的推进，人们开始有意识地整合文字，又将文字编排成了句子，阅读的基本习惯也固定下来，而真正完整体现编排意识且被广泛应用的版式之一是书籍。

因此，我们通常习惯从技术演变与传统书籍装帧的视角出发来理解中国的版式设计历史。从甲骨、简牍、帛书、卷轴到册页，从写本、抄本、雕板到活字，中国的书籍装帧无疑凭借纸张和印刷的技术优势深刻影响了传统书籍的版式设计。

在唐代，中国传统书籍形成了与当时的西方完全不同的独特版式风格：无论是封面还是扉页上都具有灵活多变的特征，既保证了版面的整体性，又体现了内容与形式的多样性。而宋代以降，中国与印刷相关的版面设计长期处于一个基本稳定的一贯形式之中，虽时有突破，但其程度充其量不过是在缓慢变化过程中的逐渐改良，传统印本书籍中所使用的某些版面术语甚至沿用至今。

鉴于此，本章希望弱化对技术源流、历史沿革的探讨，而将重点转到东方版式设计的特征性现象和标志性线索的提炼上。

---

知识链接：中国古代的书籍形式

主要分为简牍、卷轴和册页三大类，大体上代表不同的历史时期，但也有交叉。

在造纸术发明以前，简牍是中国书籍的主要形式。简，是指竹制成的简册；牍，是指木制的版。简背面写有篇名与篇次，将简册卷起来的时候，文字正好显示在外面，方便人们阅读。据考证，简牍在商代已出现，但没有实物出土。甲骨文中有“册”字，也有“典”字，那时已把史官称作“作册”。目前出土的简最早属于战国前期，版牍最早属战国晚期。最早的典册都是史官的著作，内容大多是统治者言行的记录。春秋时期，社会剧烈变革，文化下移民间，书籍从形式到内容，从数量到质量都有了一个划时代的发展。

魏晋时期，书籍装帧进入卷轴阶段。卷轴分为帛书和纸书，即将单张的书页连续接裱起来，成为很长的书卷，然后在其末尾一端粘上一根细圆的竹木轴杆，形成以轴杆为中心的骨架，收卷时将书从后往前卷起，使之成为卷状圆柱体。

最后是册页阶段。“册”经过长期演变，成为由单张书页装订以后的书本名称。“页”源于树叶的“叶”，唐代印度传入的佛教典《籍贝叶经》，是由一片片的贝多罗树叶打孔穿绳成册，“叶”便成了书页的起源。由许多单张书页为单元整合装订成册，我们称之为册页书籍。

---

## 二、汉字内窥：中国版式设计基础价值观溯源

汉字，是中国传统版面中最重要的元素。作为中国最古老的成熟文字形式，甲骨文是古汉字的重要研究资料。目前殷墟发现有大约 15 万片甲骨，4500 多个单字。从已识别的约 2500 个单字来看，甲骨文已具备了现代汉字结构的基本形式，涵盖了象形、指事、会意、形声、转注、假借等造字方法，书体在后世经历了金文、篆书、隶书、楷书等的演变。

古人在“仰天观象”“俯地观法”“近取诸身”的过程中，完成了对天地、万物、自我的持续观照，建立了文字与世界之间的诗意联系。

这种“道法自然”的精神如活化石般凝定在了汉字之中：诸如源自金、木、水、火、土五行观念的汉字部首设置；概括为横、竖、撇、折、点的笔画形态——永字八法（图 1）；与“天圆地方”相呼应的方块字结构……

汉字的间架结构紧而不拘，繁而不赘，宽而不松，方正圆润，启承呼应，巧妙之间敛气、凝神、聚魂；在黑白相对、虚实相衬、动静相宜、庄谐相映的组织原则中，蕴涵着一种中庸和谐之道与对立统一的辩证思维，亦可视为传统编排设计基础观念的一个缩影。

*“古者包羲氏之王天下也，仰则观象于天，俯则观法于地，视鸟兽之文与地之宜，近取诸身，于是始作《易》八卦，以垂宪象。及神农氏结绳为治而统其事，庶业其繁，饰伪萌生。黄帝之史仓颉，见鸟兽蹄远之迹，知分理之可相别异也，初造书契。”*

*——许慎*

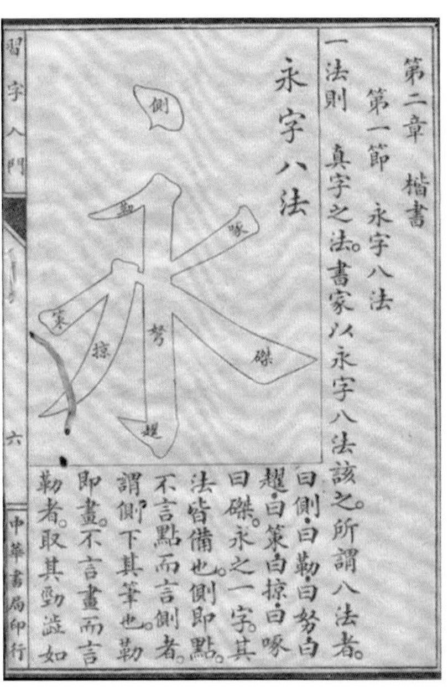
第二章　楷書
第一節　永字八法
一法則　真字之法。書家以永字八法該之。所謂八法者。曰側。曰勒。曰努。曰趯。曰策。曰掠。曰啄。曰磔。永之一字。其法皆備也。側即點。不言點而言側者。謂側下其筆也。勒即畫。不言畫而言勒者。取其勁澁如

習字入門　六
中華書局印行

图 1　永字八法图

## 三、右起直行：通贯千年的固定阅读方式

仔细观察甲骨文上的卜辞，我们可以发现先人们已经开始有意识地对内容进行组织。甲骨文上的卜辞（图 2）是竖写直行的，有学者认为这种书写方式是与占卜所得的卜兆相关，兆为天意，以“天”为上，因而延续形成了这种竖排的形式。由此，甲骨文的卜辞排列方式成了中国传统竖排文字的最早考证。

东汉时期，细长的竹木条和更宽厚些的竹木片成为书写载体，前者称为“简”（图 3），后者称为“牍”（图 4）。书写时，左手拿简，右手写字，写完后左手一根一根地向右边推去，并且排好，最后再编成册（图 5）。

后来，即便历史上的书写材料、载体、方式均发生了变化，但线装书（图 6）依然沿袭了简牍时期“右起直行”的排版方式，并一直延续到刻板印刷时代（图 7、图 8），整整持续了几千年。

直到 19 世纪末，随着现代印刷技术引入中国，受西方文字阅读顺序的影响，我们才逐渐改为横向、从左向右的阅读方式，并沿用至今。

从今天的视角来看，竖向阅读方式实则速度较慢，更容易产生视觉疲劳。那为什么竖向编排得以在中国古代成为一种默认因袭的长期规则呢？仅仅是因为习惯吗？或许，中国人追求的正是这种“慢”。

汉字作为集“形音义”为一体的信息库，是“知情意”的结合，指向人的全面感性世界。汉字所营造的象征意蕴，是四射的、多维的，而非单向的，便得以在竖向阅读的时空顿挫感中，生出一份悠闲与诗意。

图 2　甲骨文阅读顺序为从上到下，从右到左

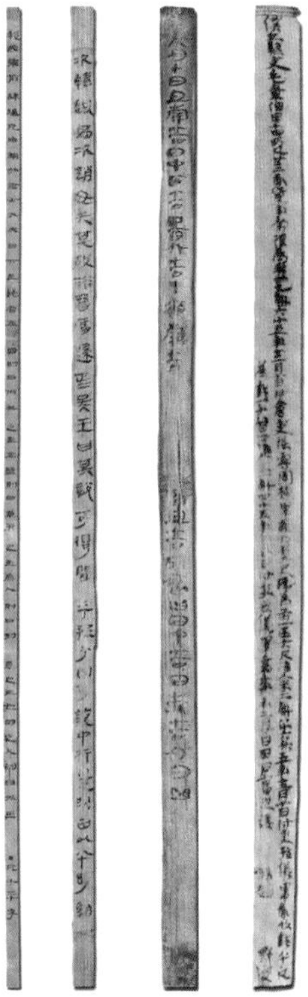

图 3

图 4

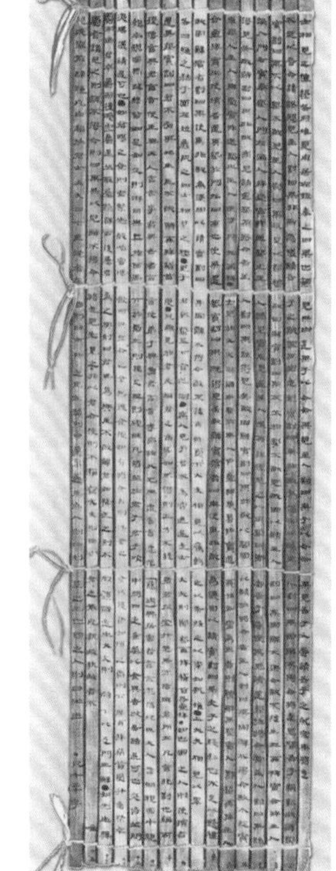

图 5

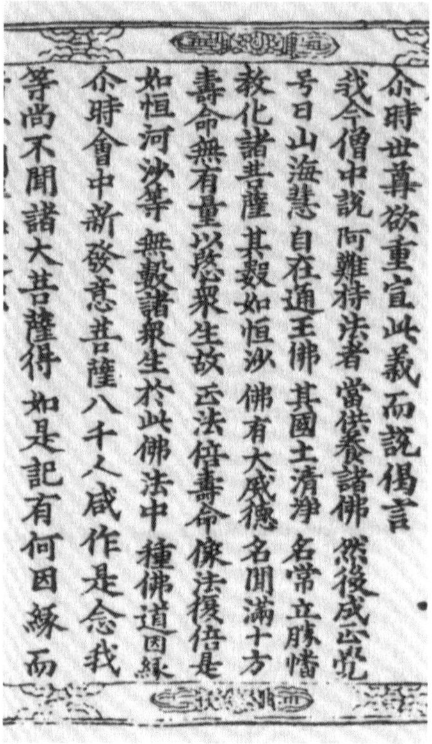

图 6

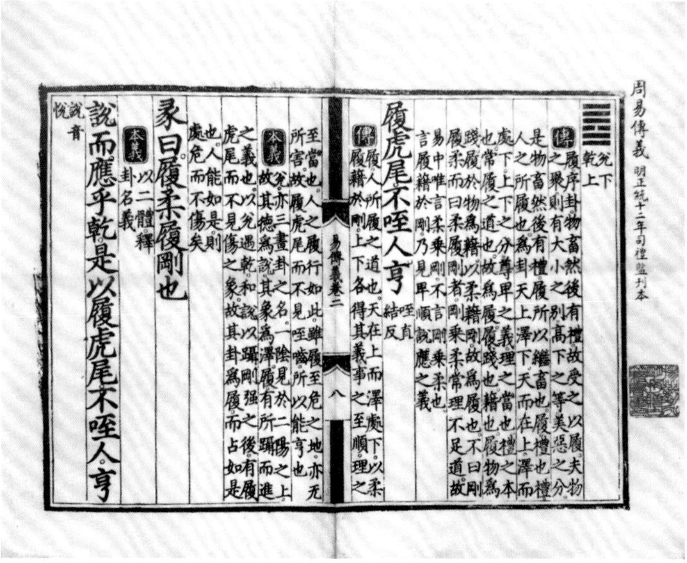

图 7

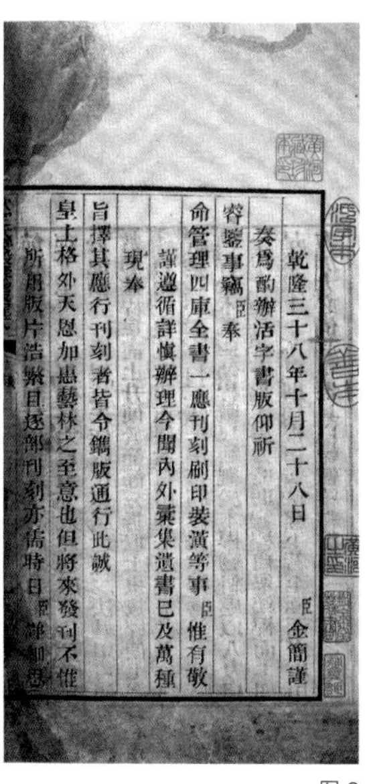

乾隆三十八年十月二十八日　臣金簡謹
奏為酌辦活字書版仰祈
睿鑒事竊臣奉
命管理四庫全書一應刊刻刷印裝潢等事臣惟有敬
謹遵循詳慎辦理今聞內外彙集遺書已及萬種
現奉
旨擇其應行刊刻者皆令鐫版通行此誠
皇上格外天恩加惠藝林之至意也但將來發刊不惟
所用版片浩繁且逐部刊刻亦需時日臣詳細思

图 8

图 3　简，左一为甘肃武威《仪礼》简，左三为湖南省长沙走马楼出土的长大木简

图 4　牍，里耶秦代木牍

图 5　简册，武威《仪礼》简的四道编纶

图 6　应县释迦塔内所出土经卷上的上线边栏

图 7　［明］《周易传义》

图 8　［清］《武英殿聚珍版程式》（木活字版印本）

## 四、图文结合：图文关系与排列形式的多元演化

中国古籍一向有文有图，讲究图文结合。但同时，受印刷技术与观念的影响，图文关系往往是相对独立、区隔，而非嵌套、重叠的。中国“书画同源”的观念可追溯到象形的汉字，图与文互相涵纳、转化的灵活性，也加强了古代文本中图文并置的特征。具体而言，版面上的图文排列形式随着书籍装帧样式的变化而丰富起来。

早期的简册典籍大致上可分为书籍和官私文书两大类别。这些书籍和文书，由于性质不同、文体有别，文章结构、文句节奏都有很大的差别。由此，也构成了简牍书籍丰富多彩的版面文字排列形式。简牍由于横向版面空间的限制，很难表现复杂的图像，但我们依旧可以从一些出土的简牍中发现古代书籍插图的早期面貌。

与简牍相比，缣帛作为第一种幅面宽阔的软质书籍，版面形式更为灵活，其中，图绘的表现是它的最大优势。

卷轴装古籍版面宽阔、完整，能够容纳较多的文字和图画，插图多为卷首扉插。这一时期，有些佛教典籍内容图文并茂（图 9、图 10），图文排列形式分为上图下文和图文相间两种形式，具有良好的阅读与观赏效果。

册页装订盛行之后，有的书籍以文字为主、适当插入一些图画，也有的以图画为主、文字为辅，图文排列体系亦日益完善和丰富，主要呈现以下一些排列样式：卷首插图（图 11）、卷中插图（图 12）、整卷插图、图随文附（图版位置不固定）、上图下文（图 13）、下图上文、左图右文、右图左文等等。册页书籍版面上各种文字、插图组合在一起，文借图解，图借文生，图文并茂，相得益彰，构成了极有节奏和韵律的中国传统版面艺术，这种版式也成了东方汉字文化所特有的象征。

图 9

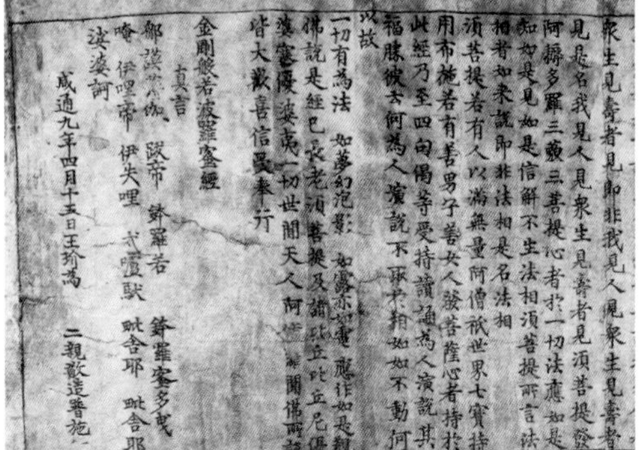

衆生見壽者見即非我見人見衆生見壽者
見是名我見人見衆生見壽者見須菩提發
阿耨多羅三藐三菩提心者於一切法應如是
知如是見如是信解不生法相須菩提所言法
相者如來說即非法相是名法相
須菩提若有人以滿無量阿僧祇世界七寶持
用布施若有善男子善女人發菩薩心者持於
此經乃至四句偈等受持讀誦為人演說其
福勝彼云何為人演說不取於相如如不動何
以故
一切有為法　如夢幻泡影　如露亦如電　應作如是觀
佛說是經已長老須菩提及諸比丘比丘尼優
婆塞優婆夷一切世間天人阿修羅聞佛所說
皆大歡喜信受奉行
金剛般若波羅蜜經
真言
那謨薄伽跋帝　鉢羅若　鉢羅蜜多曳
唵　伊哩帝　伊失哩　式嚧馱　毗舍耶　毗舍耶
娑婆訶
咸通九年四月十五日王玠為
二親敬造普施

图 10

图 11

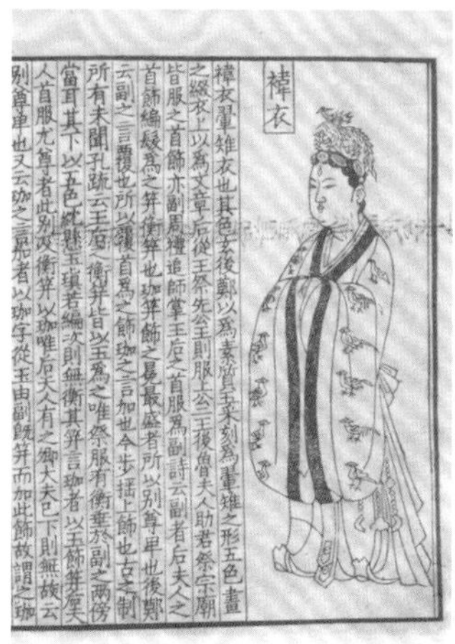


图 12

图 13

图 9、图 10　中国唐代雕版印刷《金刚经》（公元 868 年）目前，存世最早的雕版印刷品是在甘肃敦煌千佛洞发现的中国唐代《金刚经》，其中包括了插图、文字等基本元素，文字采用竖排形式，版式设计规整、严谨，风格细腻、浑朴凝重

图 11　［辽］辽刻《妙法莲华经》卷首扉画

图 12　［南宋］镇江府学刊《新定三礼图集注》

图 13　敦煌经卷《观音经》图绘

## 五、界格栏线：东方设计中的“边界”意识与“网格”观

从简册绳编的天然分隔到帛书上的“乌丝栏”，再到宋代以后册页书籍中日益装饰化的版框和界格形式，乃至雕版印刷中隐而不彰的“花格”，界格栏线系统具有规范书写、分割画面的实用功能，体现出古人风格独具的审美追求。同时，也蕴涵了东方设计中自成一脉的“边界”意识与“网格”观。

其实，早在甲骨文的卜辞中，已经出现了一些竖的或横的细线，用于区隔不同段落的文字，我们可以把它当作版面中栏线的初萌形式。

到了简牍时代，竹条、木条组成的简册，有着天然的纵向界栏。在固定尺度的一根简片上，从上到下写满，就是汉字竖行的一行、一列，两侧的边线自然成为书写竖行笔直的规矩。之后，再用韦（熟皮条）、麻绳、丝线等材料编连成册。编册方式常用的有上、下两端各编一道，还有三道编、四道编，甚至五道编。这些绳索编道对竖行的汉字构成了横向调节，使得简牍书籍版面在整齐清晰之余，形成了丰富的文字行句和段落上的节奏变化，随性之中透出一种理性与规范意识。

比如，有的简册上下两端留有空白，可视为后来书籍版面“天头”和“地脚”的起源。再比如，有的简册根据内容的要求，进行了复杂的分栏和图表设计，版面拥有了一种悦目的节律感。如湖北云梦睡虎地秦简《为吏之道》（图14）、北京大学藏西汉竹简《堪舆》、清华简《筮法》（图15、图16）等。

当缣帛作为一个连续平面成为书写载体，竹简天然的纵向系统便被腾挪过去，用朱墨画成或用乌丝织成界栏，来辅助书写的规整有序，这一系统称为“乌丝栏”，它奠定了传统版面上界格栏线的基础。

“乌丝栏”早期多为手绘，如马王堆汉墓出土的帛书《老子》（图17）。南朝则出现了用染成的赤丝或乌丝在缣帛上事先织好的界栏。“乌丝栏”对规矩中文纵向直行书写的整洁起到了重要的参照作用，同时对书法中行气的形成也具有潜在的影响（图18）。如何在既定规范中自由挥洒成为书写者的课题。

在缣帛书籍中已经成熟的“乌丝栏”，发展到纸质卷轴时代，拥有了一些更细致的称谓。比如四周的边框叫“边”或“栏”，各行字之间的竖线叫“界”，这些概念被后世的册页书籍所继承。

宋代以后，蝴蝶装、包背装、线装等形式的书籍版面内容极为丰富，装饰性强。版式构成形成了一定的规范（图19），例如“天头”“地脚”形容版心四周的空白区域；版框和界格形式趋向装饰化，出现了博古栏、竹节栏（图20）等样式；版面内容日渐丰富，除了用于摆放书名和章节信息之外，还出现了一种便于折页用的标号图形——鱼尾。

在雕版印刷时期，其基本工序是先写后刻，文字的秩序与书写的纵横规范程度密不可分。观察宋元时期的文本，我们会发现，大多数时候，文字在纵向

图14　湖北云梦睡虎地秦简《为吏之道》，由51枚简组成，上下均分为5栏进行书写

图15、图16　清华简《筮法》：其平面由清晰而丰富的网格系统以及图表组成，理性精确

图17　湖南长沙马王堆汉墓出土的帛书《老子》：用朱砂画成红色界格来规矩书写，十分完整、规范

图18　米芾《蜀素帖》中的“乌丝栏”

图19　中国传统书籍版面规范

图20　清刻本《红楼梦》酒筹的竹节栏

---

知识链接：

“俗书只识兰亭面，欲换凡骨无金丹。谁知洛阳杨风子，下笔便到乌丝栏。”黄庭坚诗评杨凝式书法，其中末句即言书家对于规矩的把握和自由挥洒的控制。

---

4

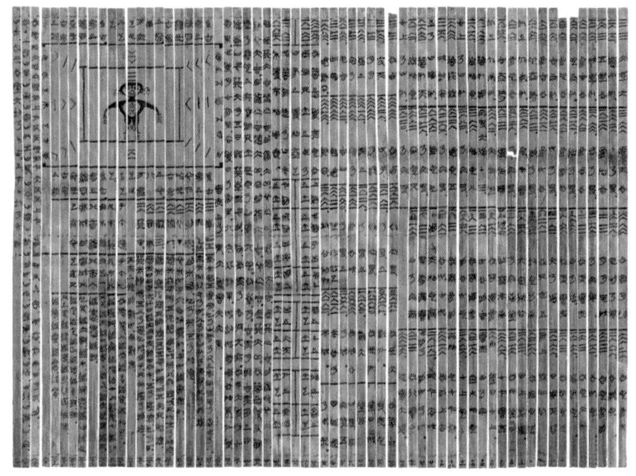

图 15

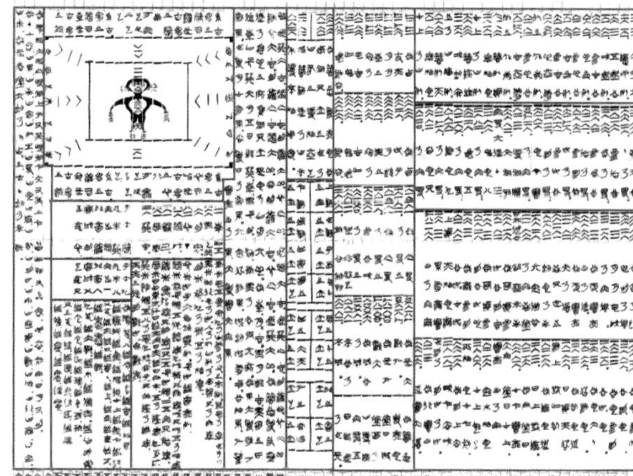

图 16

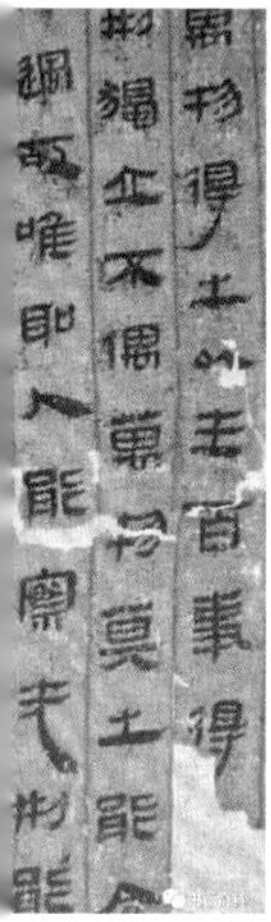

图 17

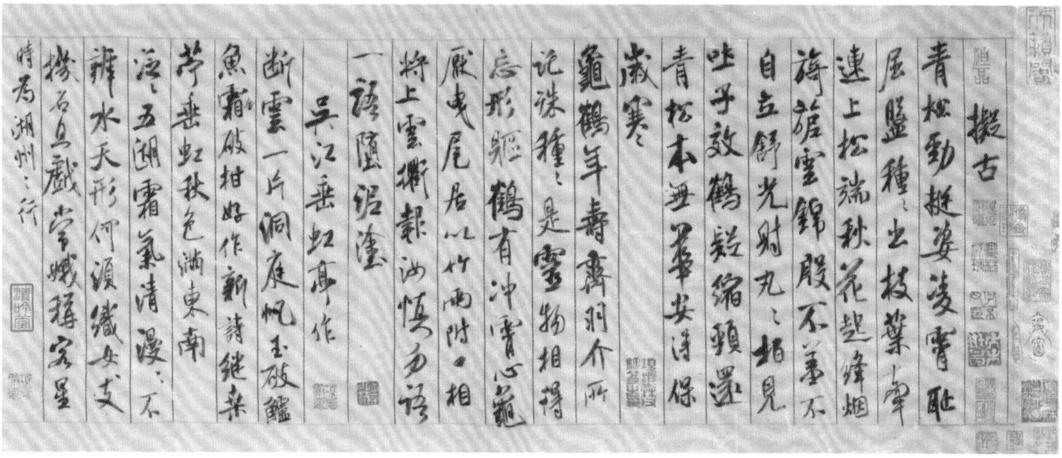

图 18

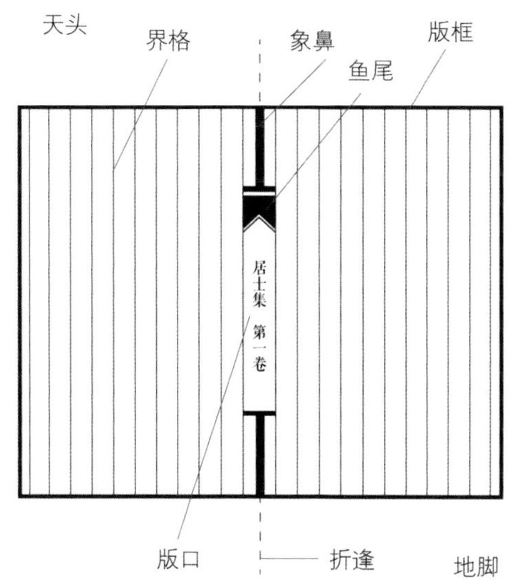


图 19

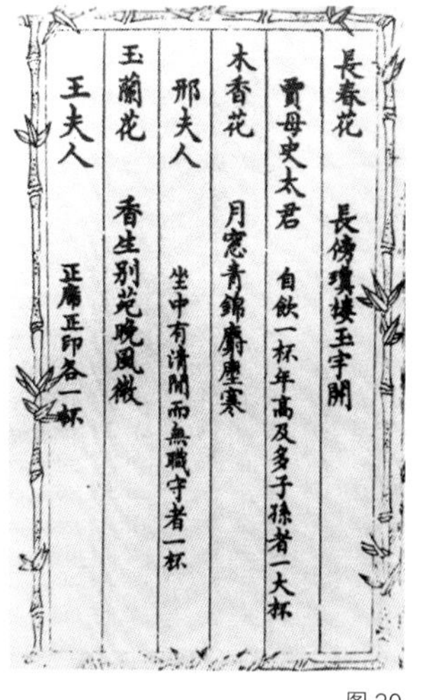

長春花　長傍瓊樓玉宇開
賈母史太君　自飲一杯年高及多子孫者一大杯
木香花　月窟青錦麝塵寒
邢夫人　坐中有清閒而無職守者一杯
玉蘭花　香生別苑晚風微
王夫人　正廊正印各一杯

图 20

上是理性、严谨的，而水平方向上的一致性是不被重视的。也有少数宋元刊本的文字编排在横向上比较均衡一致，如南宋时期的刻印本《邵子观物内篇》（图 21）。那么，抄书人在书写的时候是否使用了横格呢？

确切的证据最早出现在晚清时期。民国学者卢前对清末民初的雕版印刷工艺曾做过较为详细的记录，其中讲到了雕版印刷的第一个步骤“写样”中使用的“花格”（图 22）。这种工艺在南京金陵刻经处被传承至今。“花格”作为东方一种“隐蔽”的网格系统，不仅包含着对纵向与横向秩序的追求，还涵盖了对字间距、行间距，以及汉字直行的“中心线”（图 23）的理解。直到活字印刷盛行，由于汉字的方块属性，其天然具有的纵横网格秩序系统才显现出来。

在东方语境中，版式设计是以确立“边界”为基础的，“网格”虽然长期隐而不彰，却是十分重要的隐形骨架。“边界”与“网格”是规则性的工具，它们维持着秩序和结构，却没有成为一种钳制，数千年的创意与生动在“边界”内肆意挥洒。

## 六、东西融汇：在新时代创造新范式

19 世纪末 20 世纪初，随着西方现代出版技术的引入，中国书籍艺术基本迈入了“洋装书”的阶段。现代书籍虽然还是属于册页装帧的范畴，但由于采用了现代印刷技术和现代设计观念，版式风格出现了新的面貌。这种新的面貌主要体现在封面版式上。

文学家、传统画家、漫画家等艺术家成了书籍设计的主要创作群体，例如鲁迅、闻一多、丰子恺、陶元庆（图 24）、陈之佛（图 25）、丁聪（图 26）等，他们所设计的封面既继承了传统文化的精华，富有形式美感，又吸收了西方艺术中的时代精神，求新求异，展现了对新的版面艺术的追求。

如今，在信息化、全球化的时代浪潮中，中国版式设计领域进入更具活力与潜力的新世代，表现出更加多元的设计风格面貌。在未来，如何构建具有东方精神、东方底蕴、东方特色的版式设计范式将成为新的挑战。

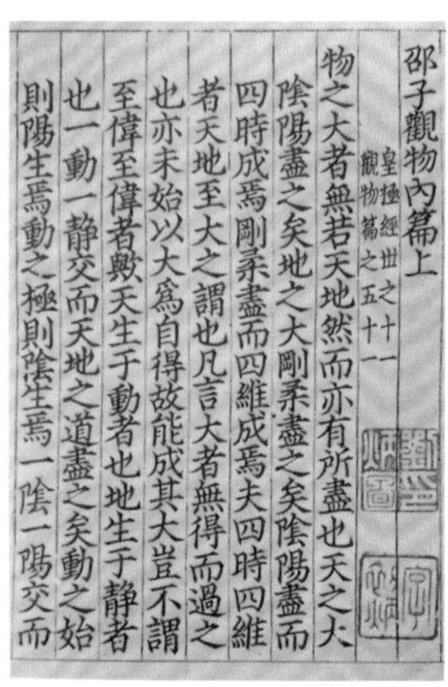
邵子觀物内篇上
皇極經世之十一
觀物篇之五十一
物之大者無若天地然而亦有所盡也天之大
陰陽盡之矣地之大剛柔盡之矣陰陽盡而
四時成焉剛柔盡而四維成焉夫四時四維
者天地至大之謂也凡言大者無得而過之
也亦未始以大爲自得故能成其大豈不謂
至偉至偉者歟天生于動者也地生于靜者
也一動一靜交而天地之道盡之矣動之始
則陽生焉動之極則陰生焉一陰一陽交而

图 21　[南宋]《邵子观物内篇》

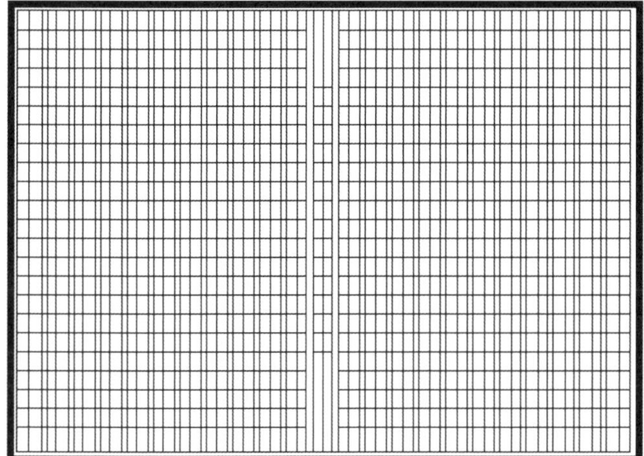

图 22

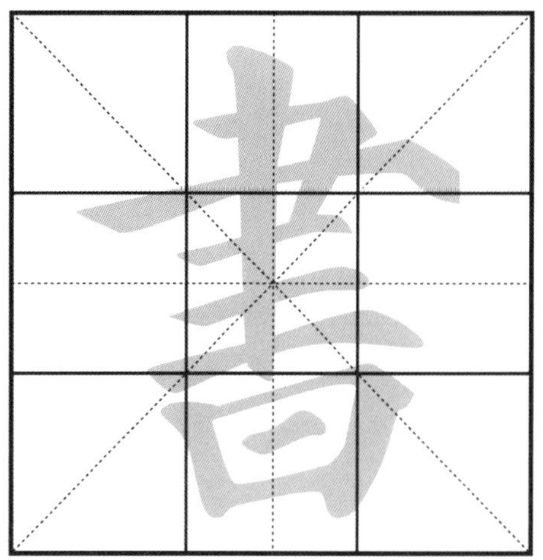


图 23

图 24

图 25

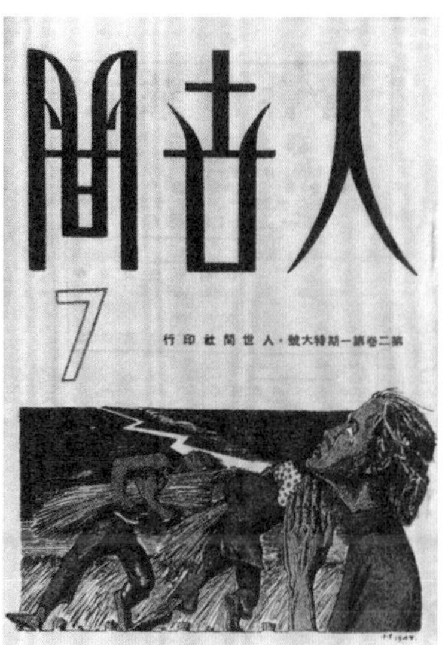


图 26

图 22　南京金陵刻经处“花格”网格结构

图 23　书法习字中所使用的九宫格，其中中间这一格被称之为“中宫”，一个汉字书写时是向中心收拢还是向外阔，就是以“中宫”作为参考的

图 24　陶元庆设计，1926 年

图 25　陈之佛设计，20 世纪 20 年代中期

图 26　丁聪设计，1944 年

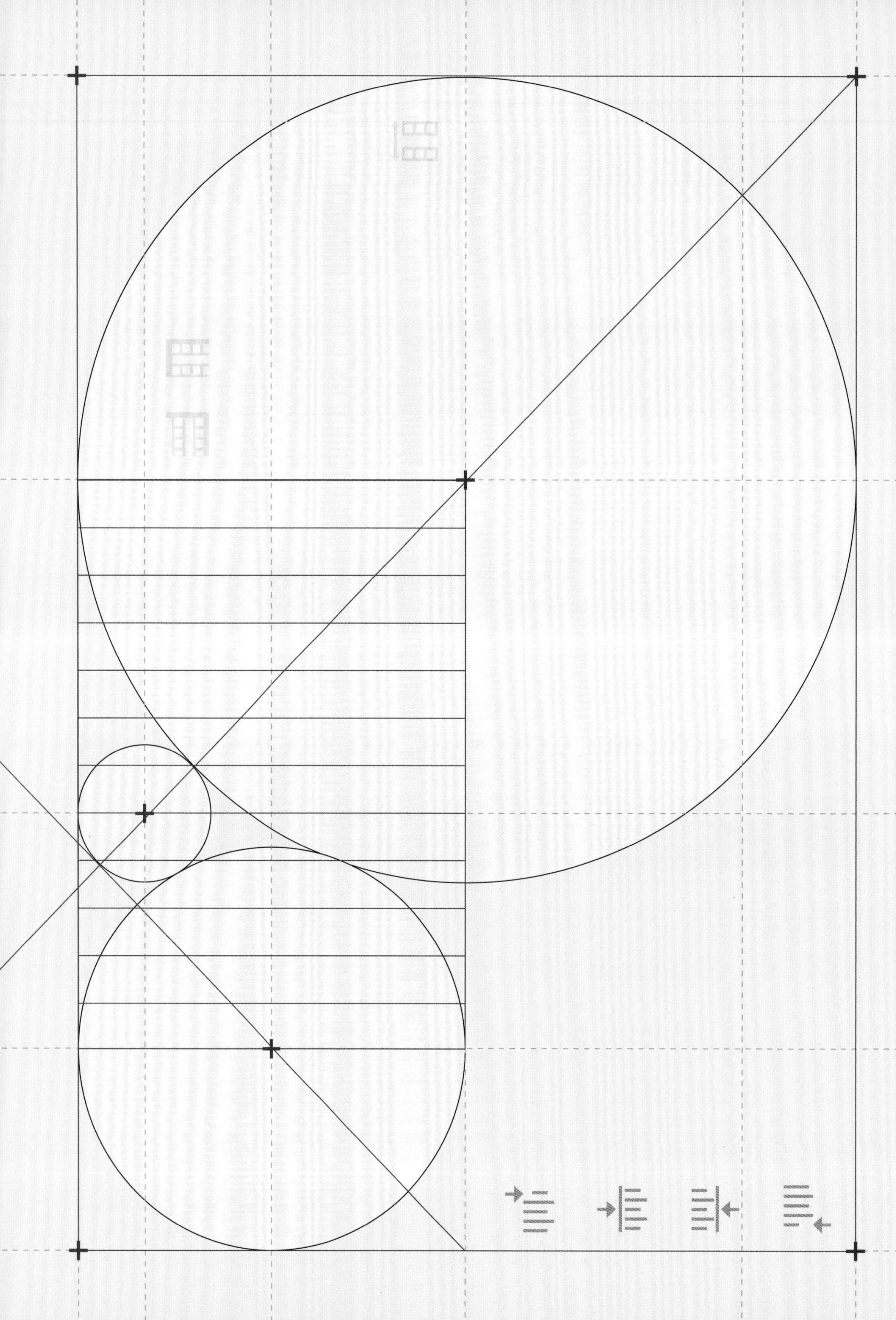

# 第三章　从古典原则到当代设计：再谈网格系统

**本章导读**

■ 网格系统中所蕴含的对秩序、和谐比例的追求，可以追溯到十分久远的年代，诸如古埃及、古希腊的古典原则。

■ 书籍版面设计在网格系统出现之前就已经存在了，且有着一套不断发展、完善的规则体系。

■ 网格系统有着自身的构成要素与基本样式，它提供了一个秩序系统，同时仍然提供了大量的多样性。

## 一、古老的追求：创建有秩序的空间

网格系统所彰显的那种对秩序、和谐比例的追求古来有之。古埃及人发展了几何学，来描述物体的空间关系，用于日常农作田地的划分。古希腊的毕达哥拉斯学派试图观察天体运行的规律，认为宇宙是由数的和谐关系构成的。他们将和谐与比例视为一切事物之所以美的根源，并将这种观念应用到建筑、音乐和雕塑等艺术领域。日后，这些思想演变发展为关于美的古典典范。

数值、比例、几何原则定义了纯粹的形式美，魔法般地作用于人的视觉，令人感到和谐与美好。从几何学、黄金分割、斐波那契数列，到建筑领域的勒·柯布西耶模数系统，再到后来古腾堡书籍版面设计准则，以及企鹅系列丛书封面上的“马伯网格”…… 对于秩序的追求从未停止。

### 1. 黄金分割和斐波那契数列

黄金分割决定了物体的比例、和谐率中的数学特性。在古希腊，毕达哥拉斯学派就曾研究过正五边形和正十边形，这些正多边形与黄金分割关系（图 1）极为密切。约在公元前 300 年，大数学家欧几里德撰写了《几何原本》，这是第一部提到黄金分割的传世著作。如果以矩形面积图示（图 2），这个矩形的长宽比大约为 1.618:1。如果我们继续对被分割的矩形应用黄金分割率公式，最终将会得到一个由越来越小的正方形所组成的图像（图 3）。如果在每个正方形上画一个螺旋线，从一个角落开始，到另一个角落结束，我们将创建斐波那契序列的第一条曲线，也称为黄金螺旋线（图 4）。

意大利数学家斐波那契发现一种数列与黄金分割和自然界的植物和贝壳的生长有直接的联系。斐波那契数列（Fibonacci sequence）是指数列从 0 和 1 开始，之后的每一个数值为前两个数值的和：0、1、1、2、3、5、8、13、21、34……直到无穷大。

黄金分割和斐波那契数列以相同比例与数值关系为基础，可见于建筑（图 5）、绘画（图 6）、音乐、设计等各类学科之中。它可作为构图工具（图 7），帮助设计师或艺术家排列或缩放不同元素，创造有机的、平衡的、和谐的效果。

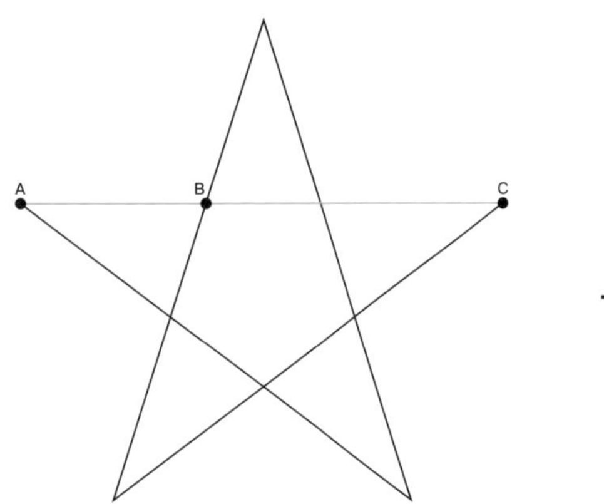


$$\frac{AB+BC}{BC} = \frac{BC}{AB}$$

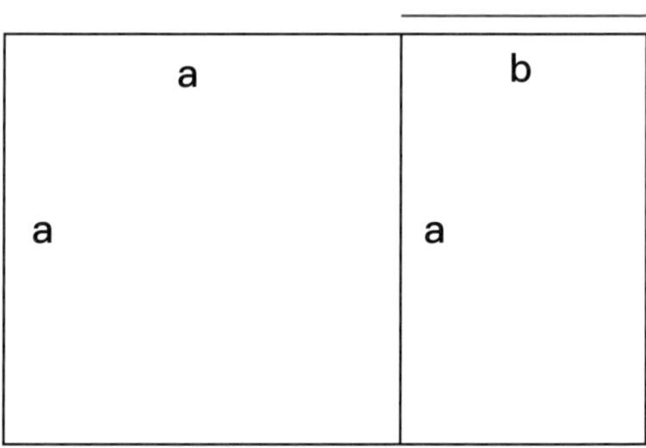


图 1

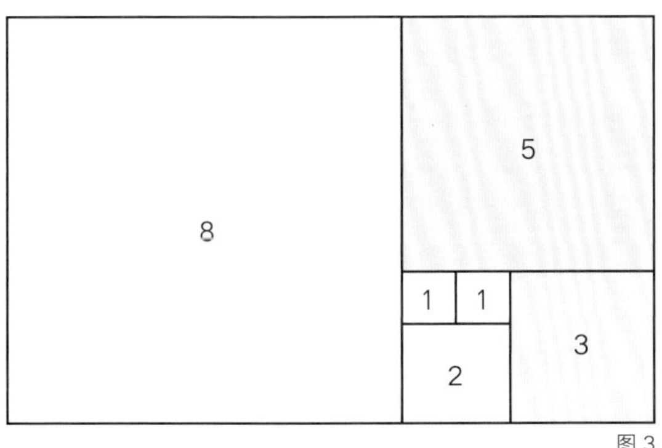


图 3

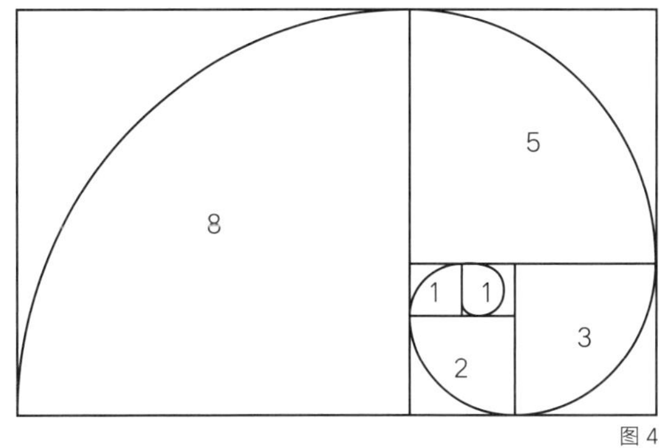


图 4

图 5

图 6

VORZUGS-ANGEBOT

Im VERLAG DES BILDUNGSVERBANDES der Deutschen Buchdrucker, Berlin SW 61, Dreibundstr. 5, erscheint demnächst:

JAN TSCHICHOLD

Lehrer an der Meisterschule für Deutschlands Buchdrucker in München

DIE NEUE TYPOGRAPHIE

Handbuch für die gesamte Fachwelt
und die drucksachenverbrauchenden Kreise

INHALT DES BUCHES

图 7

$$\frac{a+b}{a} = \frac{a}{b}$$

图 2

图 1 正五角星中也蕴含着黄金分割比。正五角星的每条边恰好被与之相交的另外两条边黄金分割

图 2 黄金分割比公式

图 3 无限分裂的正方形

图 4 黄金螺旋线

图 5 建筑帕特农神庙中的黄金分割比分析

图 6 《维纳斯的诞生》的黄金分割比分析

图 7 《新字体排印》。扬·奇肖尔德 (Jan. Tschichold) 利用黄金分割比进行排版，文本信息、视觉空间及数字比例的关系被充分联系在一起

### 2. 勒 • 柯布西耶模数系统

被誉为“现代主义之父”的法国建筑师勒·柯布西耶（Le Corbusier）是探索并发展古典原则的践行者。他致力于研究人体尺度和自然之间的数学关系，并建立了一套以人体尺度为标准的模数测量系统（图 8）。勒·柯布西耶以一个 183 厘米的人的身高为基准，选定下垂手臂、脐、头顶、上伸手臂四个部位作为测量标记点，测量与四个点与地面的距离后，获得了四个关键数字：分别为举手高（226 厘米），身高（183 厘米），脐高（113 厘米）和垂手高（86 厘米）。以这些数值为基准，插入其他数值，形成两组数字序列，前者称“红尺”，后者称“蓝尺”。将红、蓝尺重合，作为横纵向坐标，其相交形成的许多大小不同的正方形和长方形称为模数系统。总体来说，这是一套以黄金分割为基础，在数学中寻求一个无理数的加法系统，系统中的数字都可以利用黄金分割比和斐波那契数列结合在一起。之后，这套模数系统作为一种重要的设计工具，被广泛应用在建筑和工业设计领域。

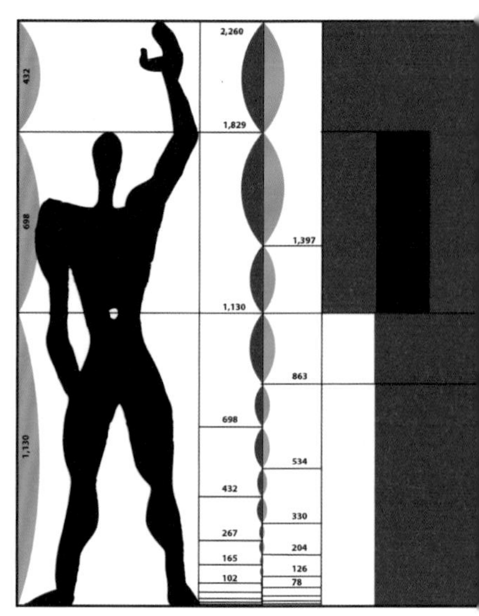

图 8　勒·柯布西耶模数系统中的“红尺”和“蓝尺”规范

## 二、规则的迭代：从页面准则的建构到网格系统

页面构建的准则可以说是一种历史的重建。仔细测量现存书籍之后，我们可以发现，早在中世纪或文艺复兴时期，一些当时已知的数学、工程方法和手稿框架方法可能已经被用于书籍设计，以便将一个页面划分成和谐统一的比例。自 20 世纪以来，这些经典得到了重视和普及，并深刻影响了现代书籍设计的方式，包括页面比例、页边距和文本段落的布局。

网格系统的出现，使得设计师们得以使用这一理性化工具规范视觉设计，借助网格系统这个“黏合剂”，以合理的方式将所有视觉元素组织在一起成为一个整体，同时也为平面版式打开了解决方案的多元视野。

### 1. 古登堡时期的版式准则

范·德·格拉夫（The Van De Graaf）版式准则是指将页面分割成舒适而美观的比例，从而有效地定位文本段落在书籍版面中的空间位置。这种版式准则（图 9）可以应用在任何长宽比的页面中。以长宽比为 3:2 的页面为例，根据这一准则在书籍版面中建立固定比例的正文区域，文本区域之外的四周空间形成内、上、外、下为 2:3:4:6 的边界比例关系，其中，内边界为外边界的一半，上边界为下边界的一半。

这种方法早在计算机、印刷机乃至一个确定的测量单位出现之前就已经存在了。无需图片或点，没有英寸或毫米，它只需要一把直尺、一张纸和一支铅笔就可以完成绘制。时至今日，这仍然是一个有效、美丽而优雅的超现代设计系统。

20 世纪中后期，扬·奇肖尔德 (Jan. Tschichold) 在此基础上，普及了书籍页面构成原理的概念，并强调平面设计的力量可以标准化为排版和布局规则。

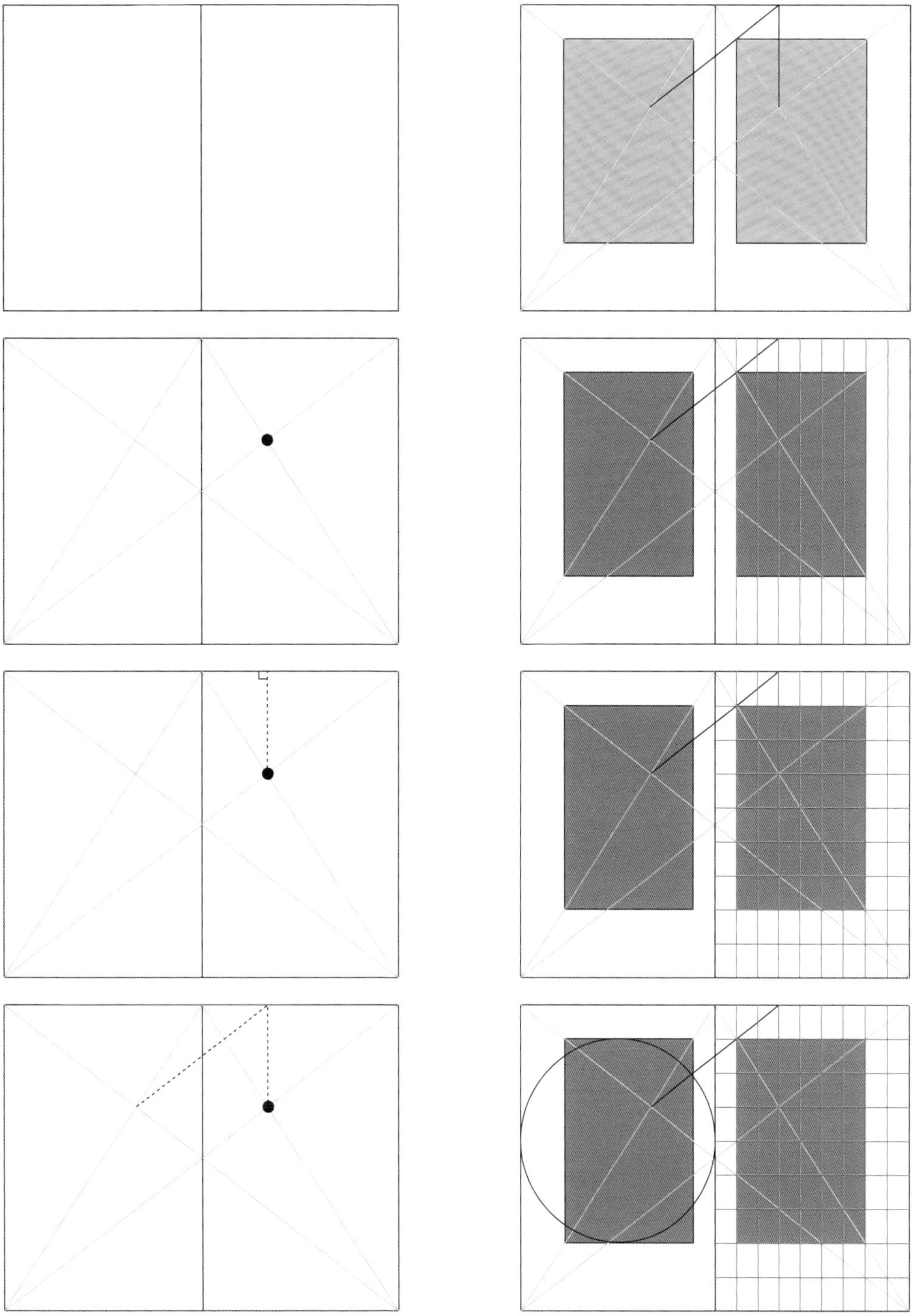

图 9

范·德·格拉夫版式准则的动态演示

图 9　范·德·格拉夫版式准则。范·德·格拉夫版式准则展示了西方传统书籍的版式构成规律

## 2. 维拉尔图形系统

维拉尔图形系统（图 10）是由 13 世纪的法国建筑师维拉尔（Villard）开发的。该系统与范·德·格拉夫准则相似，都是从对角线起始进行绘制。将跨页对角线和单页对角线的交叉点当作第一焦点，分别向外延伸出水平和垂直线至页面边缘处，再以直线连接两边交叉点，形成三角形的斜边。而此斜边与版面中线顶端延伸的对角线相交处，即为焦点，由此延伸出水平线条与垂直线条来表示文本区块的位置。

这种绘制方式能将一条直线分成 1/3、1/4、1/5 等兼具数理比例与视觉和谐性的线段，进而创建出更多样的网格系统（图 11），包括 6×6、9×9 及 12×12。

维拉尔图形系统的动态演示

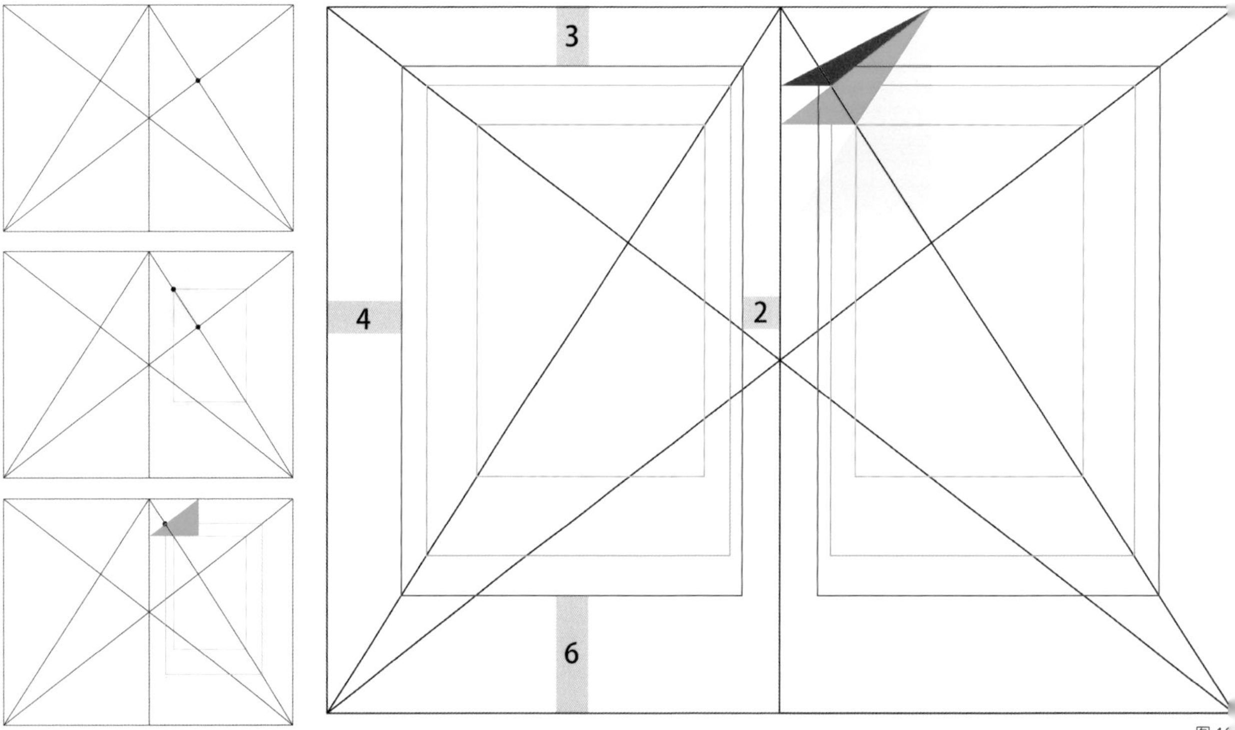

图 10

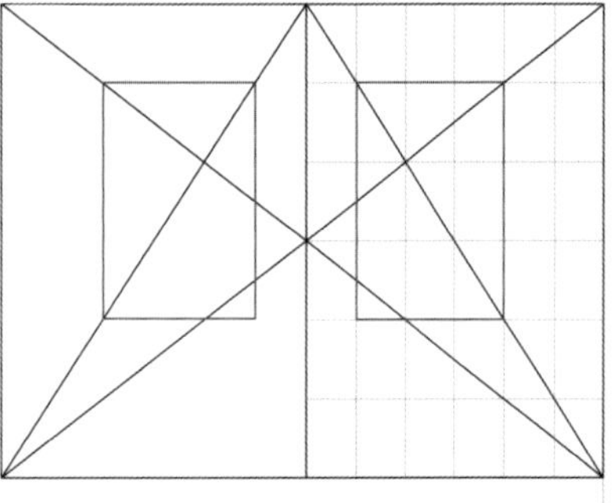

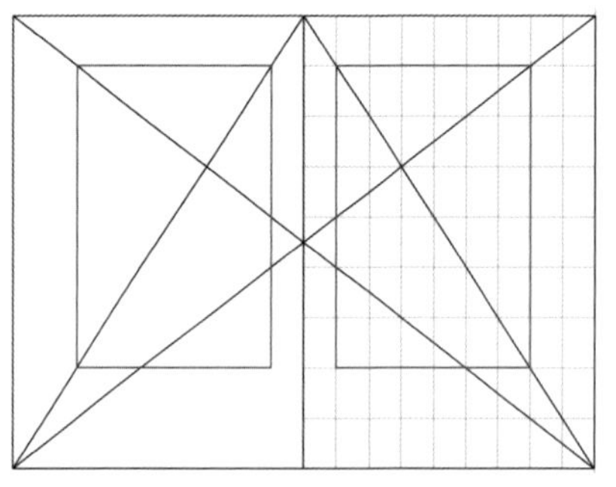

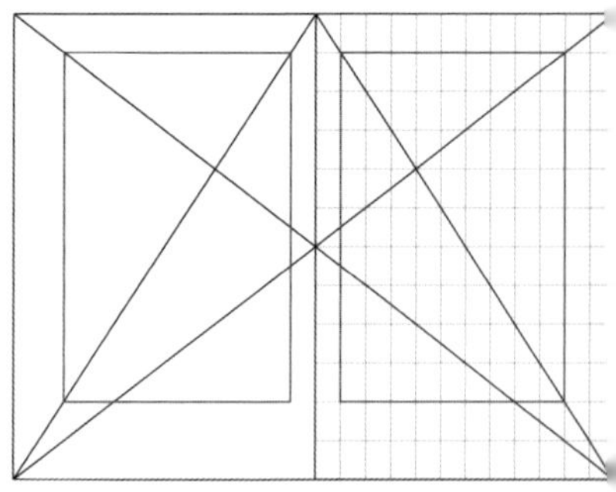

图 11

## 3. 约瑟夫 • 穆勒 - 布鲁克曼的网格系统理论

约瑟夫· 穆勒 - 布鲁克曼是首个提出“网格系统”，并系统地总结网格系统设计方法的设计师。在他之前，德国设计师扬 · 奇肖尔德出版了《新字体》(*Die Neue Graphie*) 一书，书中描述了制定标准化版面布局规则的理念。约瑟夫· 米勒 - 布罗克曼受到扬· 奇肖尔德的《新字体》一书的启发，进一步完善了关于网格系统的材料，实践并总结了一系列版面排印的经验，并将这些理论发表于《新平面杂志》、《平面设计师及其设计问题》、《平面设计中的网格系统》（图 12）等文献中。正是他的这些著作给我们带来了“网格系统”这个术语，对它的讨论亦持续至今。

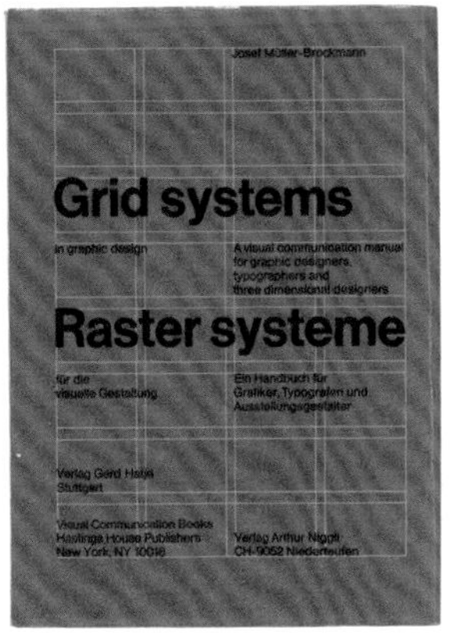


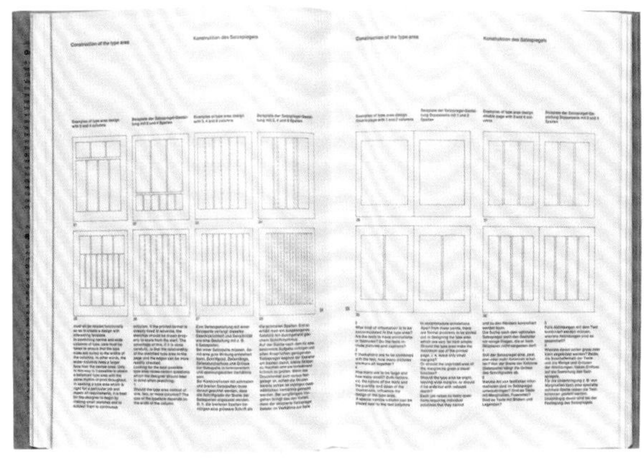

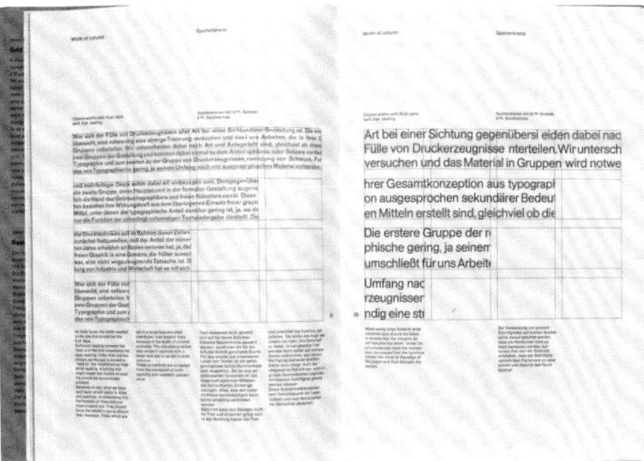


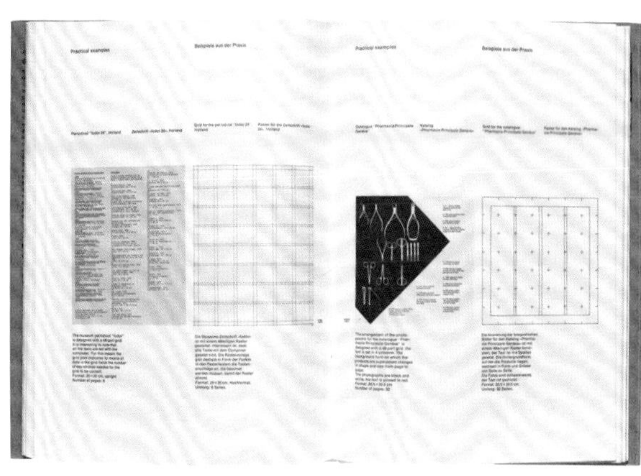

图 12

图 10　维拉尔图形系统（Villard's Figure）制作方法

图 11　维拉尔图形系统（Villard's Figure）三种网格结果

图 12　约瑟夫 • 米勒 - 布罗克曼的《平面设计中的网格系统》

## 4. 企鹅出版社的“马伯网格”

企鹅出版社的书籍广为人知，其中封面设计发挥了很大的作用。1960 年，企鹅出版社决定转型，他们试图改变书籍的传统面貌，以吸引更多的年轻读者。出版社邀请了波兰设计师罗梅克·马伯（Romek Marber）来操刀企鹅丛书的封面再设计。马伯将传统的位于封面顶端的水平横格细分为几个部分，分别包含出版社 Logo、系列书名、书籍名、作者名等信息。封面信息的定位和规范构成了“马伯网格”，而这种规范化的设计理念对全世界后来的平面设计发展布局都产生了重要影响（图 13）。

这一网格设计的亮点在于，它既可以适应将不同长度的标题和不同主题的图像放置在各自固定的区域中，又能够保持一个系列的整体风格，为企鹅图书的设计带来了“现代感与统一性的均衡”。“马伯网格”最初被用于 1961 年出版的“犯罪小说”系列中。之后，还被应用在了“企鹅经典”的副品牌“现代经典”系列的封面。

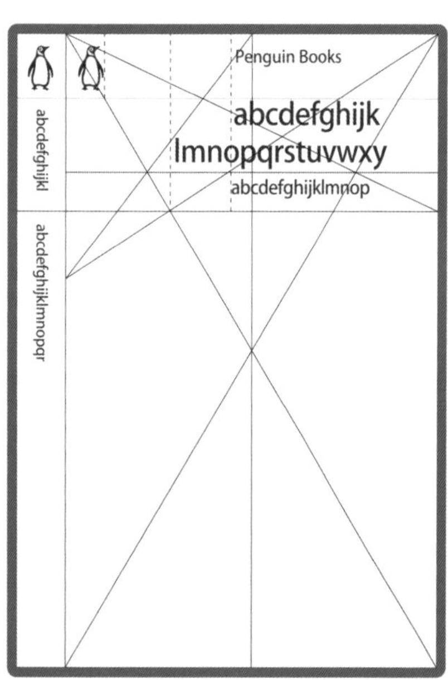


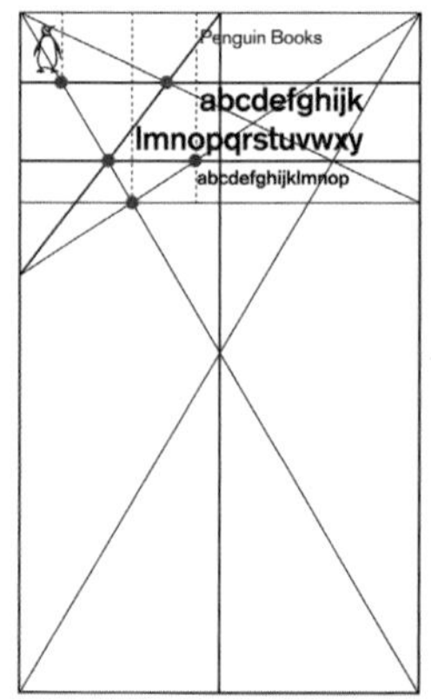

图 13　企鹅出版社的“马伯网格”

## 5. 卡尔 • 格斯特纳网格

卡尔·格斯特纳（Karl Gerstner）师从埃米尔·鲁德。在约瑟夫·米勒-布罗克曼推广并提炼的网格概念之后，卡尔·格斯特纳成为真正应用、探索，并创造复杂网格系统的第一人。1962 至 1963 年，他为德国经济杂志《资本》开发了一个网格系统（图 14）。随后，他把这套网格系统的实践理论总结记录在《设计程序》一书中。书中，他描述了一个基于 58 个模块的网格系统，网格复杂性和模块化特征使设计师摆脱了简单网格的束缚，既为版面提供了丰富多变的灵活组合方案，也同时保持了版面视觉的统一性。

schafft starke Gewerkschaften

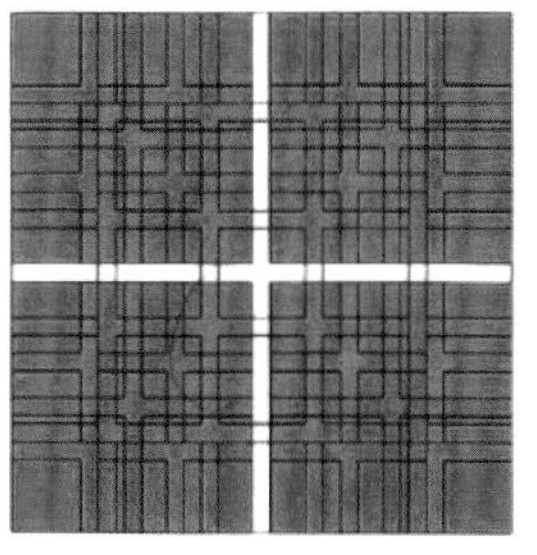

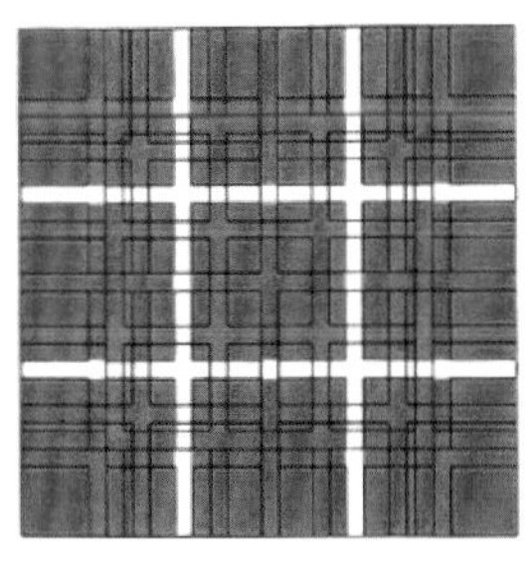

Kommentar zu einem Debakel

Lauter Sprüche

Capital-Analyse

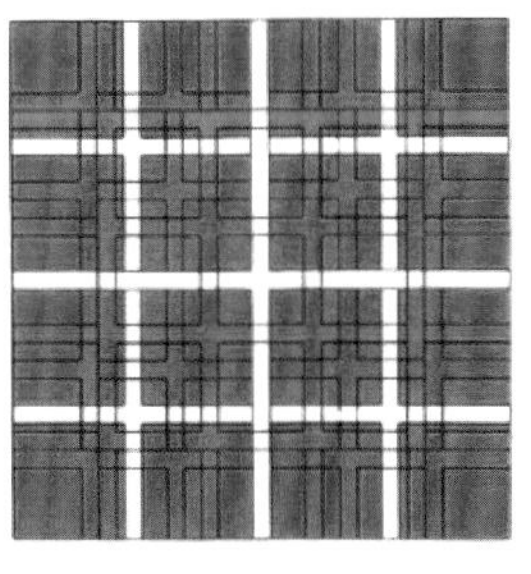

Farbe – Reiz – Anreiz – Kaufanreiz

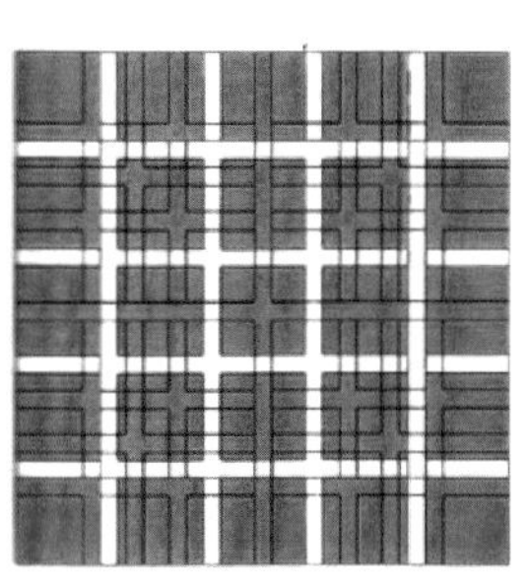

Urteile

Bundes-sozialgericht

Bundes-arbeitsgericht

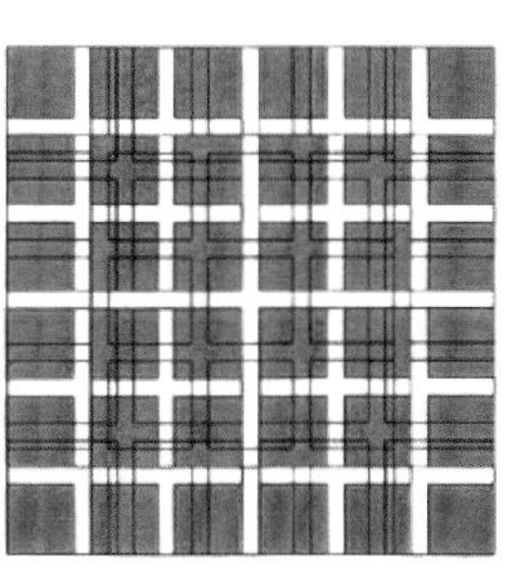

Schwarz-rote Koalition　Vorschlag von Eugen Kogon

图 14 《资本》杂志中网格系统的应用

## 三、什么是网格系统？

网格设计的发展不在朝夕之间，而是在漫长的历史变迁中酝酿、生成和演变。因此，“什么是网格系统”这个问题的答案，在每个特定时代都不尽相同。

最古老的“网格”很可能类似于基线网格：在古代手稿上绘制的指南或“辅助线”，帮助抄写员创建笔直且间隔均匀的文本。在早期的欧洲中世纪手抄本、活字印刷书籍、报刊版面中，可以感受到明显的秩序感，包括双栏、三栏乃至多栏的“分栏”设计，字距行距、页边距、版心等尺寸中追求基准的比例与格式。在早期阶段，网格的使用是一种结构性思维在视觉上的表现。

20 世纪 50 年代以后，随着前卫设计师们对信息组织和版面布局进行更多实验，以及对理性化、简洁化的追求，在继承传统中，重申秩序感，开发出了真正意义上的“网格系统”（Grid Systems）。国际平面主义风格的主要代表之一、堪称网格系统代名词的约瑟夫·米勒 - 布罗克曼在《平面设计中的网格系统》一书中，将网格系统视为一种秩序系统来进行使用，主要目的是让页面具有合理性，更秩序化、组织化、体系化、统一化和均匀化。他说：“通过网格系统来控制视觉元素的数量和组合，可以创造出一种紧凑的、清晰易懂的、整洁有序的设计，这种整洁有序同时也增强了信息的可靠性……不仅可以使阅读变得更快速和更容易，还可以让信息更容易被理解和记忆……网格系统的应用意味着：系统化和清晰化，集中精力看透关键问题，用客观取代主观，理性地去看待创造和制造产品的过程，将色彩、形式和材料进行结合，从建筑的角度来驾驭内外空间，采取积极前瞻的态度。”

在网格系统逐渐作为一种样式和方法论被正式确立起来的同时，也出现了对网格系统进行细分、解构、颠覆的不同做法。而发展到当代，尤其是随着互联网的渗透，网格系统的使用呈现出更强的多元面向。

或许在一般设计师看来，网格系统似乎是以严格规定的格式（模块）去实现精密设计的一套系统，有着诸多制约。但是，不要忘了，网格系统的出现，根本上是为了解决设计中信息的组织结构问题。图形、符号、文本、标题、数据表格等信息错综复杂，都需要一个规律进行合理组织才能达成最有效率的沟通。网格成了一种把这些零散信息规整起来的有效方式。同时，正如日本设计师白井敬尚在《网格系统活用法》一文中说的那样：“无论是文字信息还是视觉信息，随着时代更迭都会不断变迁并复杂化。而网格系统，为这样每个时代而变容的复杂信息进行层级化控制，从而对书册整体的整理、统合能发挥出功效。这是一种规格化、合理化、效率化、均质化，同时也是对功能性、客观性、匿名性的追求，但是其目的并非仅此而已。对于当代的网格系统，非常重要的一点是，它是以‘将内容的固有性具体化出来’为目的的。”

也就是说，在当代语境中，如何利用网格系统来有效且生动地进行信息传递与自我表达，依然是一个不变的主题。但问题的关键在于，设计师

图 15 网格概念的产生、成熟与发展

网格系统的滥觞：古典阶

4 世纪

“栏”和“行”概念已经形成。《梵蒂冈抄本》是世界上现存最古老、最重要的希腊语圣经手抄本之一，正文是单页三栏的样式。

13 世纪初

拉丁语圣经内文版面出现了双栏的形式。

4 世纪
13 世纪

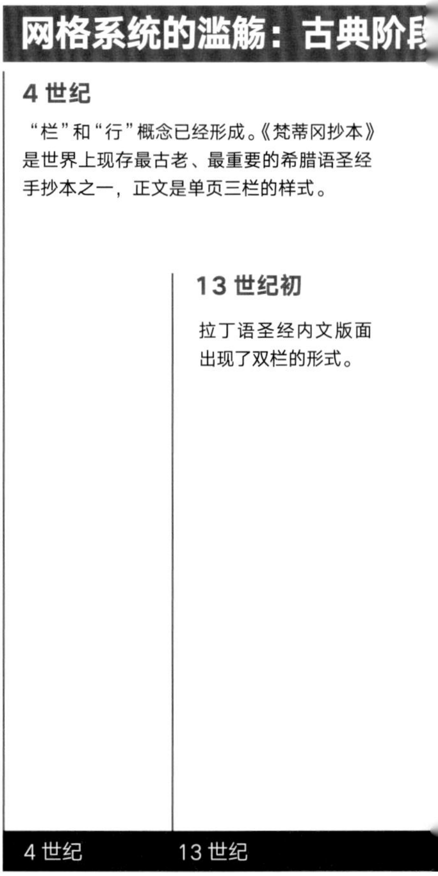

如何看待网格系统本身的性质与功能。它还是一种规范化的特定格式，一种均质化的标准与范式，一种难以逾越的制约吗？

至此，我们不一定要给网格系统下一个明确的定义，但可以为它做一个相对开放的描述和说明。所谓网格系统，是设计师在页面构成中为合理安排文字、图片等信息所使用的一种格子状的参考线。网格系统只不过是一套工具。用数字进行规范并不是目的，重要的是设计师在页面上究竟想实现什么。它可以被视为一个可为己所用的参考基准与框架，一个可供灵活调用的“电脑程序”，一种以结构性、预见性的方式来进行构思和设计的态度表达……

*“网格系统不多也不少地掌握在设计师的手中，它可以创造出一种有趣的、对比的、动态的图片和文字排列，但这种排列本身并不能保证成功。”*

*——约瑟夫·米勒 - 布罗克曼*

*《平面设计中的网格系统》*

*(Grid Systems in Graphic Design，1981)*

**15 世纪中叶**

15 世纪，近代金属活字印刷术的创始人约翰内斯·古登堡（Johannes Gutenberg）的《四十二行圣经》（1450—1455），页面沿用手抄本中的字体与双栏式布局。

**1472 年**

法国印刷工人尼古拉·让松（Nicolas Jenson）制作的《普林尼的自然历史》在威尼斯出版，此书是“用罗马体编排的最早期印刷品的象征”，页面灰度均一、轻快明亮。这是字体排印史上划时代的一件大事。

**1499 年**

意大利人阿尔杜斯·皮乌斯·马努提乌斯（Aldus Pius Manutius）印制的《寻爱绮梦》，尽管文本依然是基本的通栏，但试图“将排版做成造型”，创造性采用“半菱形缩进”的方式制作扉页、章首和章尾，形成倒三角形排版。

**1568 年—1573 年**

尼德兰人克里斯托夫·普朗坦（Christopher Plantin）制作的《多语对译圣经》（*Biblia Polyglotta*）中，针对在同一页面中的不同文种（希腊文、拉丁文、希伯来文等），用“三栏”的分栏方式加以控制。

**1791 年**

意大利印刷工人詹巴蒂斯塔·博多尼（Giambattista Bodoni）制作的《贺拉斯作品集》扉页排版可谓划时代。最早通过缜密设置的活字字号和行距，成功在平面中模拟出了从浅到深再从深到浅的空间纵深感。

**19 世纪**

工业印刷普及，铸字、印刷，造纸机械的精度不断提高，印刷品质量上升。正文排版依旧采用“两端对齐”这种行头行尾对齐的排版方式，行头用首字母，标题居中，配以花型装饰活字的所谓“古典样式”的排版。

15 世纪 16 世纪 18 世纪 19 世纪

## 网格系统的形成

二战后，一些平面设计师，包括 马克斯 · 比尔、埃米尔 · 和约瑟夫 · 米勒 - 布罗克曼，受到的扬 · 奇肖尔德《新字体排印》（*The New Typography*）的现代主义思想的影响，开始质疑当时传统页面布局的相关性。他们开始设计一个灵活的系统，帮助设计师在组织页面时保持一致性。其结果就是现代印刷网格与国际印刷风格相联系。约瑟夫 · 米勒 - 布罗克曼很快成为瑞士风格的主要实践者和理论家。瑞士风格通过基于网格的设计，去除无关的插图和主观感受，寻求一种通用的图形表达。

## 网格系统的酝酿：现代阶段

### 19 世纪末

英国威廉·莫里斯的《乔叟作品集》中，采用了手工艺般的字体排印和装帧，复刻让松的罗马体，在版心的设置上提倡用数值化的方法进行控制，为之后的现代字体排印引导出了一种科学性的思考方式。

### 20 世纪初

俄罗斯先锋艺术的代表性艺术家埃尔 · 利西茨基（El Lissitzky）引入俄罗斯建构主义，成为之后包豪斯美学和哲学的关键组成部分。他将以往那些只作为语言而存在的字体排印，当作可供观赏的元素呈现出来。

在 1923 年创作的《为了声音》（*For the Voice*）中，红黑色的活字和铅条以纵横倾斜等各种方式组合，版面打破了传统水平垂直的布局，出现了动态布局结构。在书籍《新闻》（1922 年）和《艺术的主义 1914—1924》（1925 年）的正文排版中，采用了分三栏对不同的语言文字进行控制的手法，这种用“栏”的控制方法也成为后来网格系统形成的一个契机。

### 1923 年

匈牙利艺术家莫霍利 · 纳吉（Moholy-Nagy）在包豪斯展览作品集中发表了一篇名叫《新字体排印》（*The New Typography*, 首次提出）的论文，提倡并实践了重视具功能性、非对称的、动态的字体排印方式。

### 1925 年

出生于德国的设计师扬 · 奇肖尔德发行了《字体排印通信》（*Typographische Mitteilungen*）杂志，试图将先锋艺术家们的字体排印以成体系的、易于理解的方式，介绍给印刷业者。

在《字体排印基础》一文中，扬 · 奇肖尔德总结了“新字体排印”的十条原则，包括“信息必须以最短小、最精炼、最有力的形式”“要使用无衬线字体”“要有目的性”等。

### 1926 年

包豪斯 (bauhaus) 专刊出版。其版面设计大胆地使用非衬线字体、不对称的网格、以及功能区分明确的版面空间，开拓了版式设计的独特风格。

### 1927 年

莫霍利 · 纳吉设计的包豪斯书籍系列（主题：绘画、摄影、电影）。他大量使用粗体字来强化视觉冲击力，粗体的圆圈标注节段间隔，较小的圆圈标注脚注。动态蒙太奇式的排版营造出版面的节奏感，这是纳吉对新版式所能达到的最终实验。

### 1928 年

扬 · 奇肖尔德将先锋派艺术家们的字体排印实践经验进一步理论化，出版了他的里程碑式的书《新字体排印》（*The New Typography,* 源自 1923 年莫霍利 · 纳吉的同名文章）。书中综合了包豪斯和建筑的理念，为 20 世纪的“瑞士国际主义风格”奠定了基础。他提出了与现代字体使用相关的实践标准化的规则。他谴责除了无衬线字体以外的所有字体，提倡纸张尺寸的标准化，并提出版面设计中利用字体的变化来建立信息等级的建议。

### 1935 年

奇肖尔德的著作《字体排印设计》（*Typographische Gestaltung*）出版。这是一本关于字体排印的教科书。扉页设计虽是非对称的构成形式，却蕴含着活字排版的原理。正文排版回到了传统的排版样式，另外，他还强调了字体排印中需要视觉感受的控制。

### 1952 年

奇肖尔德的《文字全书》出版。此书完全回到了传统的字体排印。正文排版是两端对齐，段首缩进，行头用了首字下沉，而标题也遵循了传统方式，大写字母拉大字距疏排、居中对齐。

### 1957 年

瑞士平面设计师卡尔 · 格斯特纳，曾师从埃米尔 · 鲁德，在《驶向欧洲的船》(*Ship to Europe*) 一书中，利用网格实现灵活的动态排版。页码的位置是非对称的，页眉放到了订口等做法都是实验性的尝试。

受让松（Jenson）罗马体的启发，字体设计师阿德里安 · 弗鲁提格 (Adrian Frutiger) 制作出了 Univers 字体。这是在保持统一骨架的基础上，由从细到粗、从宽到窄共计 2 款风格构成的一个无衬线字体家族。通过对字重、字宽进行规划设置，得以实现灰度均匀跳跃的“三维”层级化排版是实现“现代字体排印”的一个决定性事件。

### 1958 年

瑞士刊行设计杂志《新平面设计》，由约瑟夫 · 米勒 - 布罗克曼（Josef Müller Brockmann）、汉斯 · 诺伊堡、里夏德 · 保罗 · 洛泽、卡洛 · 维瓦莱利四人编辑和设计。在同一页面上对多文种（德、英、法文等）进行控制，也对照片插画等各种各样的视觉信息进行控制，回应了信息复杂化、差异化和层级化处理的时代需求。

### 1962 年

奇肖尔德的著作《页面与版心的理性比例》出版。他通过具体实例进行科学性、数学性的分析后，提出了书籍版面空间规划的基准比。

### 1964 年

瑞士设计师卡尔 · 格斯特纳著《设计方案》（*Designing Programmes*）一书，在四篇论文中，作者提供了对他的设计方法论的基本介绍。其中提到了动态的、参数化的网格系统。

20 世纪初 20 世纪中

### 1981 年

瑞士平面设计师约瑟夫・米勒－布罗克曼总结了 20 世纪 50 至 70 年代期间以瑞士为中心的平面设计师们的实验，出版《平面设计中的网格系统》（*Grid Systerms*）一书。书中用的是根据字号、行距定出横轴的网格。网格系统并不是一种单纯地对页面进行分割的手法，而是要在理解字号、行距这些排版基本构造的基础之上才能成立。使用网格的主要目的是让页面具有合理性，更秩序化、组织化、体系化、统一化和均匀化。

### 1973 年

亚伦・马库斯（Aaron Marcus）在 *TM* 杂志上发表了他的实验性作品。文字被裁切编织进网格系统中。

### 1988 年

德国平面设计师奥托・埃舍尔（Otl Aicher）出版了《字体排印》（*Typographie*）一书。书中使用了横跨罗马体到无衬线体的 Rotis 字体，并采用了将各种要素准确地嵌入网格的方法，造就了无懈可击的硬朗风格。

### 1971 年

荷兰平面设计巨匠维姆・克劳韦尔（Wim Crouwel）为阿姆斯特丹市立博物馆的特展"具体诗"设计展册，使用了激进的版心设置，将页边距设置到了狭窄的极限，让静态的页面保持极度的紧张感。

### 1967 年

埃米尔・鲁德（Emil Ruder）出版 *Typographie* 一书。

## 网格系统的分化、解体与回归

### 20 世纪 70 年代

沃尔夫冈・魏因加特（Wolfgang Weingart）引用胶版印刷原理——胶片分版，即通过将胶片重叠起来的原理进行字体排印。他开创性地将不同图形要素进行同化并灵活使用负片、正片进行复杂图形化字体排印，并深刻影响"新浪潮字体排印"流派的形成。

### 1986-1992 年

伦敦平面设计公司"8vo"创办了一本字体排印杂志，名为《八开杂志》（*Octavo Magazine*）。他们使用精细的网格对杂志页面进行控制，把文字进行复杂的层叠化处理。

### 近十几年

出现了大量既不是使用网格系统的现代字体排印，也不是新浪潮的印刷页面。特别是在荷兰、英国等地为了表达观念，不以样式、风格手法等视觉性的东西为主轴，而是转向再度思考、重新构建媒介本身所蕴含的含义。

### 1984 年

祖扎娜・利奇科（Zuzana Licko）、鲁迪・范德兰（Rudy VanderLan）等人创办《移民者》（*Emigre*），这是最早使用 Macintosh 电脑设计的出版物之一。杂志版面中网格被极端地矩阵化，文字和图像自由地重叠、嵌套。这意味着被网格系统维持的空间秩序被解体，成为对"解构主义"的一种呼应。

### 2004 年

设计师戴维・皮尔逊为英国企鹅图书重新发行的古典名著设计封面，他采用正文两端对齐，左右居中放置标题的传统型排版，利用 Macintosh 电脑的排版应用软件和 Dante 这款旧式罗马体的数码字体来实现。

### 20 世纪 90 年代

以英国的"设计师共和国" 团队（The Designers Republic）的作品为代表，在表现上动画角色、文字等各种元素在同一页面里浑然一体，且进入与音乐、动画等媒体联动的时代。用网格来维持空间秩序的观念继续弱化。

20 世纪末至 21 世纪

## 四、网格的构造

网格系统是由栏与栏间距、页边距、内边距、基线、网格单元与模块等基本要素构成的。（图 16）

### 1. 栏、栏间距

排版内垂直向的分割区域称为栏，通常用于统一放置文本。栏与栏之间的视觉分割被称为栏间距。

### 2. 页边距（上、下、外边距）

页边距指的是一个页面中四周留白的部分。它决定了页面的外部边界，它像一个画框一样围合着版心。我们将以此为基点，通过把页面均分为几个等份，来创建多个单元格。版面四周的页边距不一定是均等的，但在同一个多页面的印刷品中，每一页之间或每一版之间的边距通常是保持一致的。在当前的桌面出版设计软件中，我们在设置页面尺寸规格的时候就可以设置页边距。

### 3. 内边距

内边距是靠近书籍订口，即中缝两边的边距，也被称为书沟。

### 4. 基线

“基线”是拉丁字母字体设计中的术语。手工排印时期，拉丁文字采用基线对齐的方式来保持文字水平方向统一的视觉秩序的。而现代桌面出版软件也保留了这个排印方式，从技术的角度来讲，它被用来衡量行与行之间距离的参考点。基线并不显示在最终的出版成稿中，而为文本的排版提供了方位的参照。同时，基线网格也为图文的摆放和对齐提供视觉导引。

### 5. 网格单元

网格单元是版面上放置文本和图片的基本单位，它决定的是设计元素的“放置”位置而非“尺寸”。也就是说，假如我们有一幅比网格单元大的图片，照样可以使用它。例如，我们可以选择使用单个网格单元的 2 倍、3 倍、4 倍或更多个倍率的网格单元集合来放置不同构图、不同大小的图像。

如果版面中的网格单元数量少，那么几乎所有元素都必须根据网格线对齐，如此一来，自由度较低，构图也会比较单一。而当网格单元数增多的时候，我们不会把每个网格单元单独拿出来使用，而是将多个单元进行组合，再以其为标准放置对象。由于网格单元有着大量不同的组合方式，这就使得构图自由度得到了飞跃性的提升。

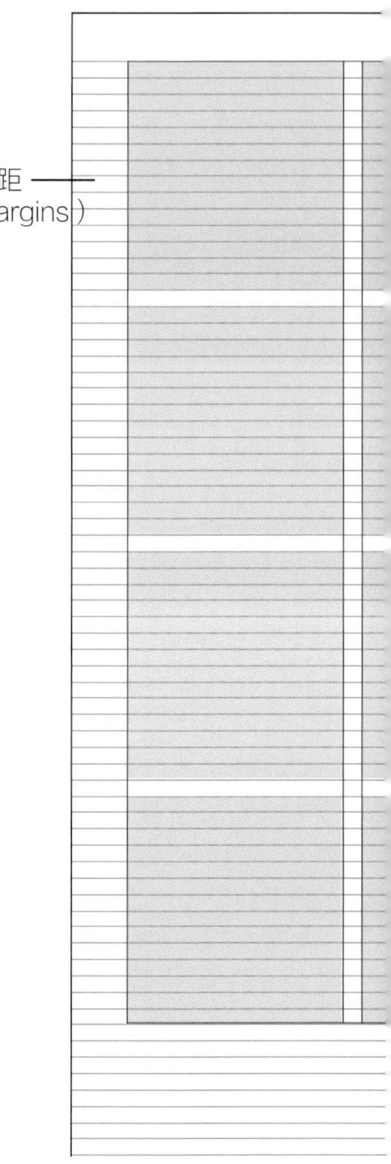

Indesign 软件中的基线网格和框架网格

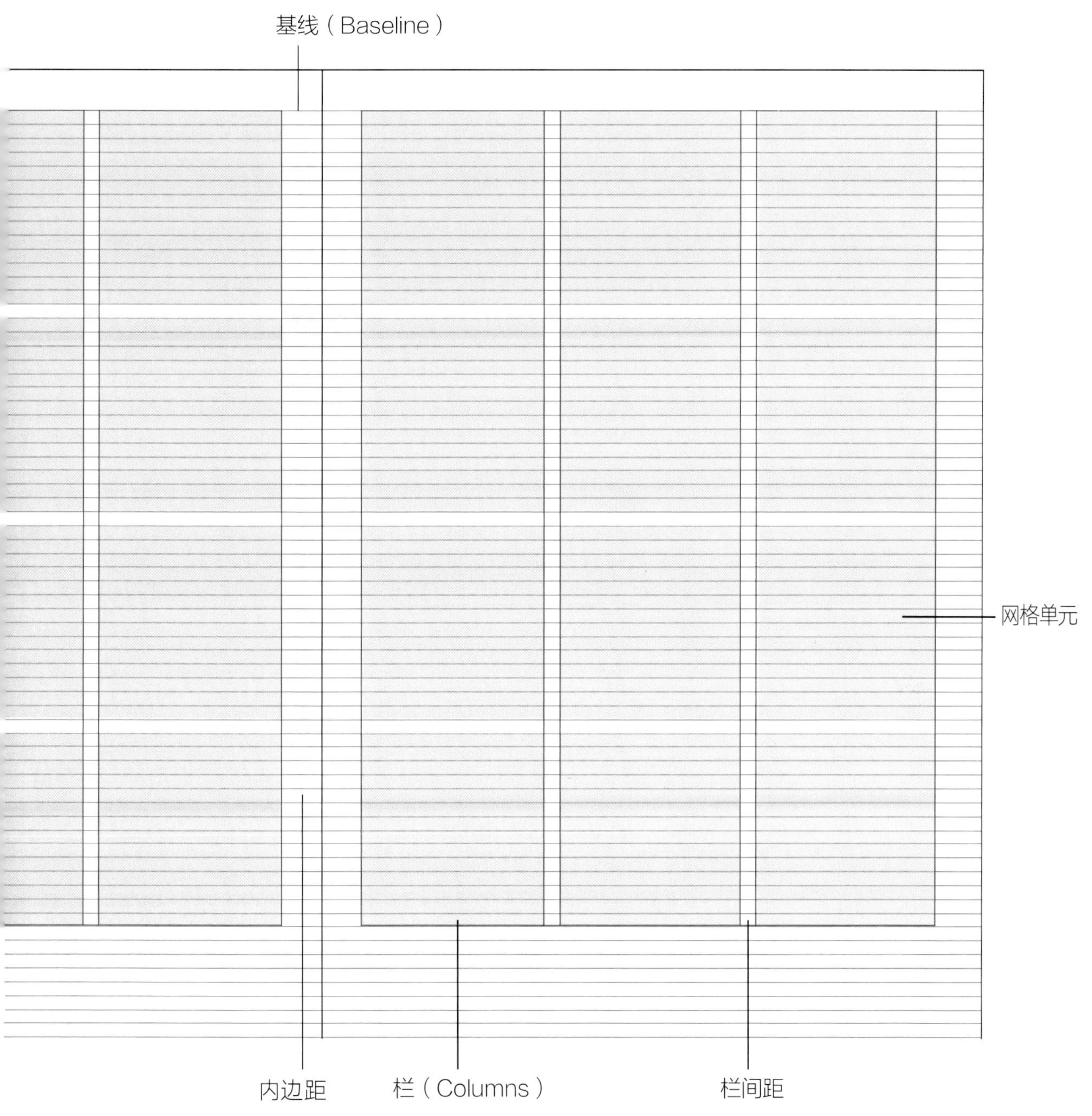


图 16　网格的构成要素

## 五、网格的基本类型

当我们开始创建自己的网格系统时，总是会不知道从何处入手，以下几种通用网格样式（图 17）或许会带给我们一些启发。

### 1. 单栏网格

一般用于篇幅较长的连续文本，如报告或书籍（图 18）。页面中文字为主要视觉元素。单列网格由于其简单的视觉结构，显得更加豪华，从而也适用于艺术类书籍或各种商品目录。

### 2. 双栏网格

用来控制许多文本或在分割的栏目中提供各种不同的信息。两列的宽度既可以均等，也可以不均等。

### 3. 多栏网格

能够提供比单列和双列网格更多的灵活性，可以把不同宽度的多列栏目综合起来，杂志和网站（图 19）常用此类样式。

### 4. 模块网格

对于信息量较大且处理起来较为复杂的作品，如报纸、日历、图表等而言，模块风格是一种比较好的选择。它利于把信息单位变成便于管理的小块。报纸版面（图 20、图 21）常使用此类网格。

在版式设计中，我们经常将栏、网格单元和基线并用，文字的组织以“基线”和“栏”作为排列参考，图像则填充模块。网格系统的关键在于建立基线、栏、网格单元之间所共通的倍率关系。

但是，需要注意的是，网格系统是严谨的，但却不是僵化的；网格系统是重要的，但却不是万能的。网格系统能否成为有用的工具，以及它的效用可以发挥到何种程度，最终还是仰赖于设计师本身的观念、思考与能力。用精密的网格系统依然可以展开高度自由的设计。正如约瑟夫·米勒－布罗克曼所说：“网格系统是一种帮助，而不是保证。它允许多种可能的用途，每个设计师都可以寻找适合其个人风格的解决方案。但是必须学会如何使用网格；这是一门需要实践的艺术。”

图 17　网格的基本样式

图 18　单栏网格书籍内页

图 19　多栏网格杂志网页

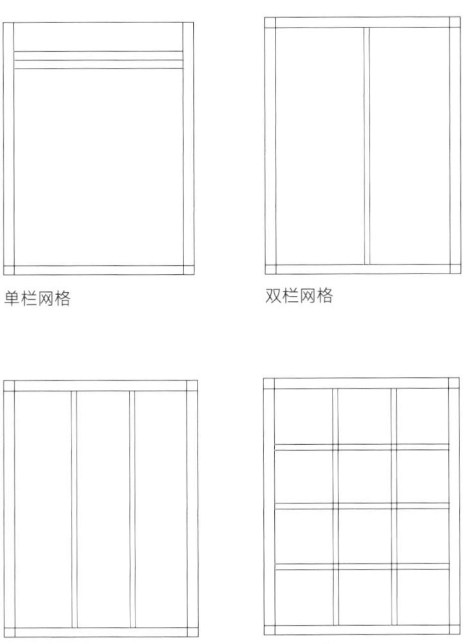

单栏网格
双栏网格
多栏网格
模块网格

图 17

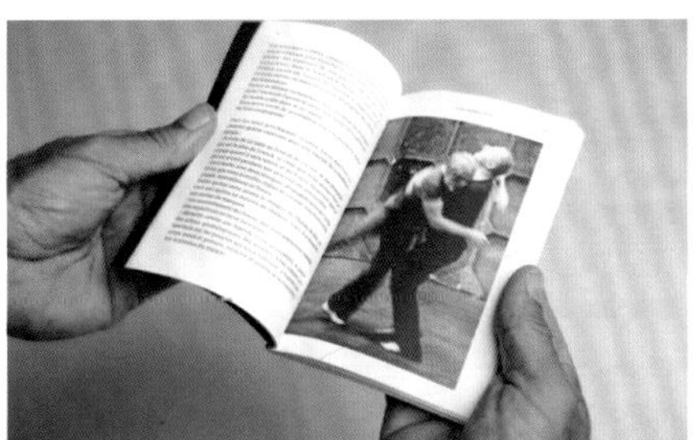

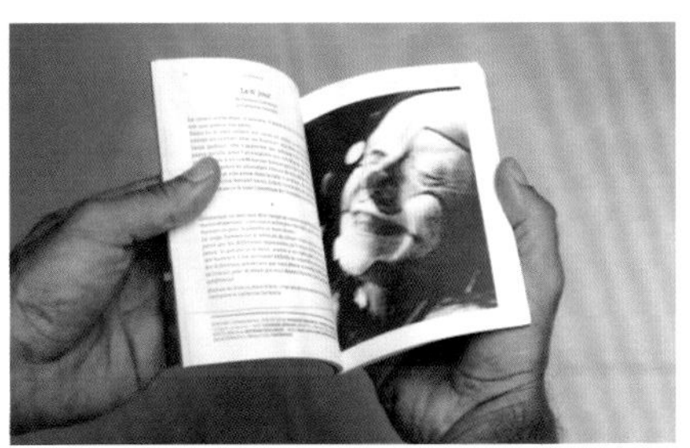

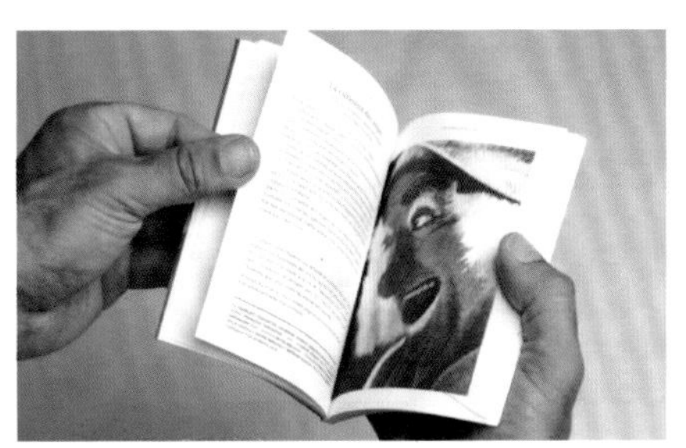

图 18

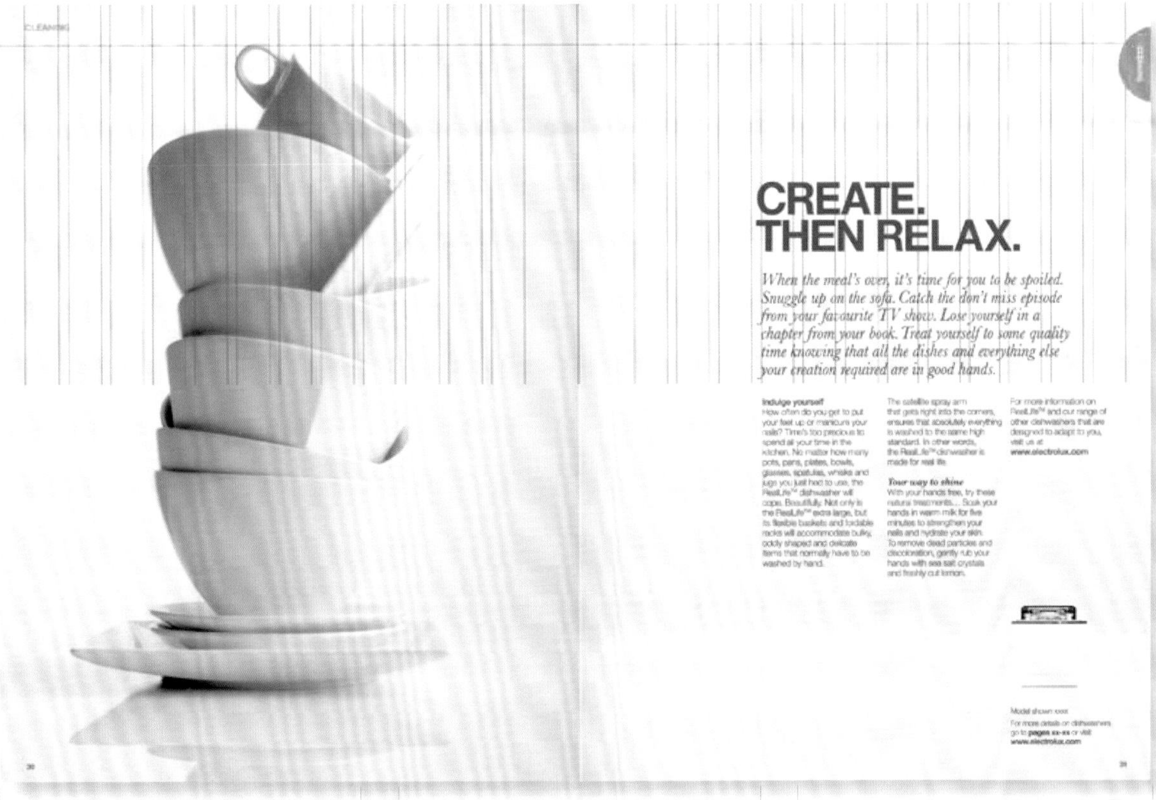

CREATE.
THEN RELAX.
When the meal's over, it's time for you to be spoiled. Snuggle up on the sofa. Catch the don't miss episode from your favourite TV show. Lose yourself in a chapter from your book. Treat yourself to some quality time knowing that all the dishes and everything else your creation required are in good hands.
Indulge yourself
Your way to shine
www.electrolux.com

图 19

MÚSICA ▸ P7 FOTOGALERÍA ▸ P9 LITERATURA ▸ P12

**Artaud de Pescado Rabioso vuelve a estar disponible**

Se reeditó el gran álbum del "Flaco" en una versión doble que replica la original.

**Breves sueños premonitorios**

*Imagenes de Andrei Tarkovski.* La cámara del director ruso va penetrando en la realidad como si del tacto de un ciego se tratase.

**Raúl Ríos presenta su libro**

El próximo jueves 6 de octubre en el Centro Cultural San Martín de la localidad de Santiago del Estero.

$42 Capital, GBA y La Plata. Recargo por envío al interior: Córdoba, Santa Fe y Entre Ríos: $4,50

› MIRASOLES ‹

Domingo 18 de septiembre de 2016

Buenos Aires, Arg. Año 01 · Número 0039 Contacto: 5199-4777 www.mirasoles.com.ar

MUNDIAL

# Hitchcock regresa en una nueva antología

Universal Cable Productions ha firmado un acuerdo de desarrollo con los responsables de la herencia de Alfred Hitchcock para poder rendirle homenaje al famoso director.

Alfred Hitchcock durante la grabación de Psycho, 1960

INFANCIA

**El remake de «El Rey León»**

Se hará una nueva película en versión carne y hueso.

**Muestra de Gus Van Sant**

EL NACIONAL

Andrea del Río habla con **Pablo Trapero** sobre su nueva película *El Clan* ▸ P1

LO ÚLTIMO EN DISCOS

**Música y cine: una estrecha relación**

El director nos acerca al artista y sus músicos de la manera que la tragedia, pasar el mejor rato posible.

BANDAS SONORAS

**Gustavo Santaolalla: personalidad destacada**

图 20

图 20、图 21 模块网格报纸版式

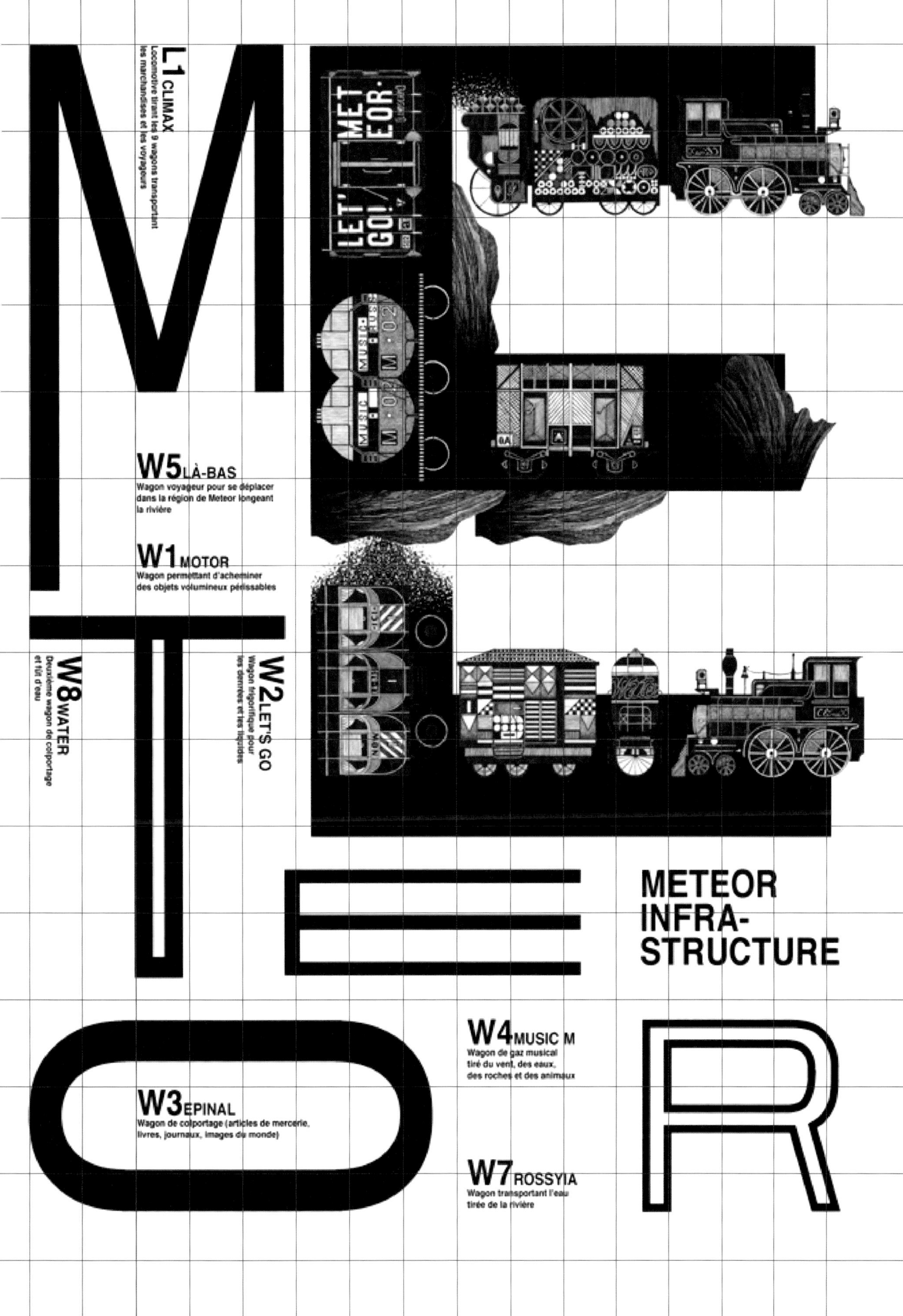
L1 CLIMAX
Locomotive tirant les 9 wagons transportant les marchandises et les voyageurs
LET'S GO!
MET EOR
MUSIC
M · 02
W5 LÀ-BAS
Wagon voyageur pour se déplacer dans la région de Meteor longeant la rivière
W1 MOTOR
Wagon permettant d'acheminer des objets volumineux périssables
W8 WATER
Deuxième wagon de colportage et fût d'eau
W2 LET'S GO
Wagon frigorifique pour les denrées et les liquides
METEOR INFRA-STRUCTURE
W4 MUSIC M
Wagon de gaz musical tiré du vent, des eaux, des roches et des animaux
W3 EPINAL
Wagon de colportage (articles de mercerie, livres, journaux, images du monde)
W7 ROSSYIA
Wagon transportant l'eau tirée de la rivière

# 实训与进阶之路

# Towards Advanced Study and Training

# 第二部分

# Part 2

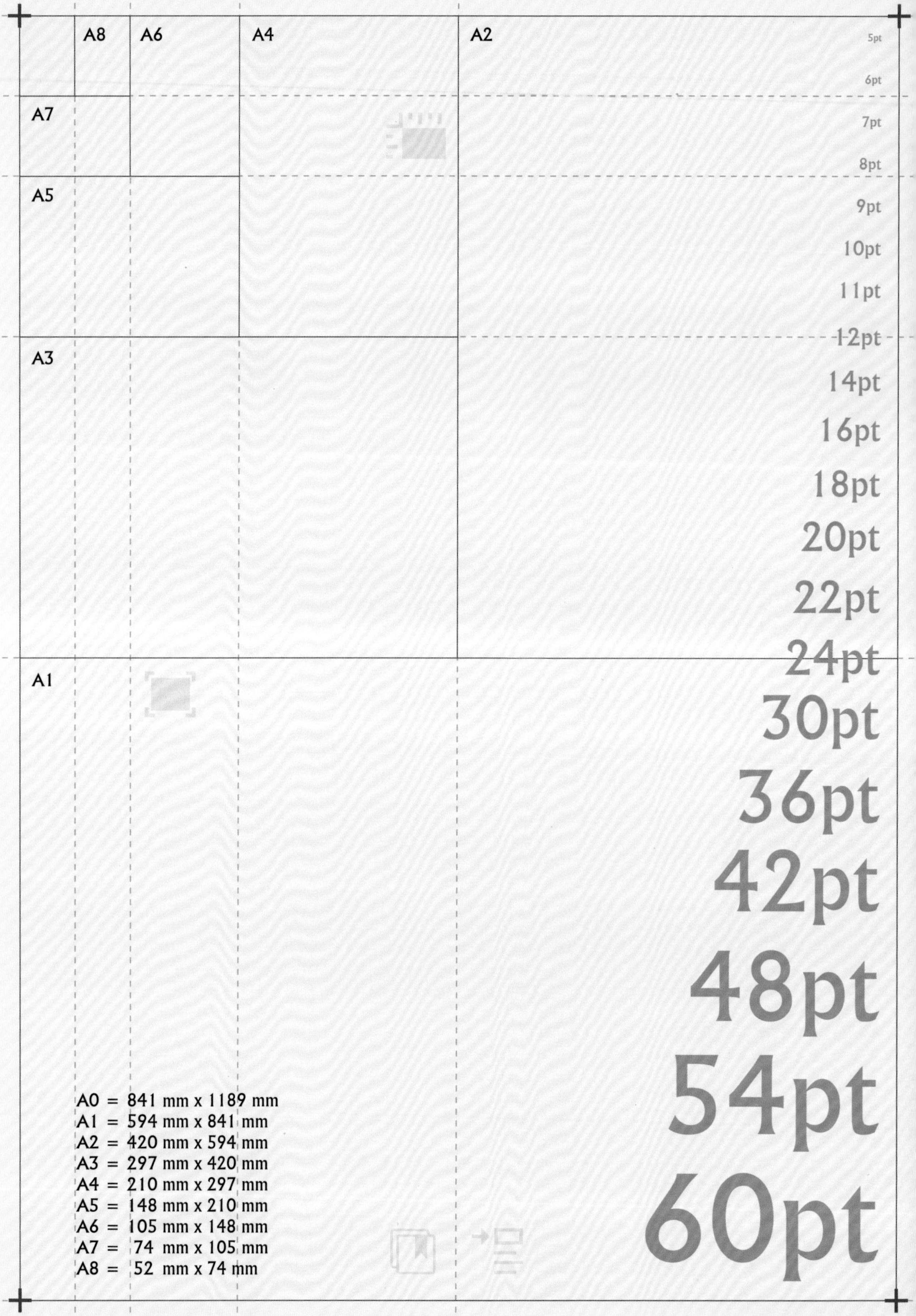

A8 A6 A4 A2

A7

A5

A3

A1

5pt
6pt
7pt
8pt
9pt
10pt
11pt
12pt
14pt
16pt
18pt
20pt
22pt
24pt
30pt
36pt
42pt
48pt
54pt
60pt

A0 = 841 mm x 1189 mm
A1 = 594 mm x 841 mm
A2 = 420 mm x 594 mm
A3 = 297 mm x 420 mm
A4 = 210 mm x 297 mm
A5 = 148 mm x 210 mm
A6 = 105 mm x 148 mm
A7 = 74 mm x 105 mm
A8 = 52 mm x 74 mm

# 第一章　课程实训一
# ——版式要素的微感知训练

## 一、从“感觉”到“感知”：以微观的尺度感知训练为起点

当我们面对着某个版面形式，即便没有受过专业的训练，也会有一种直觉式的“感觉”：它是否美观、是否易读、是否让人感觉舒适……但是对于平面设计师来说，这种模糊的感觉是远远不够的。设计师需要清楚地认识到，字号、行距、栏宽、页边距等要素在版面空间中的变化对整体视觉效果、信息传达度、易读性等起着相当重要的作用，并且，真正从“感知”层面而非“概念”层面体悟这种作用是如何产生的。这就需要对版面尺度进行有意识地观察、分析及感知训练。

与日常三维空间中的物品尺度设计不同，矿泉水瓶的瓶身直径、椅子的高度等能够以身体尺度和行为区域尺度作为参照，但在二维平面上，文字字号或图片的大小、间距等尺度却主要依赖视觉感知来衡量，并做出优劣与否的判断，“眼睛的作用”在这里至关重要，而这种细微而敏锐的观察能力是需要经过反复训练才能习得的。这不仅需要对平面设计作品进行大量的观看和对比研究，更重要的是需要一套有效的训练方法，学生掌握之后，可以根据自己的需要和学习进度进行有针对性地练习。

我们知道，在现代数字出版系统技术下，一本书的正文字号是以点（point）为基本单位，而移动智能产品界面上的所有图像和文字以像素（pixel）为基本单位，这些细微的工业化标准单位是脱离于我们日常生活体验的。但是别忘了，当代的桌面出版系统软件设计原理依然脱胎于传统的活字排版技术，前数字化时代的设计大师们，一直用笔、镊子、胶水、尺等工具裁切、拼贴、测量、手绘出优秀的版面。这启发我们，学生们同样可以通过亲自动手来测量、计算、观察完整版面设计作品中的视觉元素（如字体、字号、行距、图像排列方式等）来获得生动具体的物理感知。同时，通过动手“拆解”完整的版面空间，还可以将专业术语和设计软件中的工具一一对应起来，实现物理感知与虚拟工具的贯通与联结。

基于上述的思考，我们开发了一种训练微观尺度感知能力的教学方法——版式要素微观分析法，即借用建筑设计中的测绘方式，对版面中文字、图形、留白空间进行观察、测量和量化分析，在此过程中，逐步形成对版面要素、信息层级、空间秩序的全面感知。其中，这种刻意观察有别于普通的“看”，这种动手实操有别于抽象地想象文字描述的专业术语，通过“心、手、眼合一”的过程，真正地调动起学生多感官、多维度的感知，从而形成结构化、系统化的思考方法。

## 二、实训环节与知识要点

### 1. 实训要求

选择经典的报纸、杂志、书籍，对页面进行扫描、复印或直接采用原件作为

测量和分析对象，运用尺、字号表、电脑等工具进行测绘与数值计算。在原稿上方覆盖相同尺寸的半透拷贝纸，将测量结果分类记录下来。

按文本的类型选择分析对象，有利于对比思考不同书刊类型、不同语言、不同阅读习惯的版式差异。以下给出一些类型建议：

❶ 中文或英文、横排阅读的版面。

❷ 中文、竖排阅读的版面，如古籍刻本。

❸ 中英双语混合排版的版面。

❹ 书籍内页、活动宣传册、展览场刊、报纸等。

## 2. 三个感知训练环节

### ▶ 版面要素感知

在初步理解版面要素的相关术语和概念的基础之上，动手测量、记录、剖析设计作品原稿版面中的各要素，如字号、行距、行长、文本对齐方式、图像、页边距、版心、书刊尺寸等内容。思考并讨论这些不同类型版面要素的异同之处。

### ▶ 信息要素感知

在信息容量较大的版面中，文本信息依据其功能可分为以下几种基本类型：

❶ 标题（一级标题、二级标题……）；

❷ 引言（序言）；

❸ 正文；

❹ 摘要（引用文本）；

❺ 页面导航工具（页眉、页脚、页码、跳转提示行、结束符等）；

❻ 图注；

❼ 注释（脚注、尾注）；

❽ 索引；

❾ 参考文献。

这些结构性的文本要素在连续页面中发挥着重要的作用，它暗示着文本的结构，强调信息的主次，带动着阅读的节奏。

### ▶ 空间秩序感知

如果将版面空间比喻成流动的溪水的话，版面中的图和文就如同放置在这溪水中的小石块。它们的数量、大小，以及位置会维持或打破空间秩序的平衡。在海报、广告、宣传单、影视片头等低信息容量的版面中，营造独具个性的空间秩序是设计师们面对挑战而乐此不疲的动力。在高信息容量的版面中，空间的规划和布置相对要理性得多，特别对于复杂的长文本，设计统一、有序的版面空间成了重要的任务。

网格系统就是为解决这样的问题而发展起来的。从网格对版面空间秩序的作用上来讲，我们可以关注两个方面：水平方向的秩序与垂直方向的秩序。影响水平方向秩序的要素有字距（词距）、行长、栏数、栏间距、页边距，以及图像水平方向空间。影响垂直方向秩序的有行距、段间距、页边距，以及图像周围垂直方向的空间。

## 3. 知识要点

### ▶ 版心

印刷品的规格是任何设计的首要考量要素，它受预算和实际条件限制。从一大张纸上裁切下印刷所需尺寸的材料是能做到物尽其用，还是会有一些不必要的浪费？是否能够根据所需成品数量，谨慎计算纸张尺寸？这些都是版式设计的初期就需要考虑好的问题。

版心是指由版面中文字图像等内容共同围合所占据版面的部分，它是使整个版面有条理的重要工具（图 1）。如果没有设定版心就进行排版，则不仅版面整体上显得松散、杂乱无章，而且会使文章难以阅读。版心的面积占整个版面的比例称为“版面率”。版面率越高，版面中可排版信息就越多。因此，处理专业咨询类杂志等要素繁多的作品，有时需要将版心扩展到页面边缘。相反，版面率低虽然降低了平面上承载的信息量，却由此产生了更多的留白，给人高雅与平静的印象。设定好版心以后，正文或插图将基本上不会放置在线框之外。

如果是信息容量多的连续页面版式设计，例如书籍或宣传册，则要保证所有页面都固定使用相同的版心。若是单幅页面的设计作品，就不用像多页面版式设计那样严格，例如，设计要素较少的海报版式设计，对其设定版心的意义不大。

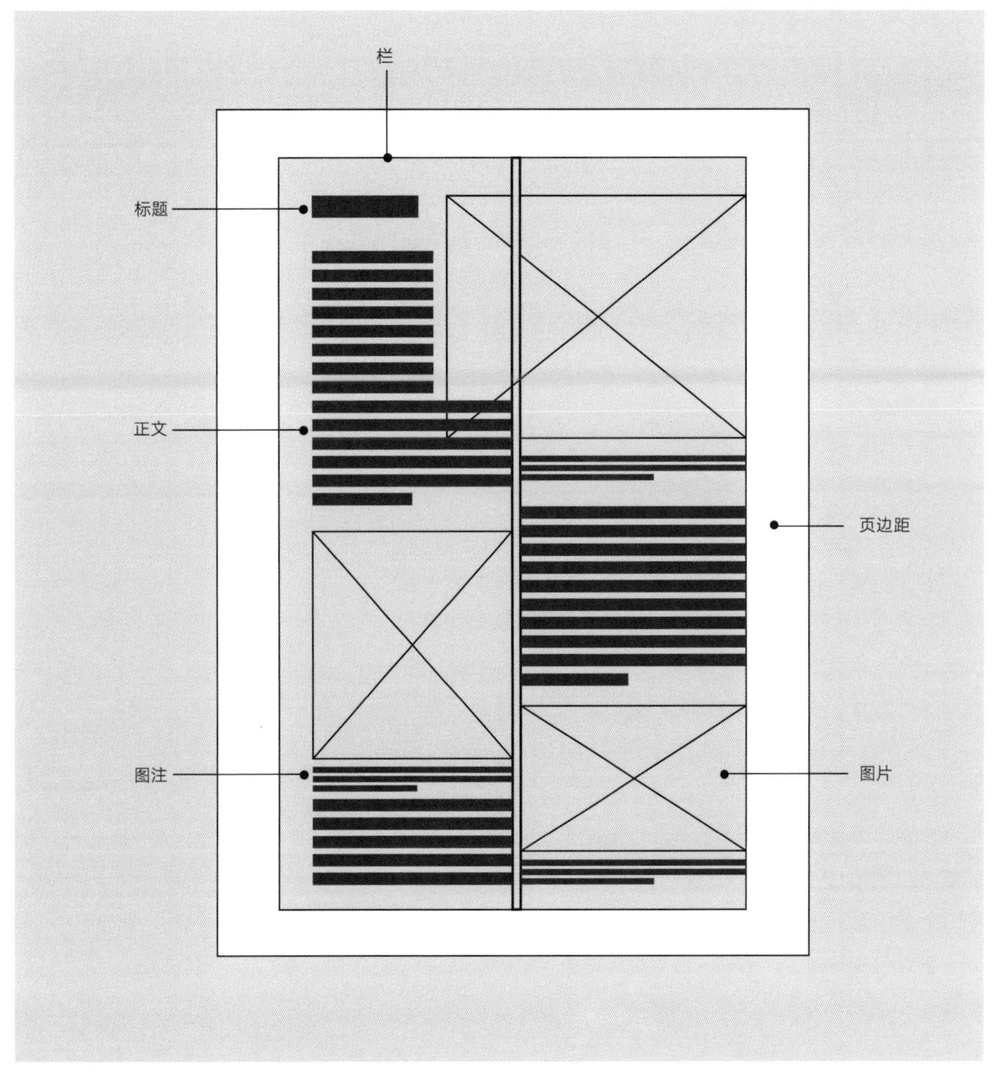


图 1　灰色区域为版心

### ▶ 字体

字体是版式设计中最主要、最基本的元素，版面中的文字信息通常具有不同的功能，有的作为标题统领全文，有的作为引文补充说明正文内容，还有的作为装饰文字起点缀作用。

字体是影响版面整体视觉效果的重要因素，是传达版式风格的一种重要途径。不同的字体能体现出文字在结构形式和风格方面不同的特点，字体印刷品中有种类繁多的字体，仔细体会各个字体的特点，选用与文字内容相协调的字体，才能更准确地向读者传达版面的内容。

在进行版面编排设计之前，首先应该明确要传达的内容和信息，选择适合内容的字体是很重要的。内容和表现形式一致，就能给人安定的感觉，使人能安心地接受信息，传达才能到位。

### ▶ 字号

国际上较为通用的印刷字体字号大小的单位为“点”（point，在桌面出版系统中用缩写 pt 显示）。标题、引言、正文、图注之间的字号大小应遵循对比与协调的原则，有效地区分不同层级的内容，同时营造出版面的节奏感。标题字一般大于 14—20pt，8—10pt 适合于排印正文，有的设计为了考虑整体版面的美观性、版面空间的经济性，也会使用 7pt 或 8pt 字号的字体，但是 6pt 以下的字就不便于阅读了。由此，从阅读的角度来讲，5—6pt 文字的少量使用或者可以单纯作为一种装饰手段来考虑。

### ▶ 字距

字与字之间不加入任何空隙，初始的间距是标准字距。在金属活字印刷时代，单个活字字框和凸起的字符之间留有一部分空隙，称为字空，所以当金属字符块紧挨着排列时，字符和字符会被物理地阻隔开，印刷后，我们就可以看到文字和文字之间留有空隙（图 2—图 4）。如果需要加大文字之间的空间，就用增加空铅来解决。这种物理可见的调节字符间空间的方式，在计算机排版软件出现后，就变得简单而易操作。设计者通过输入数值来调节字距，并且结果即时可见（图 5）。

字距影响着横向的视觉节奏。对于长文本来讲，字间距以紧缩密排为佳，即字体的字框与字框紧挨着排列，中间没有额外的空隙。这样的处理可以使文本在版面中获得一种集中、整体的视觉效果。当然，如果扩大字距，有时会显得更有品位，如诗集等作品。适当调整字距，能够通过文字间的

文本框高度

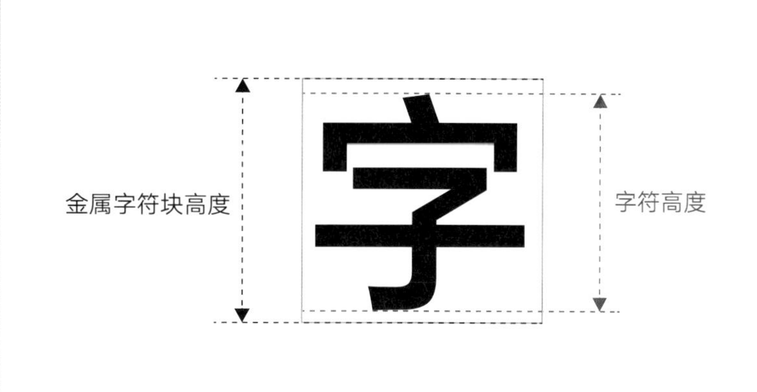


图 2

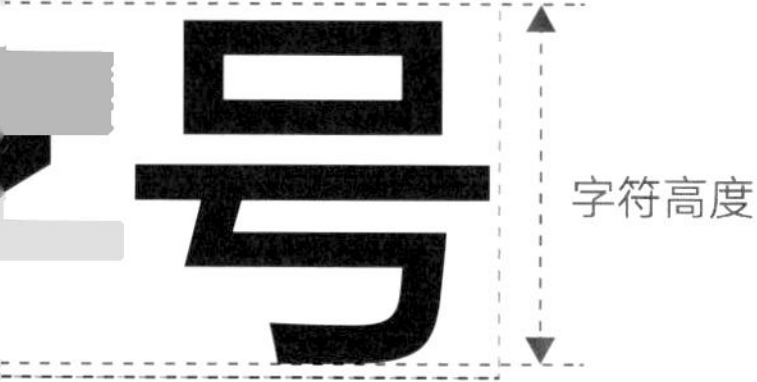


文本框高度 Type 字符高度

图 3

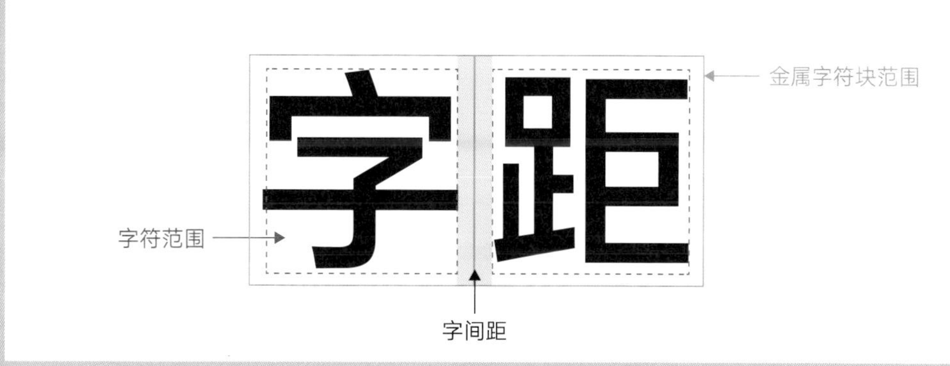


图 4

默认字距

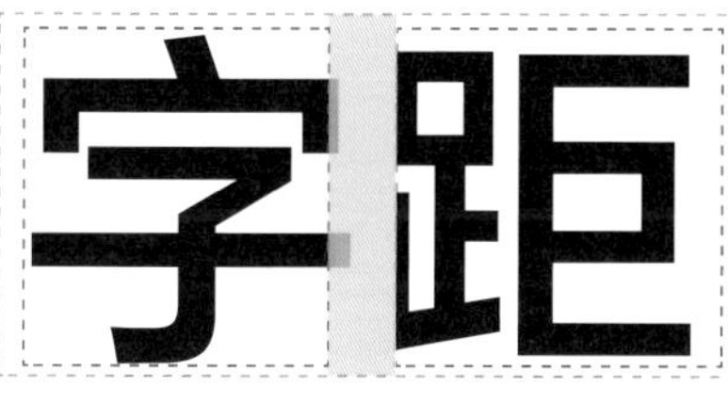

图 5

距离来体现诗歌的韵律感。

**▶ 行间距与行距**

我们首先要区分“行间距”与“行距”这两个概念。从视觉的角度，一行文字与相邻的另一行之间的空白空间，我们称之为“行间距”。从技术的角度，行与行之间的空隙加上一个字符高度的距离，我们称之为“行距”（图6）。

行距和字号存在着正向的缩放关系。一般情况下，行距应随字号的增大而变大，随着字号的缩小而变小。如果字号变大，行距不变，行距就显得紧缩。视觉上的密集感让人产生某种信息过载式的视觉压力，不易阅读，除非是为了获得特殊效果（图 7 中演示了行距极度压缩而导致的文字重叠的视觉效果）。如果字号缩小，行距未相应地收紧，行距间空隙过大，则显得空洞。行距扩展不适合长文本排版，而常用于诗集，为读者提供视觉停顿和留白的空间，可以使版面显得优美而具品质感。

**▶ 行长**

行长是由段落文本中单行字符字数所决定的。以 9—10pt 的正文字号为例，一行字符数以 20—30 字为宜。但如果超过 50 个字符，视线就会移动很长的距离，阅读时视觉折返不容易找到下一行的起始部分，阅读体验较差。

设计师除了用字符数计算的经验原则来设定行长之外，还有一种采用全套小写英文字母的 1.5—2 倍来设定行长的方法，也可作为参考。将选定的中文正文字号用于英文小写字母，并将小写字母排列成一行（字距为 0），以这一行文字长度为基数，它的 1.5—2 倍长度即为理想中的正文行宽（图 8）。

需要注意的是，在实际的设计考量里，行长和字体、字号是此增彼减、共同作用的关系。因此，任何一种行宽设定法都无法代替设计者的视觉判断，最佳的方式便是通过反复地测试和对比，来选择适合的字体、字号和行长组合。

**▶ 文本对齐样式**

在文字排版中，主要有以下几种不同的对齐方法（图 9a、图 9b、图 10a、图 10b）。

❶ 靠左对齐

文字靠齐左侧边界。段落文字贴齐左侧边界，右侧则依据文字长度留下空白。在拉丁文字文本中，靠左对齐是一种经典的样式。靠左对齐的文本在换行时会保留完整的

行间距
从视觉的角度，我
距理解为一行文字
的空白空间。
From the visual poi
naturally understan
as the blank space
of text and another

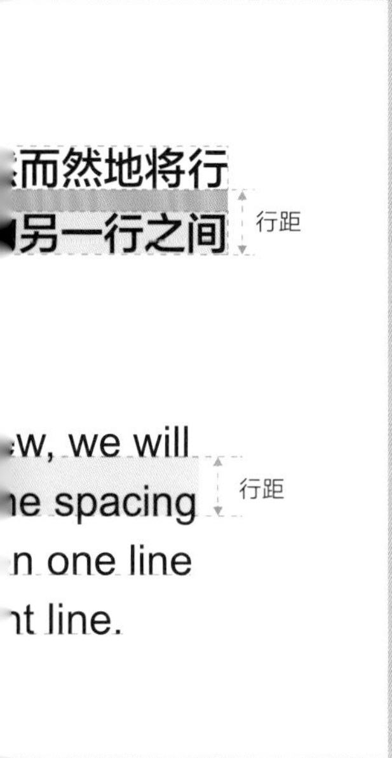

而然地将行
另一行之间　行距

w, we will
ne spacing　行距
n one line
nt line.

图 6

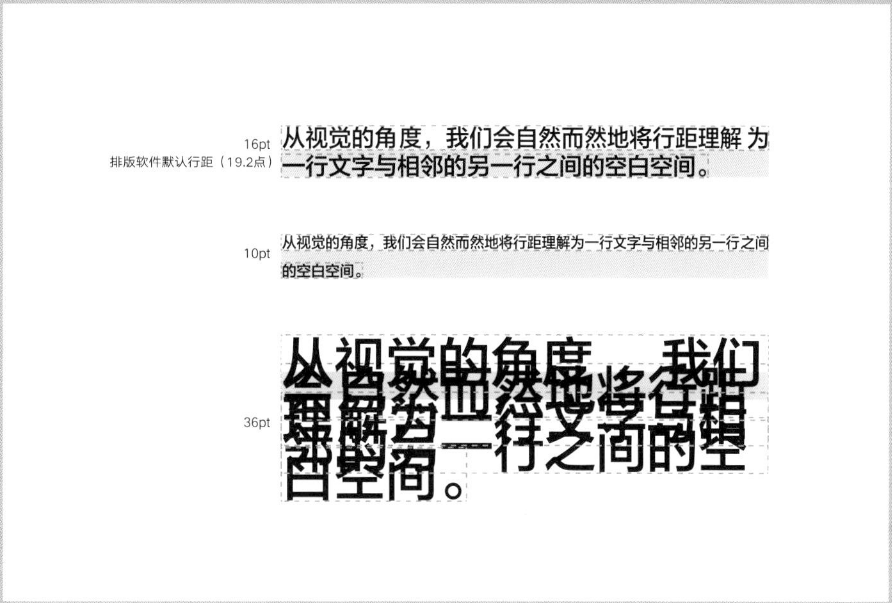

16pt　从视觉的角度，我们会自然而然地将行距理解 为
排版软件默认行距（19.2点）　一行文字与相邻的另一行之间的空白空间。

10pt　从视觉的角度，我们会自然而然地将行距理解为一行文字与相邻的另一行之间的空白空间。

36pt　从视觉的角度，我们会自然而然地将行距理解为一行文字与相邻的另一行之间的空白空间。

图 7

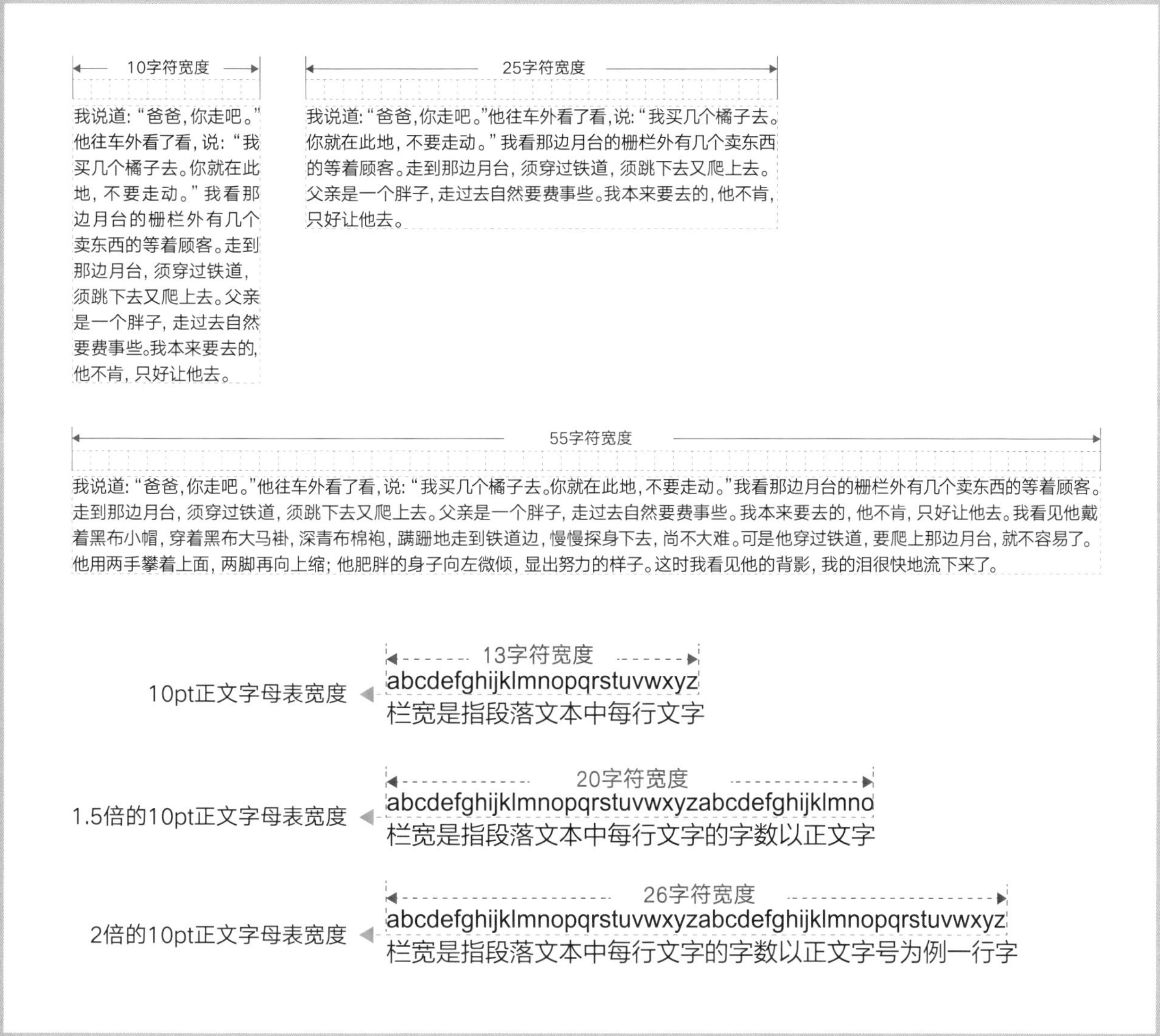

10字符宽度

我说道："爸爸，你走吧。"他往车外看了看，说："我买几个橘子去。你就在此地，不要走动。"我看那边月台的栅栏外有几个卖东西的等着顾客。走到那边月台，须穿过铁道，须跳下去又爬上去。父亲是一个胖子，走过去自然要费事些。我本来要去的，他不肯，只好让他去。

25字符宽度

我说道："爸爸，你走吧。"他往车外看了看，说："我买几个橘子去。你就在此地，不要走动。"我看那边月台的栅栏外有几个卖东西的等着顾客。走到那边月台，须穿过铁道，须跳下去又爬上去。父亲是一个胖子，走过去自然要费事些。我本来要去的，他不肯，只好让他去。

55字符宽度

我说道："爸爸，你走吧。"他往车外看了看，说："我买几个橘子去。你就在此地，不要走动。"我看那边月台的栅栏外有几个卖东西的等着顾客。走到那边月台，须穿过铁道，须跳下去又爬上去。父亲是一个胖子，走过去自然要费事些。我本来要去的，他不肯，只好让他去。我看见他戴着黑布小帽，穿着黑布大马褂，深青布棉袍，蹒跚地走到铁道边，慢慢探身下去，尚不大难。可是他穿过铁道，要爬上那边月台，就不容易了。他用两手攀着上面，两脚再向上缩；他肥胖的身子向左微倾，显出努力的样子。这时我看见他的背影，我的泪很快地流下来了。

10pt正文字母表宽度　13字符宽度
abcdefghijklmnopqrstuvwxyz
栏宽是指段落文本中每行文字

1.5倍的10pt正文字母表宽度　20字符宽度
abcdefghijklmnopqrstuvwxyzabcdefghijklmno
栏宽是指段落文本中每行文字的字数以正文字

2倍的10pt正文字母表宽度　26字符宽度
abcdefghijklmnopqrstuvwxyzabcdefghijklmnopqrstuvwxyz
栏宽是指段落文本中每行文字的字数以正文字号为例一行字

图 8

单词，以带来较好的阅读体验。

❷ 两端对齐

文本段落同时满足行首左对齐和行尾右对齐，文本段落视觉上形成矩形块状，给人以整齐统一的感受，是一种最常见的排版方式。然而，两端对齐的方式也存在一些缺陷。排版软件为了保证文字的左右段整齐，会强行拉开文字间距。如果是拉丁文字文本，行尾单词经常会采用连词符的方式应对换行。这样的结果往往会导致文字间出现不均匀的空拍，干扰了文字水平“纹理”的连贯性，造成阅读体验不佳。而对于中文来讲，两端对齐会带来标点符号避头尾，以及多语种混排时换行调整等问题。（对于这一部分细节的具体讲解可见第三章。）

❸ 靠右对齐

文字靠齐右侧边界。这种对齐方式不常用。在某些如阿拉伯文或希伯来文等从右到左书写的文字中，文字排列方式为“靠右对齐”。这种排版方式，文字的易读性不如上两种对齐方式，所以通常用于简短、具有附属功能的文字排版上。例如书籍或杂志中作者将其书献给某人的引言、图注或是某些表格资料的排版。

❹ 居中对齐

文字以文本框的中轴线为基准，往中间靠拢，两端文本呈轴线对称的效果。由于居中对称更强调一种形式感，而非易读性，所以，这种对齐方式经常用在邀请函、诗歌或歌曲的标题。使用居中对齐排版会给读者的阅读带来困难，因为这种对齐方式会妨碍读者找寻下一行的起始点。

❺ 分散对齐

文字不论末行与否，全部贴紧左右侧边界。分散对齐与左右对齐类似，差别在末行的对齐方式。左右对齐的末行大多仍贴紧左侧，然而分散对齐的末行会强制整行贴紧左侧和右侧的边界。

**靠左对齐**

不必说碧绿的菜畦，光滑的石井栏，高大的皂荚树，紫红的桑葚；也不必说鸣蝉在树叶里长吟，肥胖的黄蜂伏在菜花上，轻捷的叫天子（云雀）忽然从草间直窜向云霄里去了。单是周围的短短的泥墙根一带，就有无限趣味。油蛉在这里低唱，蟋蟀们在这里弹琴。翻开断砖来，有时会遇见蜈蚣；还有斑蝥，倘若用手指按住它的脊梁，便会啪的一声，从后窍喷出一阵烟雾。

**居中对齐**

不必说碧绿的菜畦，光滑的石井栏，高大的皂荚树，紫红的桑葚；也不必说鸣蝉在树叶里长吟，肥胖的黄蜂伏在菜花上，轻捷的叫天子（云雀）忽然从草间直窜向云霄里去了。单是周围的短短的泥墙根一带，就有无限趣味。油蛉在这里低唱，蟋蟀们在这里弹琴。翻开断砖来，有时会遇见蜈蚣；还有斑蝥，倘若用手指按住它的脊梁，便会啪的一声，从后窍喷出一阵烟雾。

图 9a

**靠左对齐**

Further contradicting conventional wisdom, we found that women as well as men have lower levels of stress at work than at home," writes one of the researchers, Sarah Damaske. In fact women even say they feel better at work, she notes. "It is men, not women, who report being happier at home than at work."

**居中对齐**

Further contradicting conventional wisdom, we found that women as well as men have lower levels of stress at work than at home," writes one of the researchers, Sarah Damaske. In fact women even say they feel better at work, she notes. "It is men, not women, who report being happier at home than at work."

图 10a

靠右对齐

不必说碧绿的菜畦，光滑的石井栏，高大的皂荚树，紫红的桑葚；也不必说鸣蝉在树叶里长吟，肥胖的黄蜂伏在菜花上，轻捷的叫天子（云雀）忽然从草间直窜向云霄里去了。单是周围的短短的泥墙根一带，就有无限趣味。油蛉在这里低唱，蟋蟀们在这里弹琴。翻开断砖来，有时会遇见蜈蚣；还有斑蝥，倘若用手指按住它的脊梁，便会啪的一声，从后窍喷出一阵烟雾。

左右对齐

不必说碧绿的菜畦，光滑的石井栏，高大的皂荚树，紫红的桑葚；也不必说鸣蝉在树叶里长吟，肥胖的黄蜂伏在菜花上，轻捷的叫天子（云雀）忽然从草间直窜向云霄里去了。单是周围的短短的泥墙根一带，就有无限趣味。油蛉在这里低唱，蟋蟀们在这里弹琴。翻开断砖来，有时会遇见蜈蚣；还有斑蝥，倘若用手指按住它的脊梁，便会啪的一声，从后窍喷出一阵烟雾。

分散对齐

不必说碧绿的菜畦，光滑的石井栏，高大的皂荚树，紫红的桑葚；也不必说鸣蝉在树叶里长吟，肥胖的黄蜂伏在菜花上，轻捷的叫天子（云雀）忽然从草间直窜向云霄里去了。单是周围的短短的泥墙根一带，就有无限趣味。油蛉在这里低唱，蟋蟀们在这里弹琴。翻开断砖来，有时会遇见蜈蚣；还有斑蝥，倘若用手指按住它的脊梁，便会啪的一声，从后窍喷出一阵烟雾。

图 9b

靠右对齐

Further contradicting conventional wisdom, we found that women as well as men have lower levels of stress at work than at home," writes one of the researchers, Sarah Damaske. In fact women even say they feel better at work, she notes. "It is men, not women, who report being happier at home than at work."

左右对齐

Further contradicting conventional wisdom, we found that women as well as men have lower levels of stress at work than at home," writes one of the researchers, Sarah Damaske. In fact women even say they feel better at work, she notes. "It is men, not women, who report being happier at home than at work."

分散对齐

Further contradicting conventional wisdom, we found that women as well as men have lower levels of stress at work than at home," writes one of the researchers, Sarah Damaske. In fact women even say they feel better at work, she notes. "It is men, not women, who report being happier at home than at work."

图 10b

## 三、学生课堂习作

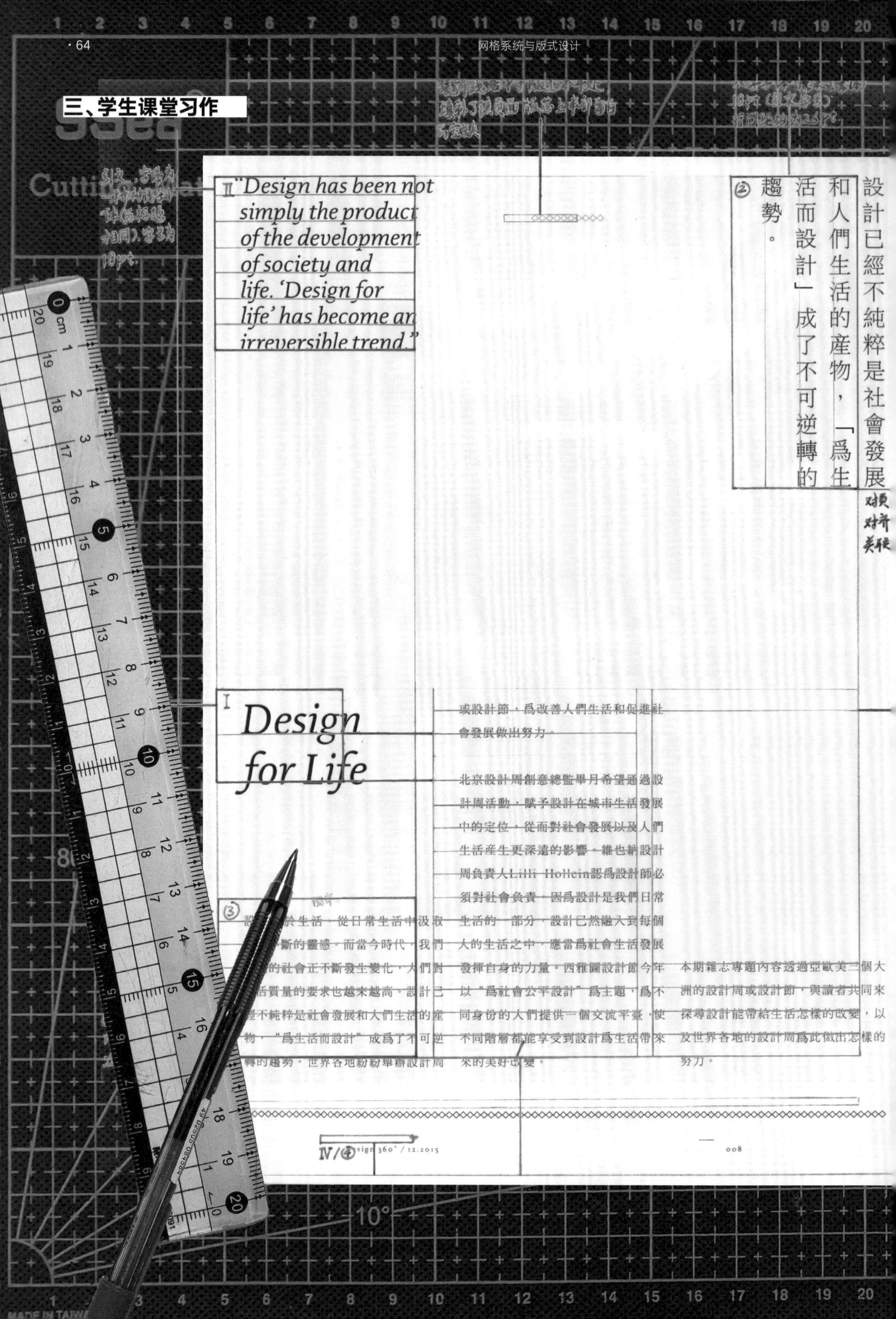
"Design has been not simply the product of the development of society and life. 'Design for life' has become an irreversible trend."
設計已經不純粹是社會發展和人們生活的產物，「爲生活而設計」成了不可逆轉的趨勢。
Design for Life
或設計節，爲改善人們生活和促進社會發展做出努力。
北京設計周創意總監畢月希望透過設計周活動，賦予設計在城市生活發展中的定位，從而對社會發展以及人們生活產生更深遠的影響。維也納設計周負責人Lilli Hollein認爲設計師必須對社會負責，因爲設計是我們日常生活的一部分，設計已然融入到每個人的生活之中，應當爲社會生活發展發揮自身的力量。西雅圖設計節今年以"爲社會公平設計"爲主題，爲不同身份的人們提供一個交流平臺，使不同階層都能享受到設計爲生活帶來的美好改變。
本期雜志專題內容透過亞歐美三個大洲的設計周或設計節，與讀者共同來探尋設計能帶給生活怎樣的改變，以及世界各地的設計周爲此做出怎樣的努力。
360° / 12.2015
008

275mm

15mm

APRIL 10, 2021

Nature

A SCIENTIFIC HERO

ALEXANDER VON HUMBOLDT AND HIS MESSAGE FOR TODAY

HOW I BECAME AN

URBAN ECOLOGY RESTORATION

SPECIALIST

70mm

540mm

COMMUNITY GARDEN

TINY STORY

35,500

More than 35,500 species are in danger of extinction. That is 28 percent of all assessed species, according to the IUCN Red List of Threatened Species (2020).

10mm

15mm

图 11　版面分析练习：陆艺卓

○ 两版面基本排列方式相近，排时要首先考虑，而也是对齐、对称的

版1被分为4大版块
1 区域1是最大的版块 图大 标题大
2、3 由于分隔线的划分 但3、2在同一大区域内
4 区域4是版面信息的
(区域3也是)
内容是报纸的相关信息，本页主题关联不大 故一些标题字号都很小。

版块3：是卷首语
○卷首语是本期报纸的主题方向，该报纸开头，所以按照阅读习惯放第1页最左。
○按内容来看重要程度又不如版1，它只是起一个注明功能，所以占版面空间较小，且在左下方。

版块4：是报纸信息
○多是人名、公司名、地址、联系方式等信息，而不是连贯的句子，所以选择居中排列
○从上到下，与此报纸本身关联度越来越小。
○二维码是重色块，在右下方，而且参照一般书籍、唱片条形码、二维码、价格等信息都在页面的右下角。

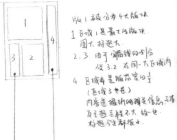

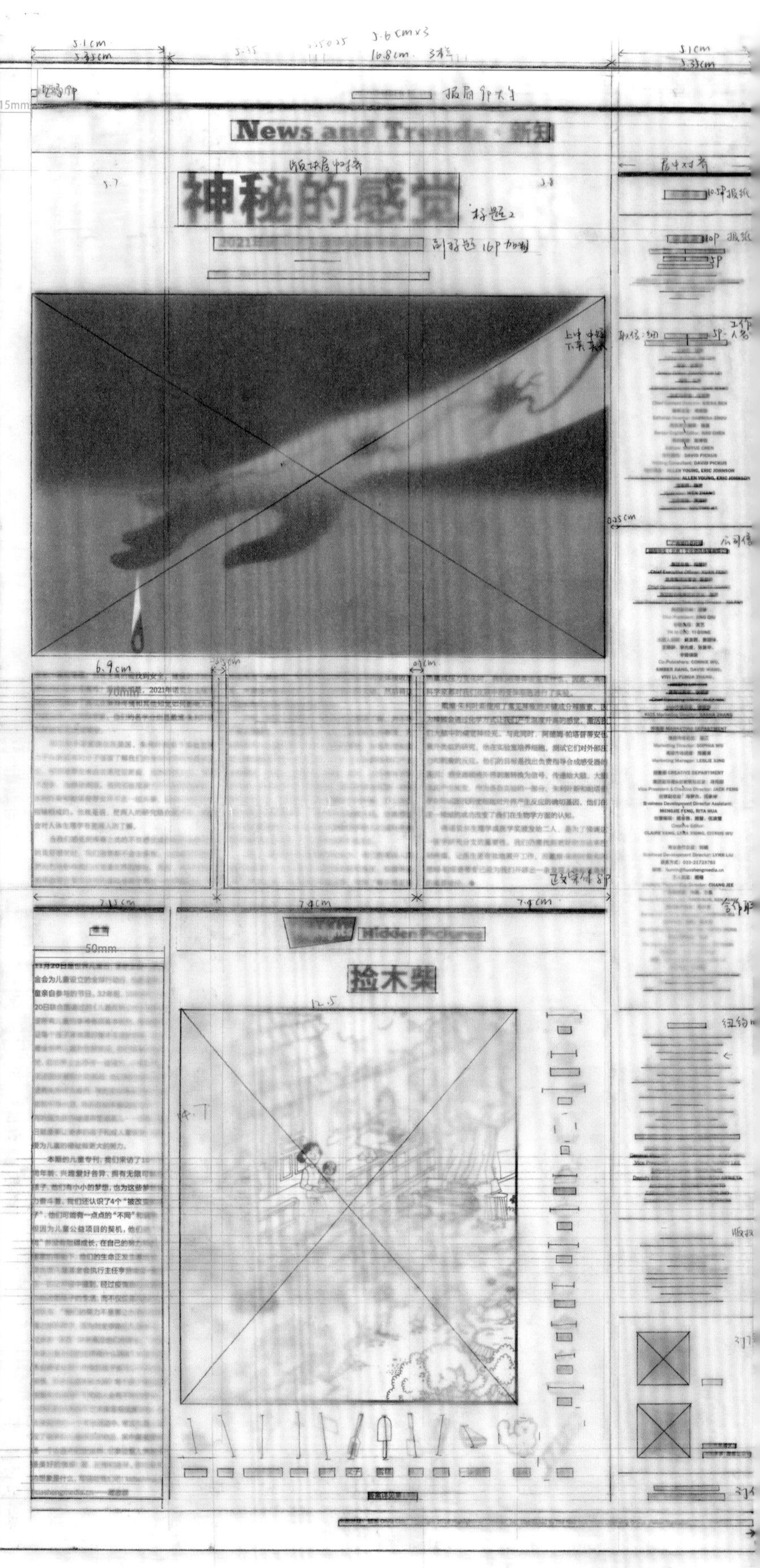


这张在图中找物品的游戏 →
这些小物件也按"长"和"短"分类了，竖长的在图下方，方、小的在右方。

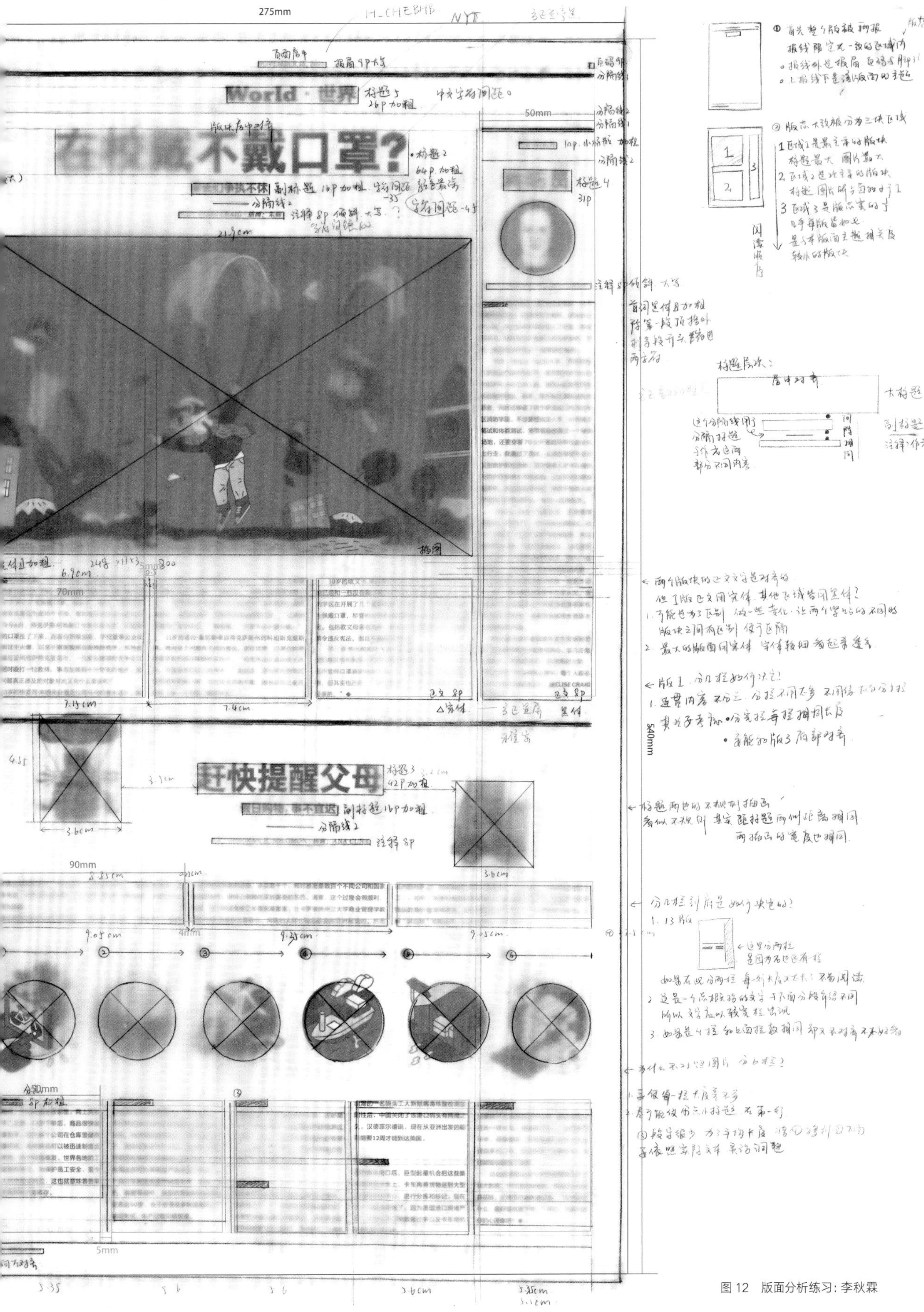

图 12　版面分析练习：李秋霖

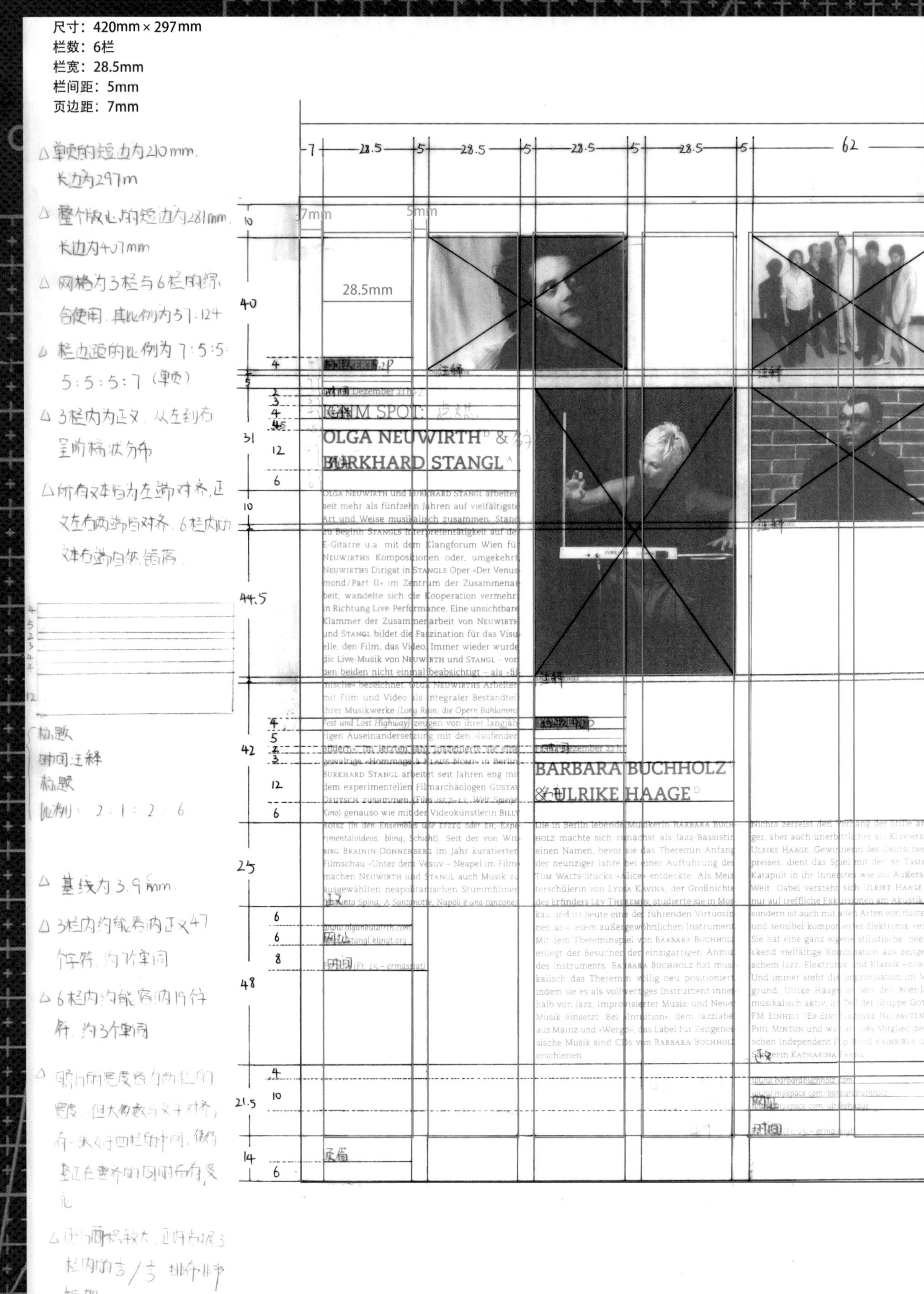
尺寸：420mm×297mm
栏数：6栏
栏宽：28.5mm
栏间距：5mm
页边距：7mm
△单页的短边为210mm，长边为297m
△整个版心的短边为281mm，长边为407mm
△网格为3栏与6栏的综合使用，其比例为57:124
△栏边距的比例为7:5:5:5:5:5:7（单页）
△3栏内为正文，从左到右呈阶梯状分布
△所有文本均为左端对齐，正文左右两端均对齐，6栏内的文本右端自然错落。
标题
时间注释
标题
比例：2:1:2:6
△基线为3.9mm
△3栏内约能容纳正文47个字符，约7个单词
△6栏内约能容纳19个字符，约3个单词
△图片的宽度约为两栏的宽度，但大部分与文字对齐，有一张对于四栏的中间，使得整体在整齐的同时富有变化
△由于画幅较大，正好占据3栏内的2/3 排布非常规矩。
7mm
5mm
28.5mm
IM SPOT:
OLGA NEUWIRTH & BURKHARD STANGL
BARBARA BUCHHOLZ & ULRIKE HAAGE

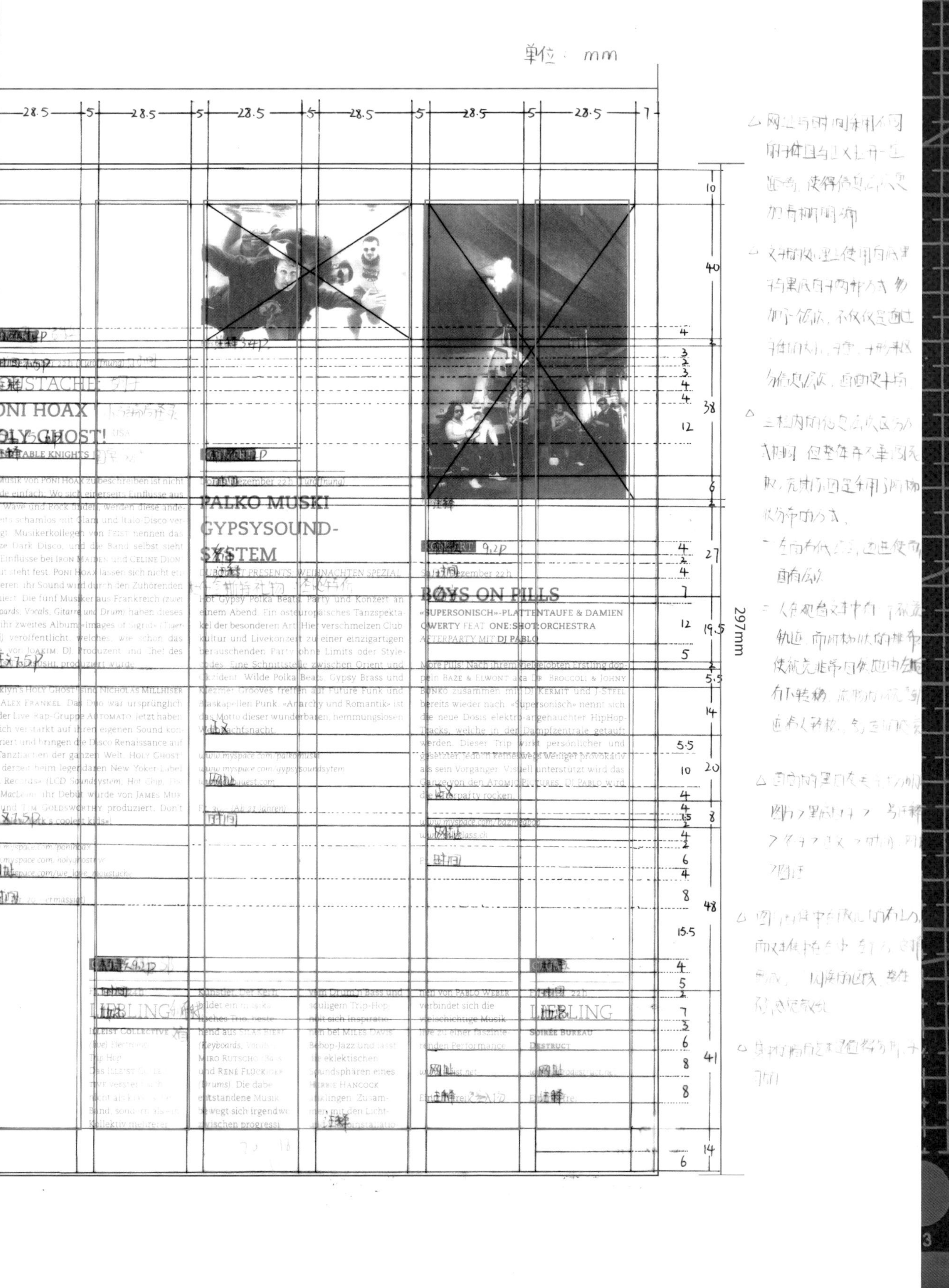


图 13a　版面分析练习：方可心

尺寸：420mm × 297mm
栏数：6栏
栏宽：28.5mm
栏间距：5mm
页边距：7mm

# DREI FRAGEN

PHILIPPE SAIRE, Choreograf

EDITORIAL

Wir halten uns kurz in unserem Editorial und geben das Wort lieber den Künstlern. Zwei sehr unterschiedlichen Menschen, die in den nächsten zwei Monaten in der Dampfzentrale auftreten, haben wir dieselben drei Fragen gestellt. Solche Interviews werden wir auch in Zukunft publizieren, sei es in den Abendprogrammen bei Tanzproduktionen oder wie jetzt im MUT. Es soll Ihnen die Möglichkeit geben, neben Stückbeschreibungen und Pressetexten mehr über die Künstlerinnen und Künstler in unserem Haus zu erfahren.

Nach dem erfolgreichen Festival TANZ IN BERN hält im November die Musik Einzug – das Festival SAINT GHETTO bietet ein vielfältiges Programm zwischen französischer Musikgeschichte und Pariser Postmoderne, und zeigt nebenbei daraus resultierende Auswirkungen im Schweizer Musikschaffen. In ein anderes Land führt uns die Zusammenarbeit mit dem interkulturellen Festival CULTURESCAPES, welches uns türkische Tanz- und Musikgruppen als Gäste beschert. Im Dezember setzen wir auf Bewährtes: Der Lausanner Choreograf PHILIPPE SAIRE ist dem Tanzpublikum genauso bekannt wie die Berner Gruppe ÖFF ÖFF, die uns seit langem wieder ein Stück für die Bühne [illegible]

Wir wünschen uns allen viel Vergnügen
ROGER MERGUIN und CHRISTIAN PAULI

1 In der Literatur würde ich MICHEL TOURNIER [illegible], der mir während einer bestimmten Phase sehr viel bedeutet hat. Ich war fasziniert vom Aufbau seiner Werke, der mir brillant vorkam in der Art und Weise, wie Informationen auseinander geschält wurden, um sie später wieder zusammen zu fügen, wie Verbindungen geschaffen wurden, die man nicht erahnt hatte, die plötzlich zum Vorschein kamen und die Realität abheben liessen.
In der Malerei ohne Zweifel BACON. Für das, was DELEUZE in seinem Werk »Logik der Sensation« nennt, diese triebhafte Seite, sehr lebendig und unglaublich nah bei sich selbst. In der Malerei von BACON sieht man eine Überflutung in der Strenge, ein Übermass im Mass, und seine Voreingenommenheit berührt mich ungemein. Dies ist sicher sehr nah an dem, was mich in der Kunst interessiert. Vielleicht etwas banal, trotzdem erwähne ich hier auch noch DAVID LYNCH. Natürlich wegen all der Verirrungen und Verwirrungen, die er in seine Filme einfliessen lässt, diesem Jonglieren zwischen Sinn und Empfindung und wegen seiner Arbeit als bildnerischer Gestalter, die seine Filme durchströmt. Und auch für das Vertrauen in die Intelligenz des Zuschauers, der sich seine Filme anschaut. In der heutigen Welt des Films kommt dies schon fast einem [illegible]

«Heute kommt es mir vor, als wäre die Kunst vor allem Verpackung, hübsch, raffiniert, Design, aber es fehlt ihr der Inhalt.»

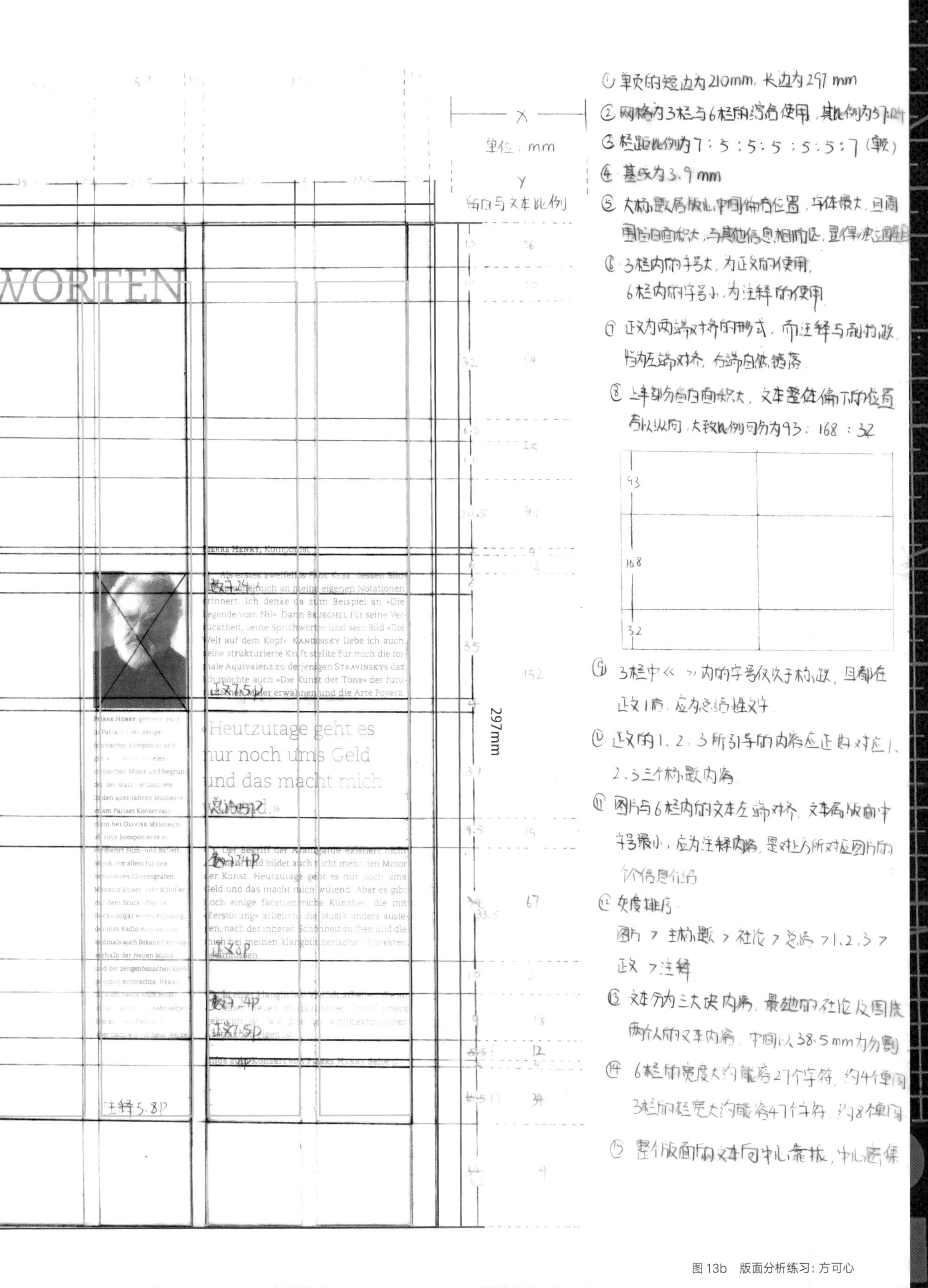

① 单页的短边为210mm，长边为297 mm
② 网格为3栏与6栏的综合使用，其比例为57:124
③ 栏距比例为7：5：5：5：5：5：7（单位）
④ 基线为3.9 mm
⑤ 大标题居版心中间偏右位置，字体最大，且周围留白面积大，与其他信息相隔远，显得突出醒目
⑥ 3栏内的字号大，为正文的使用，
6栏内的字号小，为注释的使用
⑦ 正文为两端对齐的形式，而注释与副标题，均为左端对齐，右端自然错落
⑧ 上半部分留白面积大，文本整体偏下的位置，若以纵向，大致比例可分为93：168：32
93
168
32
⑨ 3栏中《 》内的字号仅次于标题，且都在正文1前，应为总结性文字
⑩ 正文的1、2、3所引导的内容应正好对应1、2、3三个标题内容
⑪ 图片与6栏内的文本左端对齐，文本属版面中字号最小，应为注释内容，是对上方所对应图片的个人信息介绍
⑫ 灰度排序
图片 > 主标题 > 社论 > 总结 > 1、2、3 > 正文 > 注释
⑬ 文本分为三大块内容，最左侧的社论及围绕两个人的文本内容，中间以38.5 mm为分割
⑭ 6栏的宽度大约能容27个字符，约4个单词
3栏的栏宽大约能容47个字符，约8个单词
⑮ 整个版面的文本向中心靠拢，中心密集
X
单位：mm
Y
留白与文本比例
297mm
WORTEN
«Heutzutage geht es nur noch ums Geld und das macht mich wütend.»
注释5.8P

图 13b　版面分析练习：方可心

尺寸：420mm × 297mm
栏数：3栏
栏宽：62mm
栏间距：5mm
页边距：7mm

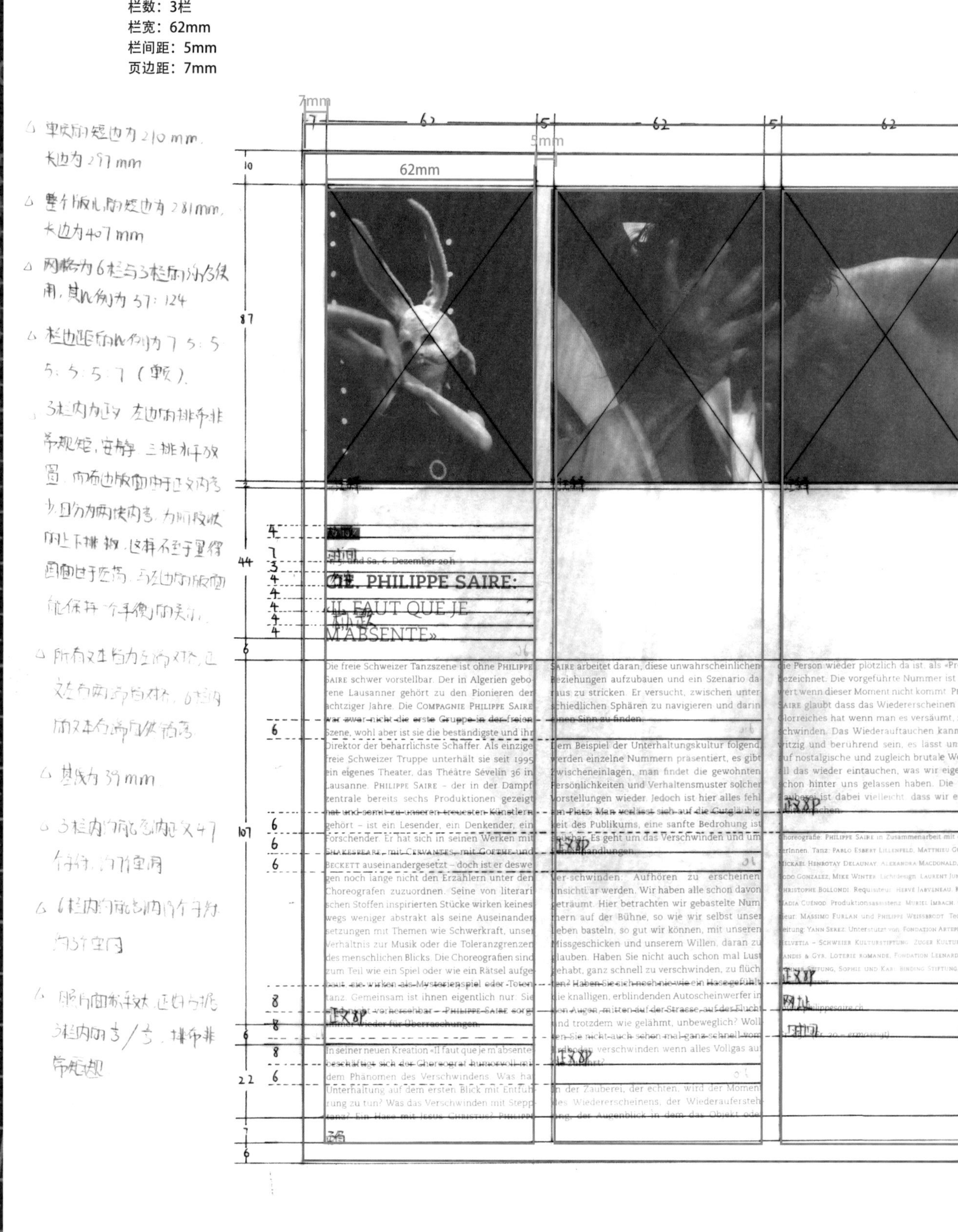

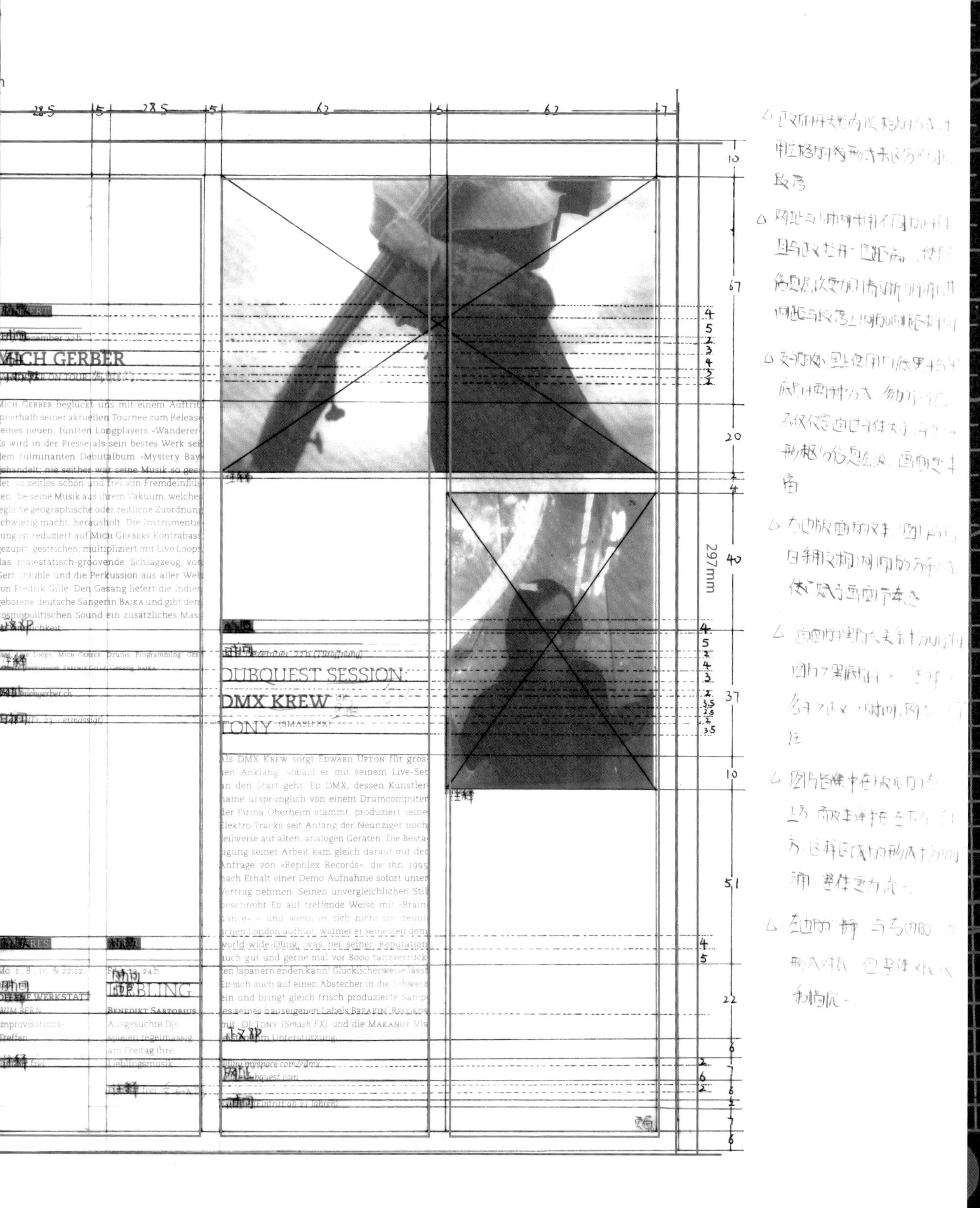

图 13c　版面分析练习：方可心

页面分析：单页一宽229mm，高310mm
对页一宽458mm，高310mm
基线 10.6pt
尺寸：460mm×310mm
栏数：5栏
栏宽：31mm
栏间距：3mm
外页边距：29mm
内页边距：32mm
29mm
31mm
3mm
32mm
Lei–Los
82mm
48mm
9mm
51mm
44mm
42mm
27mm
39mm
左边页面共分为五栏排列，每栏宽31mm，栏距为3mm.
距离页面上边距为27mm，下边距为39mm. 外边距为29mm，内边距为32mm.
标题居中排列.
正文共穿插五张图片，其中有一列仅排一张图，也有一列一张图都不排，也有一张图占据两栏的排布.
图片的尺寸为：
42mm×31mm
48mm×65mm
51mm×65mm 三种
图片注释均为居中排列，采用斜体字，字号与正文相同.
两张较大的图右侧还有一小列大约字号为1pt的注释.
正文标题进行加粗处理，其正文内二级文字与引用等均采用斜体.
每一个小标题下的段落，会与栏边距缩进3mm
正文每行的行距约为2mm
图片注释与下一段落正文距离约4mm
每一段正文加粗小标题与上一段落距离约4mm
44

图 14a　版面分析练习：程于芊

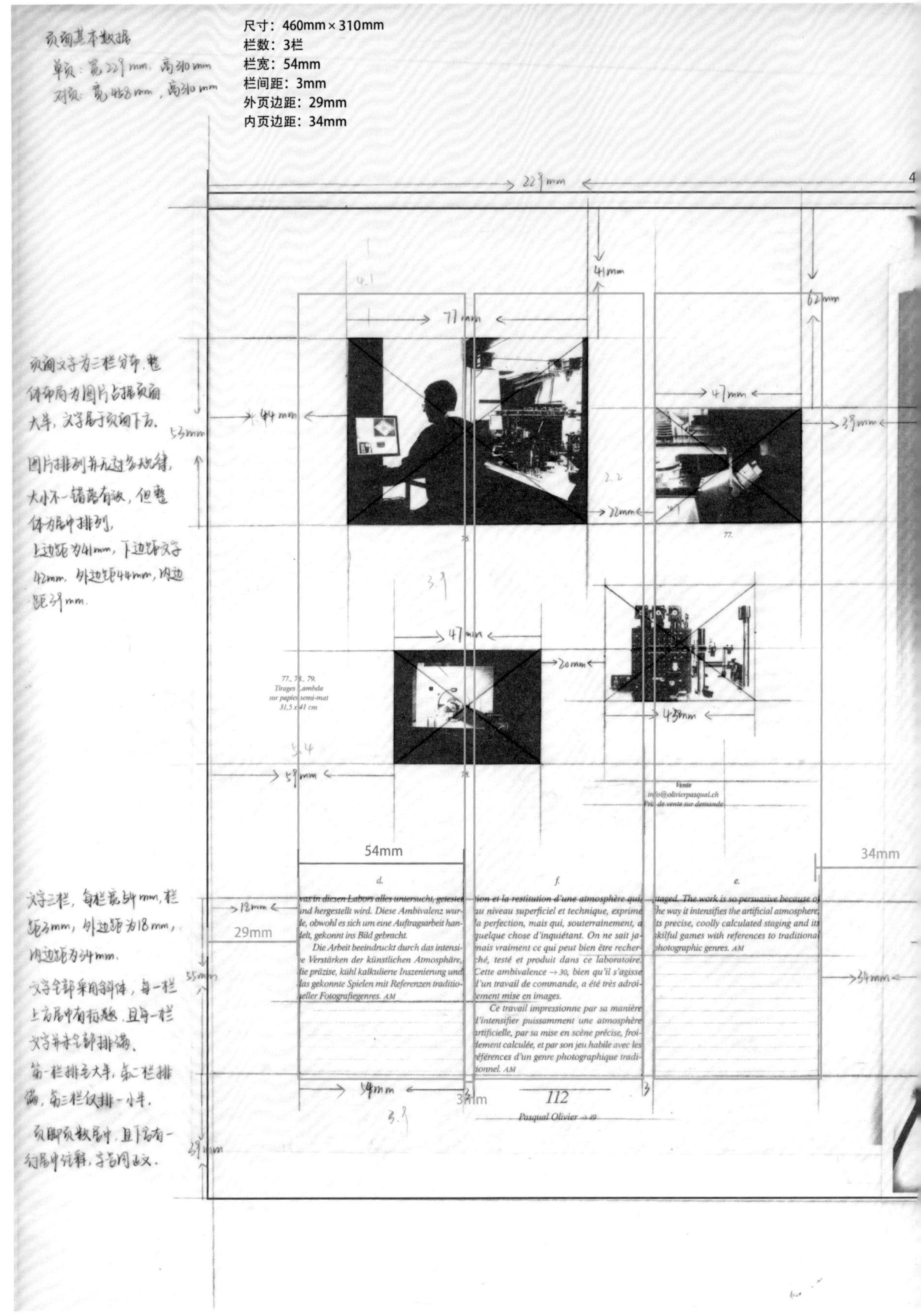

页面基本数据
单页：宽229mm，高310mm
对页：宽458mm，高310mm
尺寸：460mm × 310mm
栏数：3栏
栏宽：54mm
栏间距：3mm
外页边距：29mm
内页边距：34mm
229mm
41mm
77mm
62mm
47mm
44mm
39mm
53mm
22mm
47mm
20mm
43mm
59mm
54mm
34mm
18mm
29mm
55mm
54mm
3mm
29mm
页面文字为三栏分布，整体布局为图片占据页面大半，文字居于页面下方。
图片排列并无过多规律，大小不一错落有致，但整体为居中排列，
上边距为41mm，下边距文字42mm，外边距44mm，内边距39mm.
文字三栏，每栏宽54mm，栏距3mm，外边距为18mm，内边距为34mm.
文字全部采用斜体，每一栏上方居中有标题，且每一栏文字并未全部排满，
第一栏排至大半，第二栏排满，第三栏仅排一小半。
页脚页数居中，且下方有一行居中注释，字号同正文。
112
Pasqual Olivier → 49

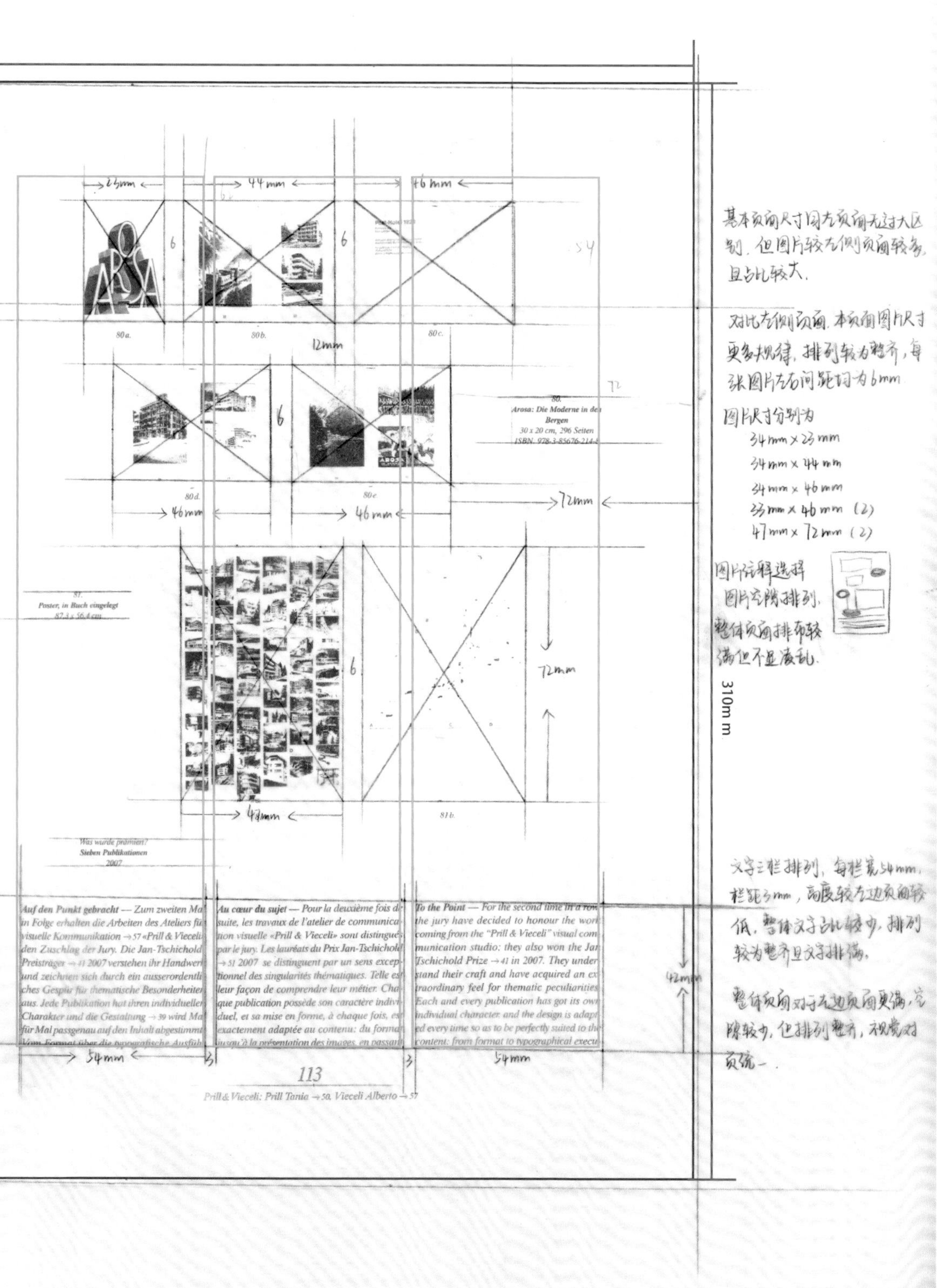


图 14b　版面分析练习：程于芊

网格系统与版式设计

半叶框173mm × 133mm
半叶共 8 行每行18字，小字双行
左右双边，版心白口单黑鱼尾

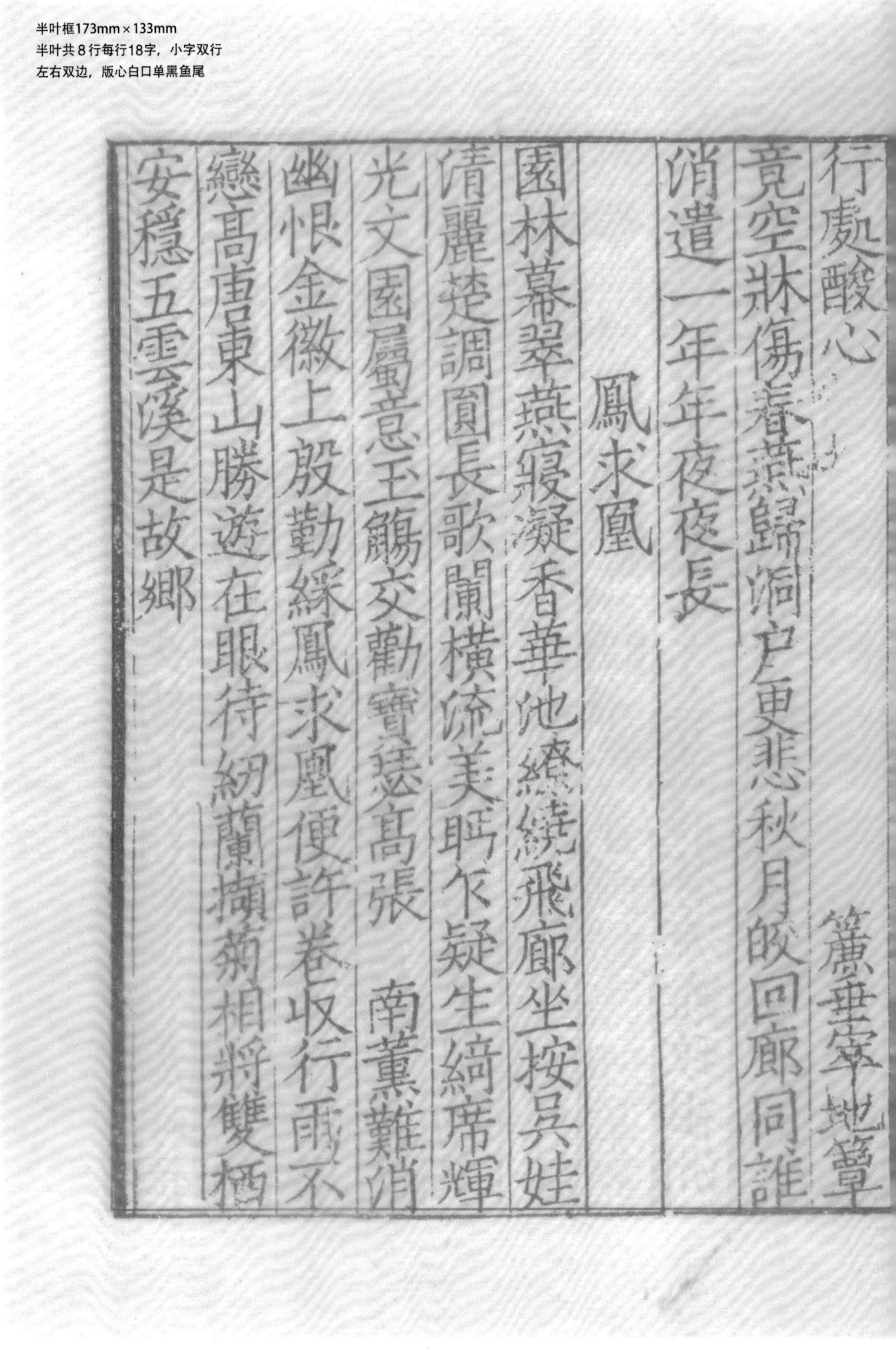

行處酸心　簾垂窣地章
竟空牀傷春燕歸洞户更悲秋月皎回廊同誰
消遣一年年夜夜長
鳳求凰
園林幕翠燕寢凝香華池繚繞飛廊坐按吳娃
清麗楚調圓長歌闌横流美眄乍疑生綺席輝
光文園屬意玉觴交勸寶瑟高張　南薫難消
幽恨金徽上殷勤綵鳳求凰便許卷收行雨不
戀高唐東山勝遊在眼待紉蘭擷蕙相將雙棲
安穩五雲溪是故鄉

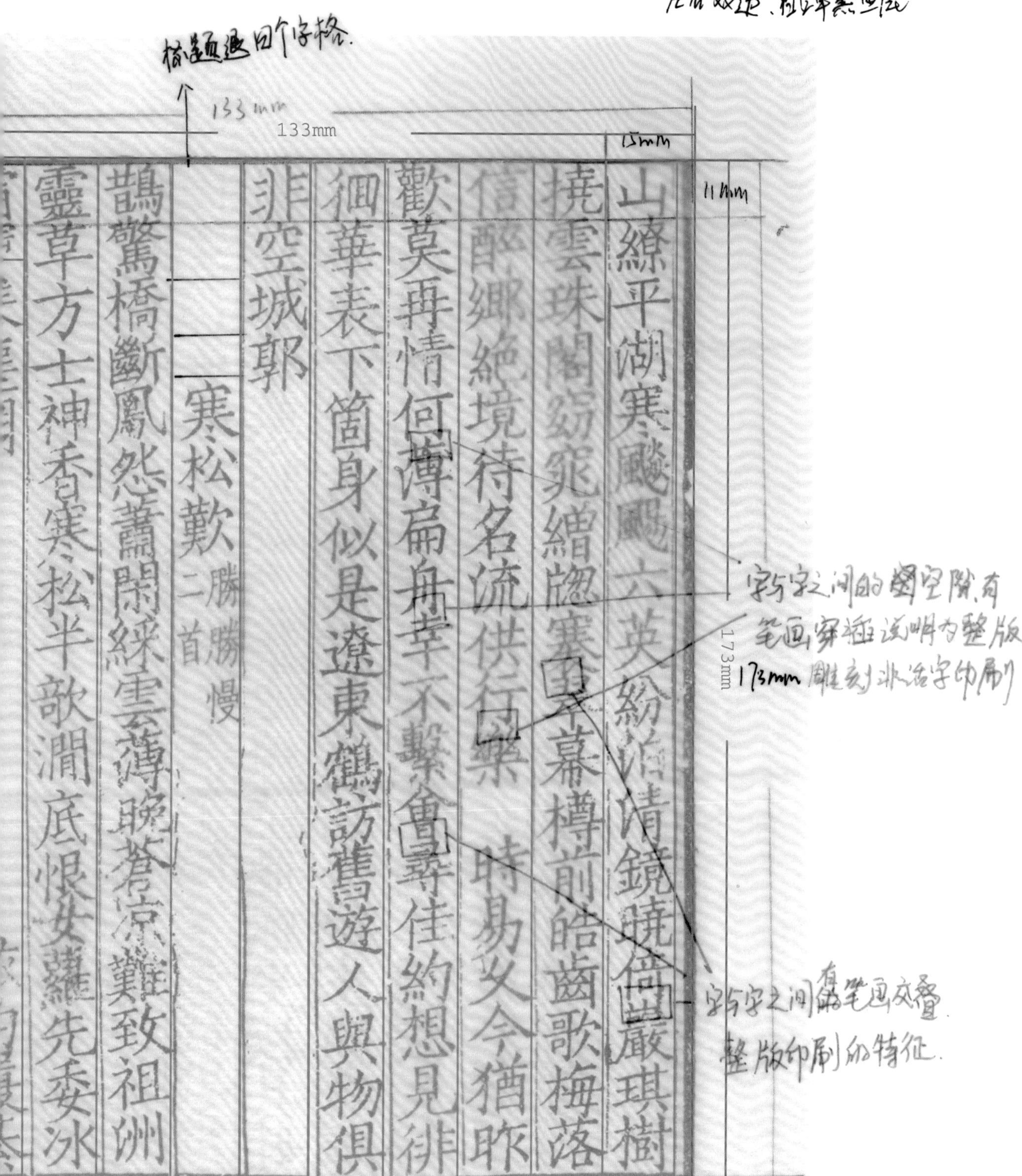

山繚平湖寒飈颺六英紛消晴鏡曉倚巖琪樹
撓雲珠閣窈窕縉總寒罩幕樽前皓齒歌梅落
信醉鄉絕境待名流供行樂 時易失今猶昨
歎莫再情何薄扁舟幸不繫會尋佳約想見徘
徊華表下箇身似是遼東鶴訪舊遊人與物俱
非空城郭
寒松歎 二首 勝勝慢
鵲驚橋斷鳳怨簫閑綵雲薄晚蒼涼難致祖洲
靈草方士神香寒松半歌澗底恨女蘿先委冰



图 15a　版面分析练习：郭蕾

半叶框220mm × 115mm
半叶共 8 行每行 14 字，小字双行
四周双边，版心黑口双黑鱼尾

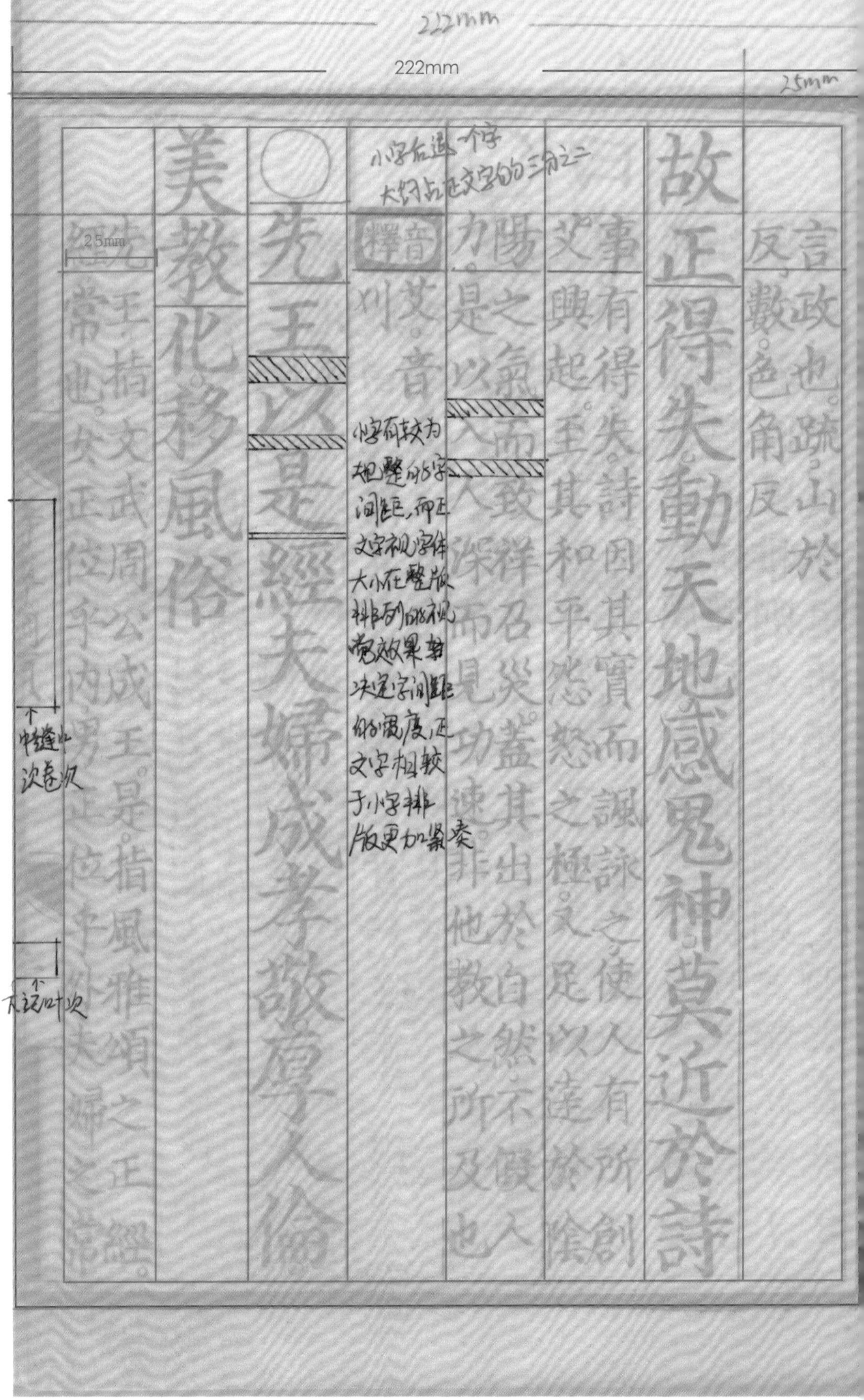

222mm

222mm

2.5mm

言政也。疏山於反。數。色角反

故正得失動天地感鬼神莫近於詩

事有得失詩因其實而諷詠之使人有所創艾興起至其和平怨怒之極又足以達於陰

陽之氣而致祥召災蓋其出於自然不假人力是以入深而見功速非他教之所及也

釋音　艾。音刈

○先王以是經夫婦成孝敬厚人倫

美教化移風俗

先王指文武周公成王是指風雅頌之正經。經常也。女正位乎內男正位乎外夫婦之常

2.5mm

小字右退一个字
大约占正文字的三分之二

小字间较为均整的字间距，而正文字视字体大小在整版排列的视觉效果来决定字间距的尺度，正文字相较于小字排版更加紧凑

中缝处 次卷次

下记叶次

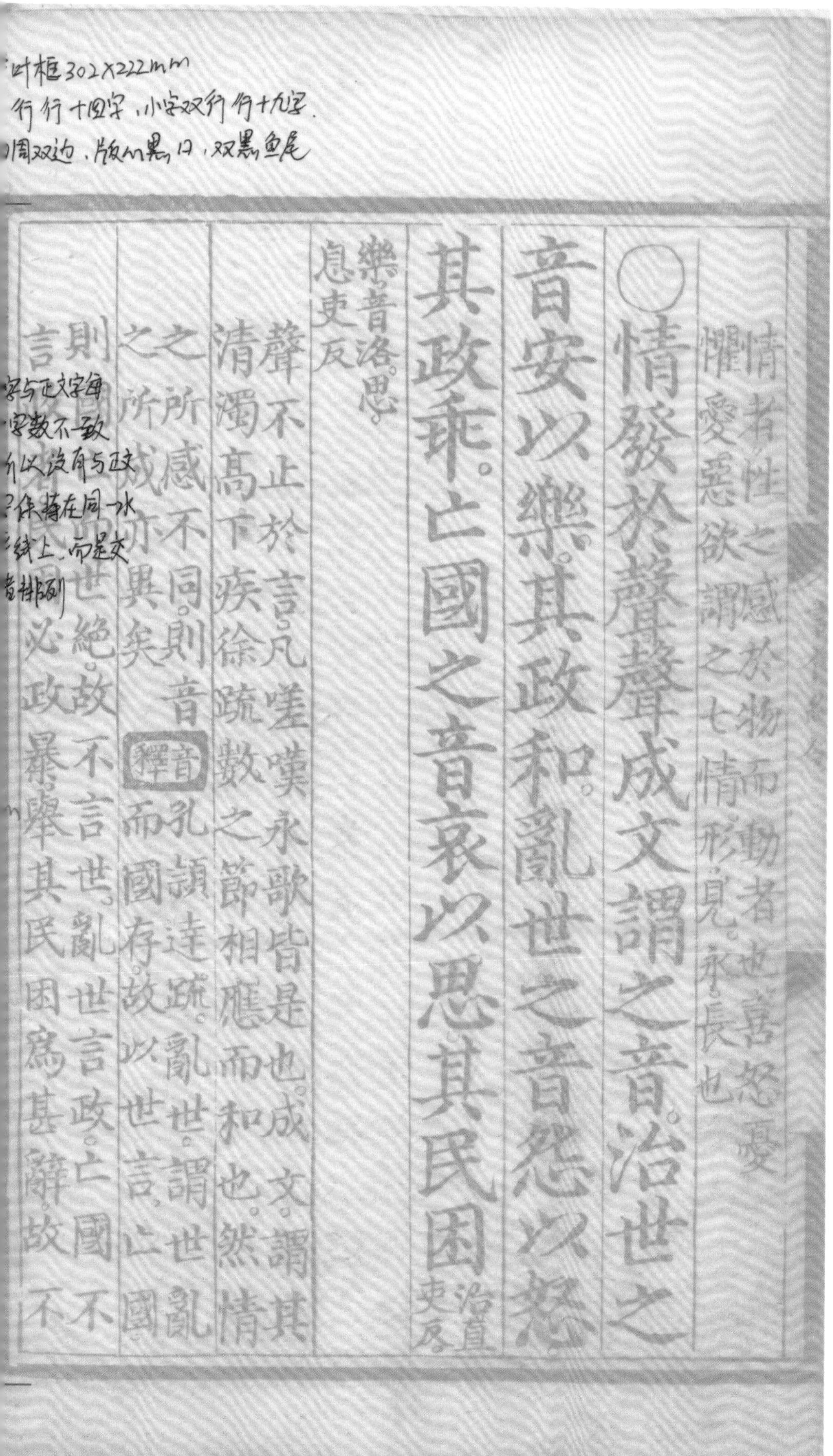

版框302×222mm
行行十四字，小字双行行十九字。
四周双边，版心黑口，双黑鱼尾

情者性之感於物而動者也喜怒憂
懼愛惡欲謂之七情形見。永。長也

○情發於聲聲成文謂之音治世之
音安以樂其政和亂世之音怨以怒
其政乖亡國之音哀以思其民困治直
吏反

樂音洛。思
息吏反

聲不止於言凡嗟嘆永歌皆是也成文謂其
清濁高下疾徐疏數之節相應而和也然情
之所感不同則音［音釋］乖謂違戾亂世謂世亂
之所成亦異矣而國存故以世言亡國
則[illegible]世絕故不言世亂世言政亡國不
言[illegible]必政暴舉其民困爲甚辭故不

字与正文字每
字数不一致
所以没有与正文
保持在同一水
线上，而是交
错排列

图 15b 版面分析练习：郭蕾

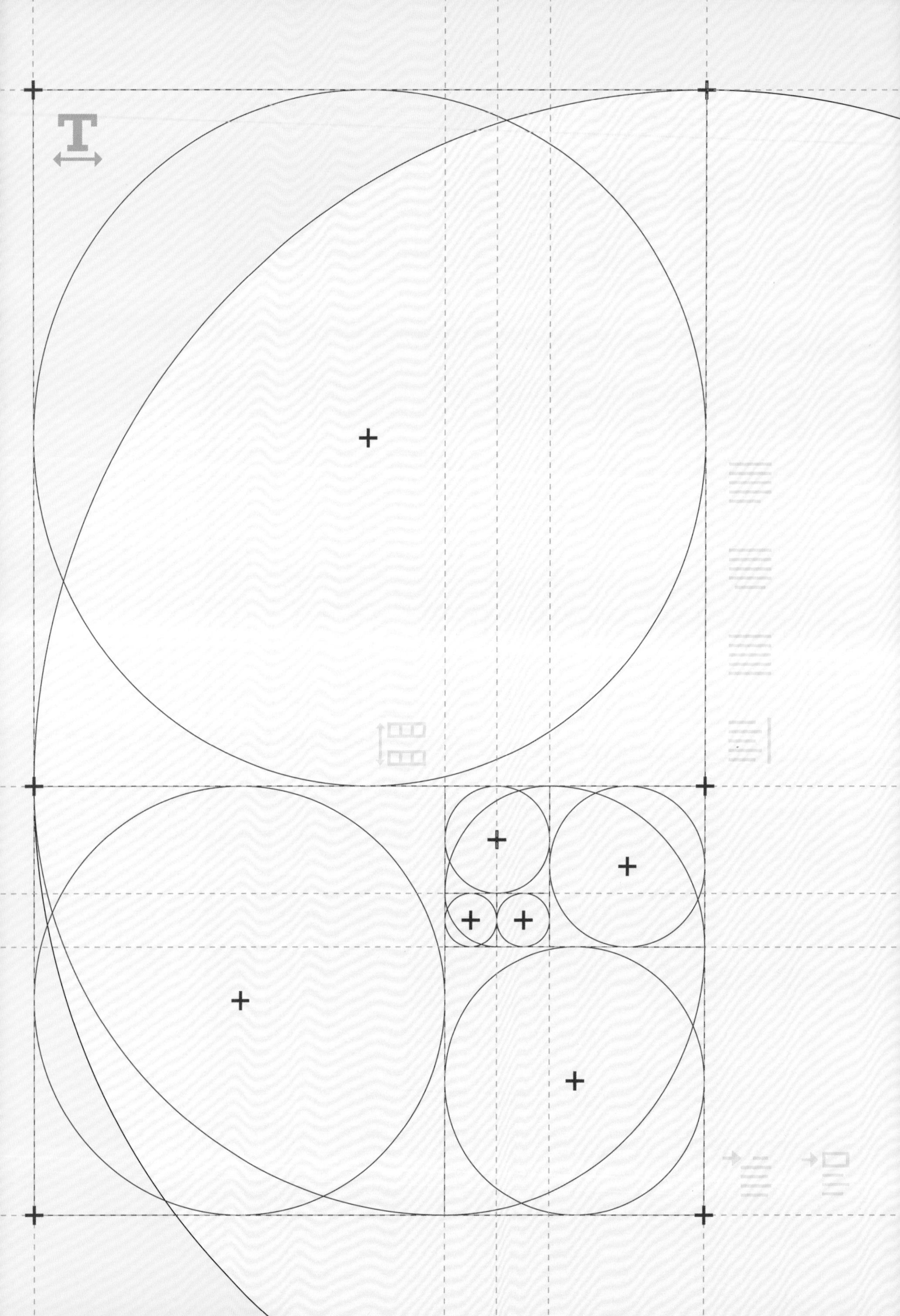

# 第二章　课程实训二
# ——版式语言的自我探索

## 一、从“默会”到“创造”：以版式的实验性设计为开端

成功的版式设计，其目的不仅是传递信息，更需要发展出一种独特的视觉形式。这种独特性，也正是来源于设计师个人设计语言的创新。而在个人风格形成之前，似乎常常见到，设计师在无意识的默会、模仿和迁移中，带上了一些“他人”（传授者或前人）的痕迹，缺乏深入的自我探索与个性特征。因此，如何充分调动学生的主观能动性，引导他们运用恰当的方法进行自我开发，并促发创意生成是一个重要课题。

以海报艺术为例，充满视觉张力的构图、奇幻的图像、大胆的配色，总是让人印象深刻，为设计师的创造力所折服。那么，这种视觉感染力是如何被创造出来的？版面中的各视觉要素又是如何相互作用，构成一个和谐的整体？内容和形式之间的连贯性表达是如何被成功建立起来的？这一系列的追问，或许有着关于创意发生的各式回答：设计师灵光一闪、巧妙的“失误”、某种音乐旋律的启发等等。然而，通过对设计师们设计过程的抽丝剥茧，我们可以发现在这些看似无法捕捉、飘忽不定的创意生成中，存在着清晰的思考和推演过程。这种设计过程是具有实验性的，是一个有趣的视觉游戏历程。

鉴于此，我们将以设计一份展览宣传单作为开端，和学生们一起经历“信息重组”“视觉化关键词”“直觉和联想（横向思考）”“选择和深化（纵向思考）”等设计过程。

学生需要通过对艺术家、作品、艺术特色的分析，收集可用于宣传单的文字信息。然后将这些信息通过撰写或提取，转换为关键词。这些关键词，既是传递展览信息的表意符号，又同时成了平面视觉中的形式要素。在语义和形式之间，创意的加入会带来新的可能。在这个过程中学生需要在横向和纵向两种思考方式中来回切换。横向思考阶段，学生凭借直觉和联想大胆地尝试用各种视觉化方式去表现主题，将涌现于头脑中的各种想法快速地捕捉，并转换成草图。在纵向思考阶段，需要理性的思考、分析和比较这些草图中语义传达的效果，选择最优的几个方案深化。平衡、对比、节奏、重复等形式美的法则可以帮助学生做出理性的判断。最后，在众多手绘草图当中选择较为满意的作品制作电子设计稿。从手绘稿到电脑稿的设计深化过程中，同时需要考虑不同字体、字号的选用，并测试各种色彩搭配，比较不同纸张输出打印后的呈现效果。

## 二、实训环节与知识要点

### 1. 实训要求与步骤

分析一位现当代艺术家或设计师的作品，然后撰写一则相关主题的展览信息（包括展览名称、展览地点、时间、网址、电话等），仅运用这些文字要素进行设计。

作品大小 20cm × 20cm，要求采用手绘完成初稿，择优深化成电子稿。

此项练习旨在培养学生将一个复杂的想法或叙事，提炼成平面视觉语言，并鼓励学生探索、发展自己的设计风格。强而有力的视觉风格，往往包含纯粹的形状、有趣的对比和有秩序的排列。这种关于形式美的规律，从 20 世纪早期的包豪斯开始，一直延续到中后期的瑞士设计风格，并持续影响当代版式设计观念。

在这个练习的各环节中，感性与理性将交织看发挥作用。建议先思考文字信息的意义，并手绘草图，发展出一系列可能的视觉结果，再运用理性评判、选择、推导、细化作品。

## ⟶ STEP 1

思考与主题相关的名词，它将引导不同的视觉方向。（图 1）

## ⟶ STEP 2

以一张草图 15 分钟为限，在短时间内快速地捕捉灵感和直觉。手绘草图 30 张以上。建议学生使用粗细不等的马克笔、勾线笔进行徒手绘制。课堂绘制的草图数量和创作思路的数量是训练的前提。在最初的草图阶段，不要过分在意版面的细节，而要将重点聚焦于头脑中涌现的各种想法，打开心胸，大胆、自由自在地实验。（图 2、图 3）

在不断地尝试，并依赖直觉做出各种决定的同时，也需要根据一些方法来评估作品的进展。在这个阶段需要运用视觉形式美的原则来帮助判断，同时从观看者的视角思考，自问：视觉的表现是否足以引起观看者的兴趣？观看者会如何理解版面中的信息？这个主题的表达方式观看者会接受吗？

图 1　课堂习作：戚佳妙　刘嘉雨

图 1

## 版面中的文本信息

艺术家：安迪沃霍尔
主题：十五分钟的永恒
地点：中国上海当代艺术博物馆
日期：2015.05.01—2015.05.10
Artist：Andy Warhol
Theme：15 minutes eternal
Address：Museum of Contemporary Art Shanghai China
Date:2015.05.01—2015.05.10

## 关键词

| 人物个性 | 艺术风格 | 创作技法 | 代表作 |
| --- | --- | --- | --- |
| 大框眼镜 | 重复 | 丝网印刷 | 《玛丽莲 · 梦露》 |
| 银色头发 | 复制 | 电影 | 《Campbell 汤罐头》 |
| 不苟言笑 | 艳丽色彩 | 照片投影 | 《可口可乐》 |
| 敏感 | 刺激醒目 | 木料拓印 | 《帝国大厦》 |
| 时尚 | 前卫 | 金箔技术 | 《Brillo 纸盒》 |

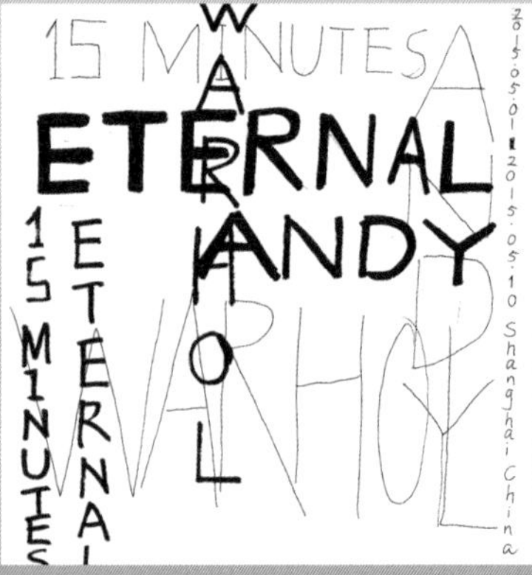


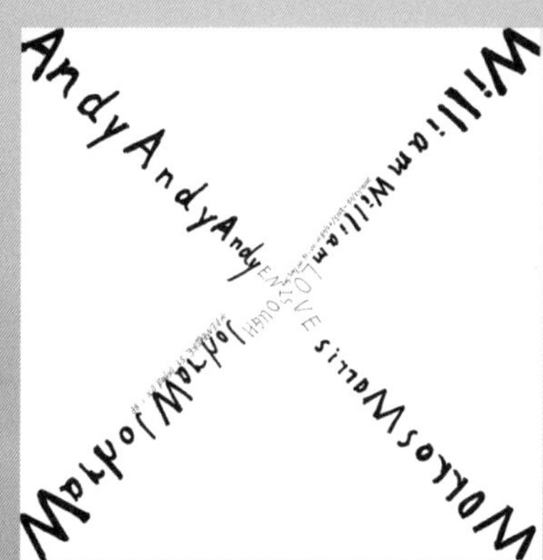

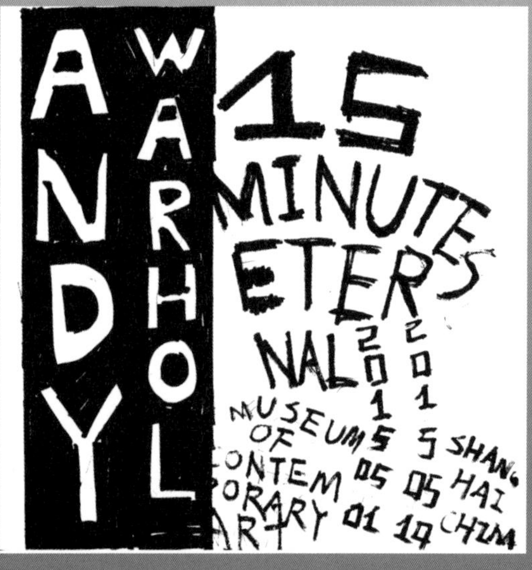


图 2 课堂习作: 戚佳妙 刘嘉雨 蔡琳敏

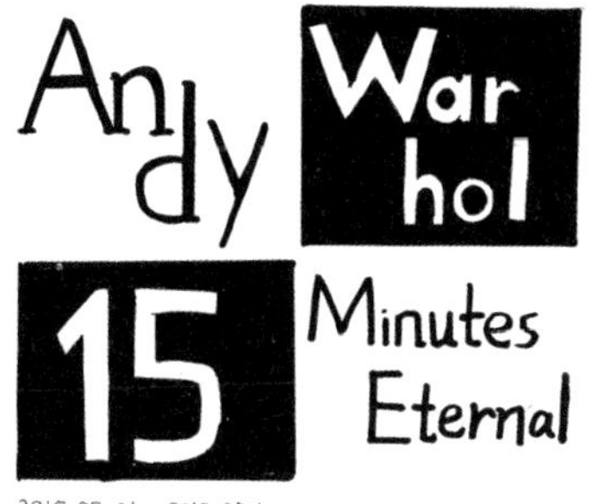
Andy
War
hol
15
Minutes
Eternal
2015.05.01 — 2015.05.10
MUSEUM OF CONTEMPOARY ART
SHANGHAI, CHINA

ANDY
WARHOL
15 MINUTES ETERNAL
MUSEUM OF CONTEMPORARY
ART
SHANAI CHINA
2015 05 01 — 05 10

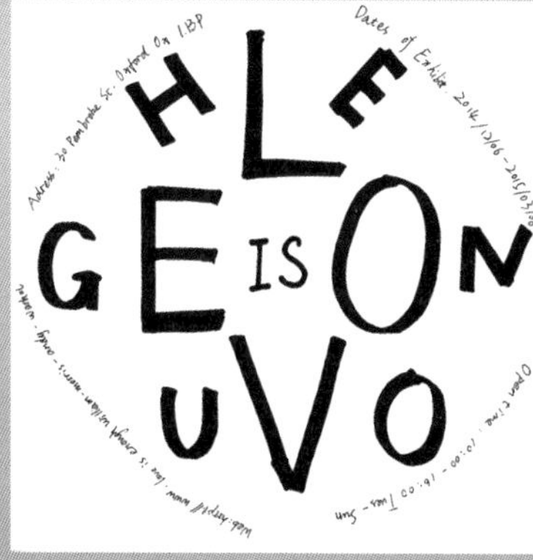

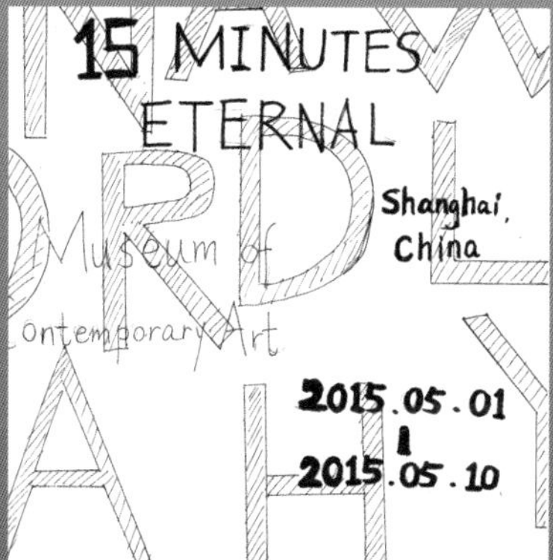
15 MINUTES
ETERNAL
Shanghai,
China
Museum of
Contemporary Art
2015.05.01
2015.05.10

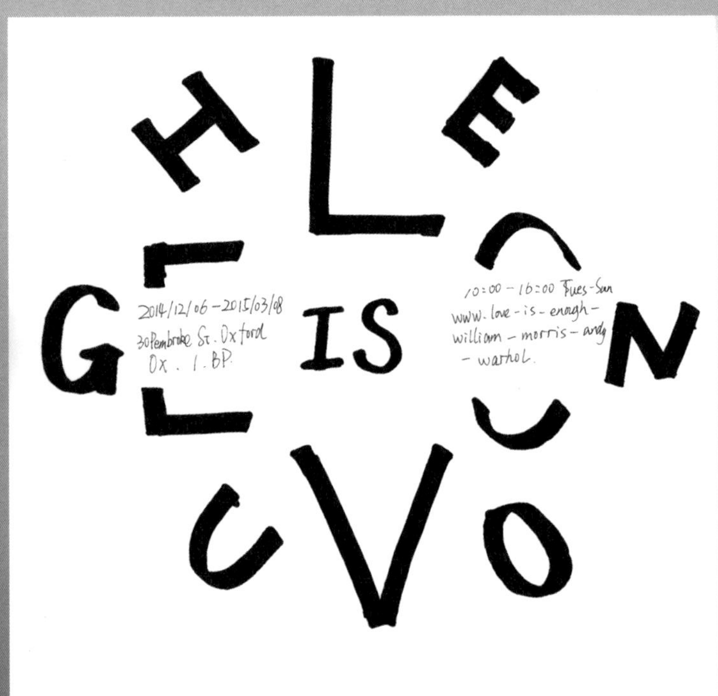


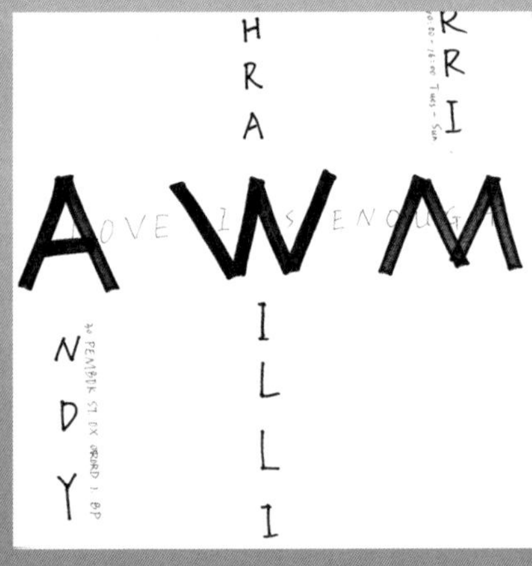


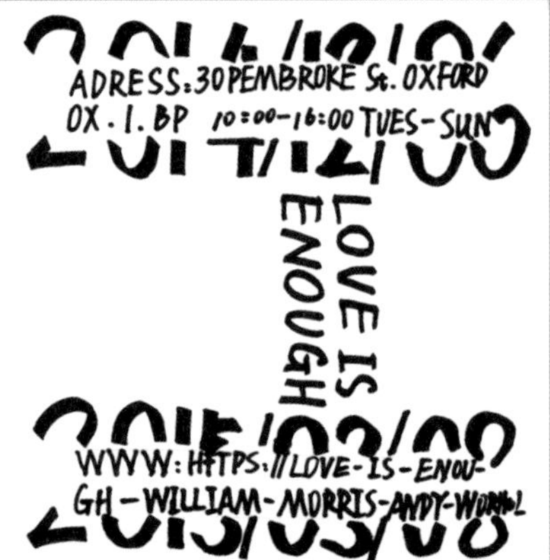


图 3　课堂习作：戚佳妙　刘嘉雨　蔡琳敏

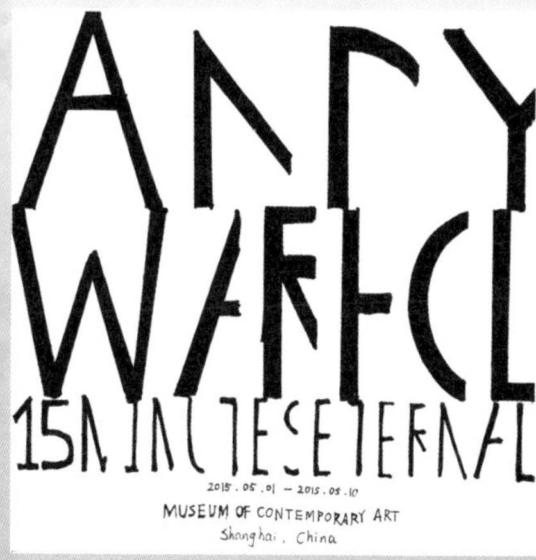


MUSEUM OF CONTEMPORARY ART

Andy

WARHOL

2015.05.07

2015.05.10

15

MINUTES ETERNAL

SHANGHAI CHINA SHANGHAI

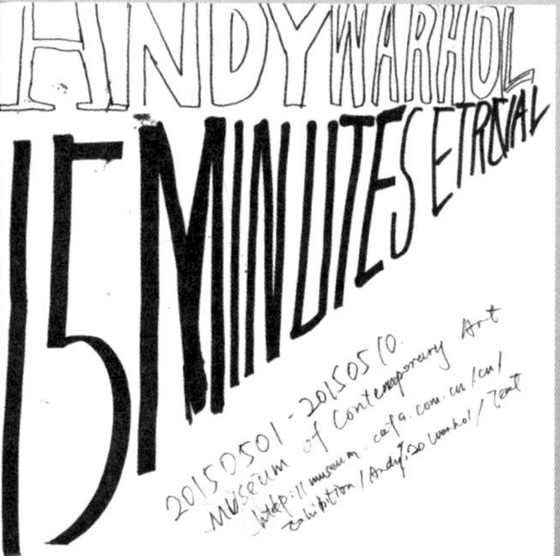


ADRESS:30 PEMBROKE
ST. OXFORD OX.1BP

WILLIAM

ANDY

WARHOL

LOVE IS ENOUGH

MORRIS

2014/12/06-2015/03/08 10:00-16:00 Tues-Sun

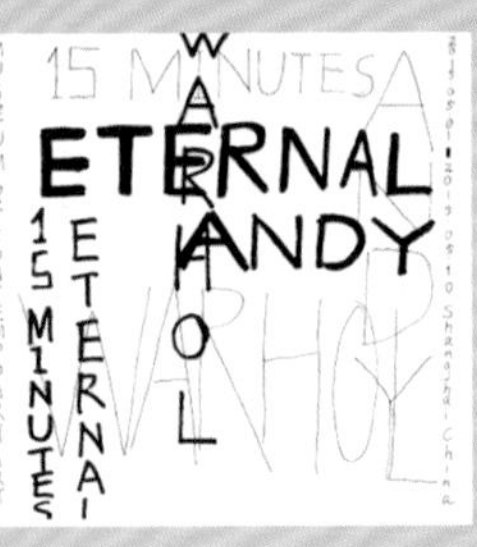

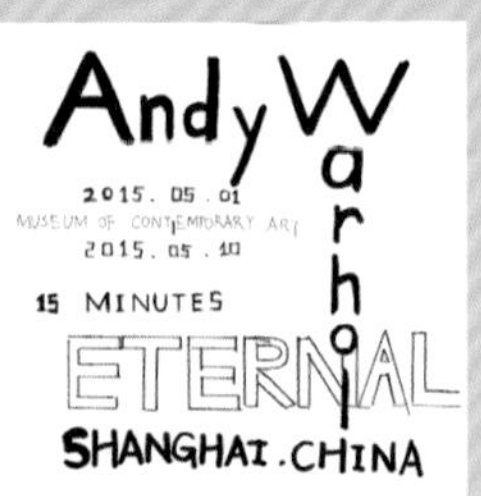

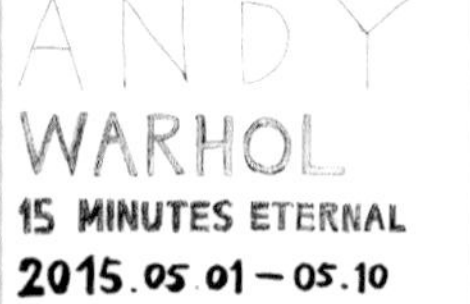

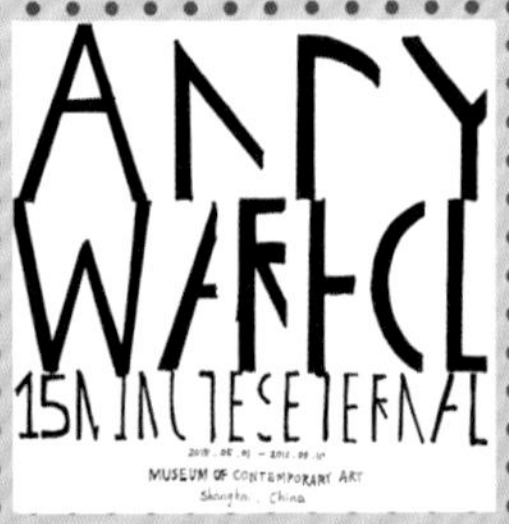

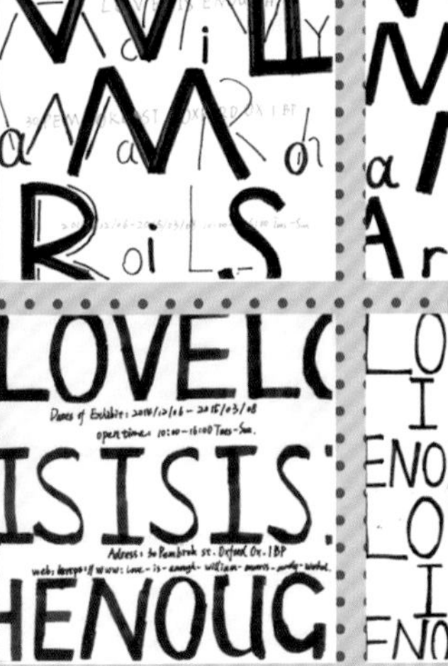

## ⟶ STEP 3

在概念的推进过程中，有些方案会随着视觉形式的强化，发展成意想不到的新语言，而另一部分可能会失去之前的活力。平铺展示所有的草图，将同一类型的方案汇总为一类审视，比较不同方向的思路之后，选择其中的 2 至 3 个代表性的方案进行深入、细化处理。（图 4—图 6）

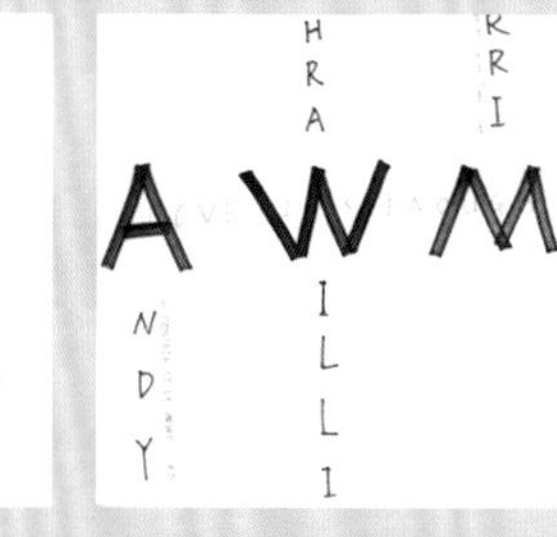

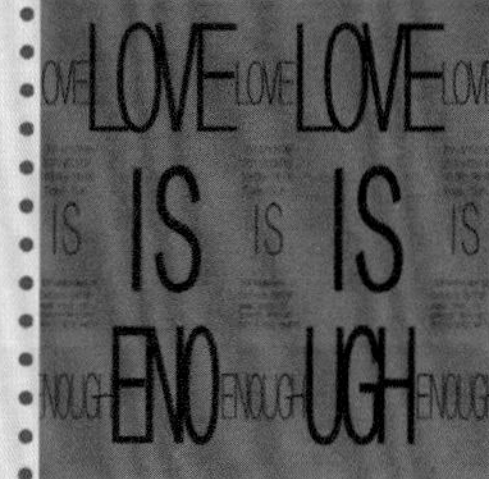

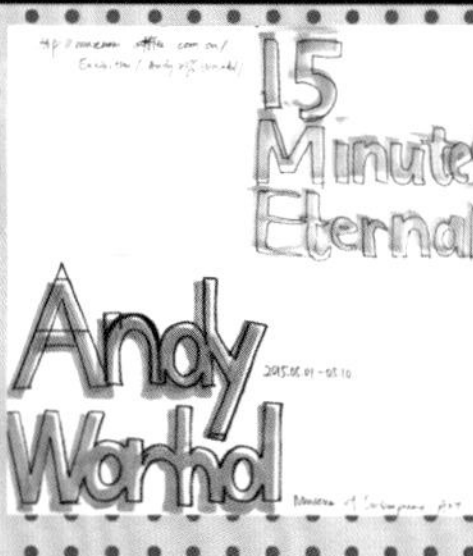

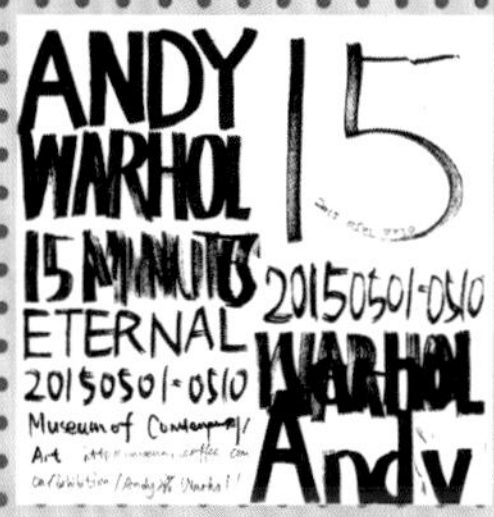

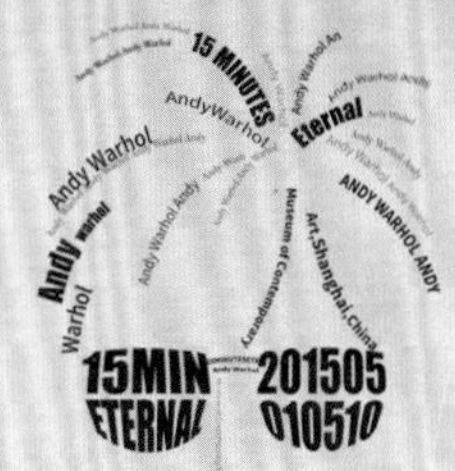

图 4　课堂习作：戚佳妙　刘嘉雨　蔡琳敏

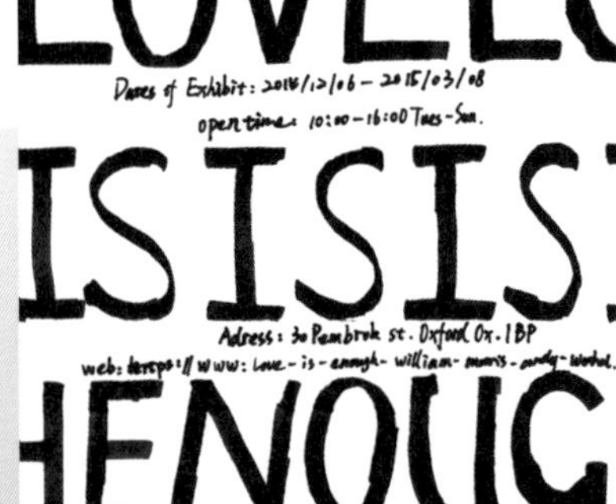

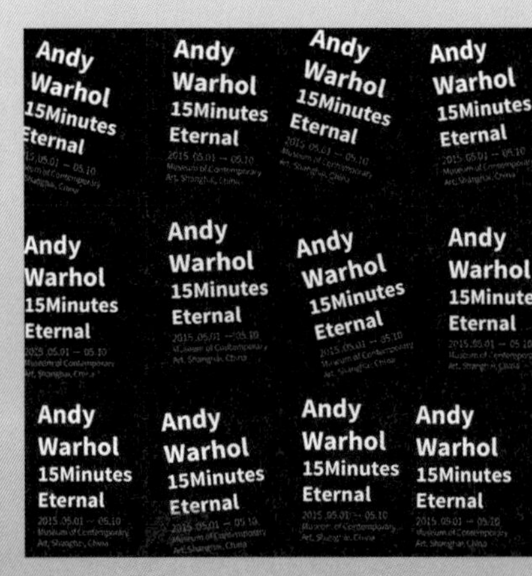


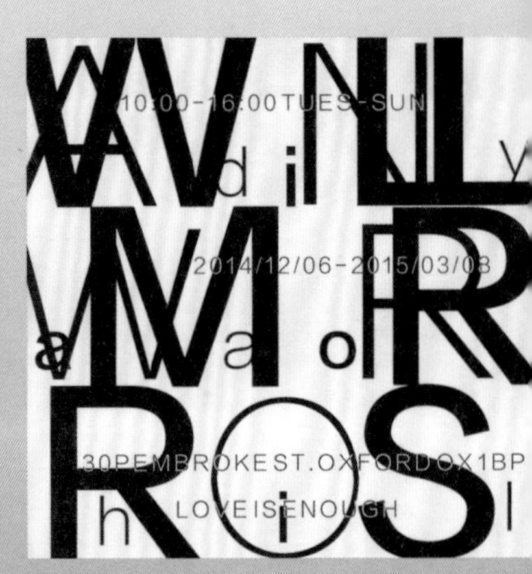


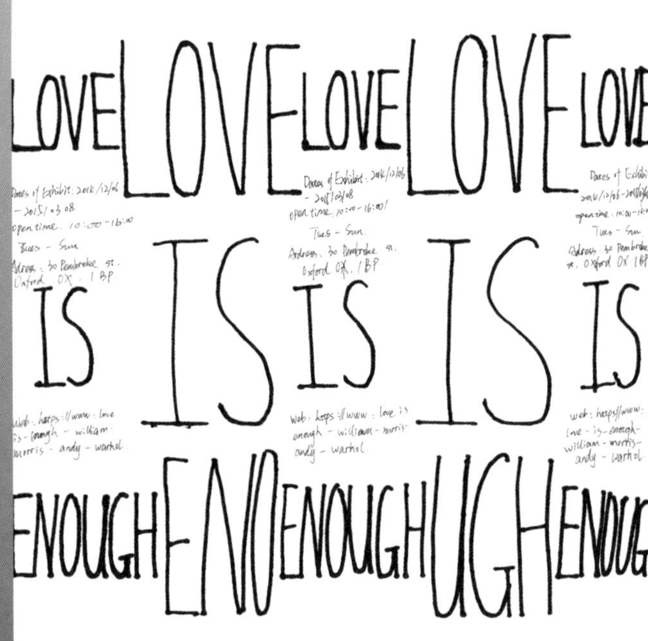


图 5 课堂习作：戚佳妙 刘嘉雨 蔡琳敏

LOVE
IS
ENOUGH
2014/12/06–
2015/03/08
10:00–16:00
Tues–Sun
30Pembroke st,
Oxford OX1BP
www.love-is-
enough-william-
morris-andy-warhol

Andy Warhol Andy Warhol
15 MINUTES
Andy Warhol An
AndyWarhol
Andy Warhol Andy
Eternal
Andy Warhol
Andy Warhol Andy Warhol Andy
ANDY WARHOL ANDY
Andy Warhol Andy
Museum of Contemporary
Art,Shanghai,China
Andy warhol
Warhol
15MIN
ETERNAL
15MINUTESETE
Andy Warhol
201505
010510
Museum of Contemporary Ar

ANDY
WARHOL
15
MINUTES
ETERNAL
0501 0510

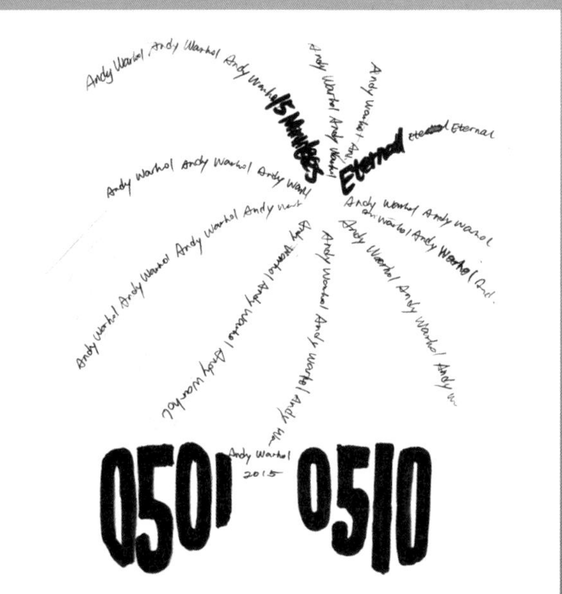
15 Minutes
Eternal
Andy Warhol
2015
0501 0510

图 6 课堂习作：戚佳妙

## 2. 知识要点

### ▶ 邻近

邻近指的是将元素靠近摆放，建立彼此间的关系。例如将两段不同样式的文本靠近排列，就意味着两者间的内容是存在关联的。又例如将图注放在图片附近，就暗示了这段图注是在描写这幅照片。

### ▶ 平衡

两个同一形或不同形态的设计要素等量或并置，进而产生一种和谐统一的效果，这时候我们可以认为这样的版式是具有平衡感的。对称是最简单的平衡形式，对称是内向的、稳重的，是同等同量的平衡，其特点是稳定、庄严、整齐、秩序、安宁、沉静。对称的形式有以中轴线为轴心的左右对称、以水平线为基准的上下对称和以对称点为源的放射对称，还有以对称面出发的螺旋形式。（图 7）

### ▶ 对比

对比是版式设计中的一种制造反差，突出强调的有效方式。我们可以通过对设计要素的重新组织和处理产生大小、明暗、黑白、强弱、粗细、疏密、高低、远近、硬软、直曲、浓淡、动静、锐钝、轻重的对比，制造出多层次的变化效果，以及一些视觉上的层级关系。在版式设计中，对比可以表现为笔画宽度、尺寸大小、比例关系、色相明度或空间间隔所产生的正负效果等。（图 8—图 12）

### ▶ 留白

中国传统美学上有“计白当黑”这一说法，意思是画面内容是“黑”的，也就是实体；而虚空的是“白”的。留白就是源自这种美学思想，它有助于将目光吸引至被空白所围绕的元素上，也凸显这个元素的相对重要性。

我们需要了解留白并非指什么都没有，也不一定是完全空白，例如无印良品的系列广告（图 13）。虽然是满版的图像，但是其内容所展现的辽阔和宽广的景象，就是“留白”，它为这幅广告作品营造出平静的空间，给人以一种无限空寂之美感。

I'll be your
Mirror.
Screen Tests
von Andy
Warhol
3.6.—11.9.
2016
gfzk
Galerie für Zeitgenössische Kunst Leipzig
Museum of Contemporary Art Leipzig
www.gfzk.de
Karl-Tauchnitz-Straße 9–11

图 7

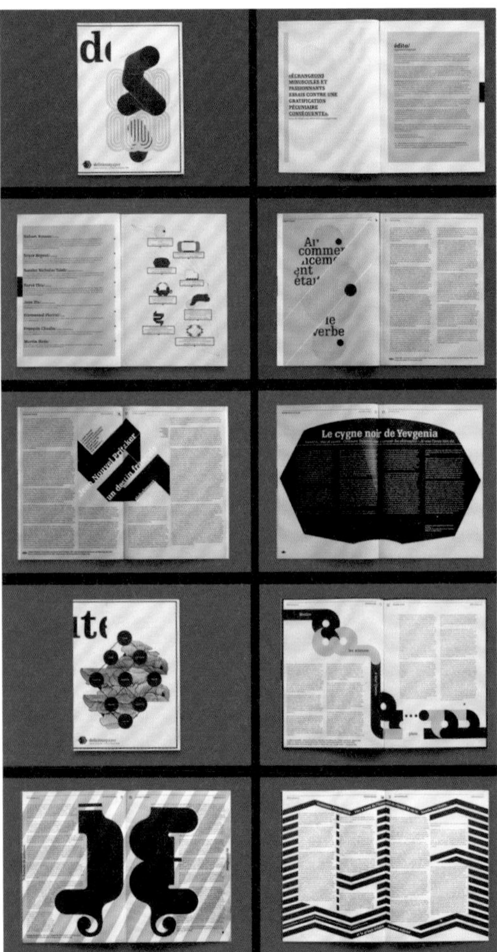
Le cygne noir de Yevgenia

图 8

图 9

图 10

I can say that growing up in the '60s exposed me

成长于六O年代，的确令我见识到如何活用颜色，使其成为主要的设计元素。然而，我一直想探

d be esign ngly, ite if d be ated l can ıp in l me d be desin

I can say that growing up in the '60s exposed me to how color could be used as a primary design element.Yet surprisingly, I always investigate f the solution could

I can say that growing up in the '60s exposed me to how color could be used as a primary design element. Yet surprisingly, I always investigate if the solution could be clearly communicated in black and white.

表达出的确其成为直想探表达出的确其成为直想探表达出的确其成为直想探

多妮佛·莫拉

图 11

clearly communicated in black and white.

I can say that

Jennifer Maria

图 12

图 13

图 7　I'll be your Mirror 设计师：Bureau David Voss

图 8　杂志内页设计

图 9—图 12　对比与节奏练习

图 13　“无印良品”品牌的广告

## 三、学生课堂习作

图 14　课堂习作：王京

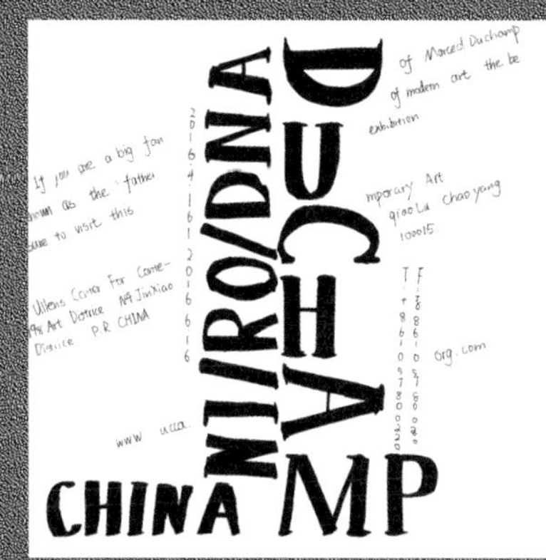

艺术家：杜尚
主题：与 / 或 / 在中国

关键词

| **艺术载体** | **艺术风格** | **艺术领域** | **代表作** |
|---|---|---|---|
| 绘画 | 叛逆嘲讽 | 观念艺术 | 《下楼梯的女人》 |
| 装置 | 大胆自由 | 现代艺术 | 《大玻璃》 |
| 行为 | 否定传统 | 达达主义 | 《泉》 |
|  | 非理性 | 实验艺术 | 《新娘》 |

AND/ OR/ In CHINA
2016.4.16 ~ 2016.6.16
If you are a big fan of Marced Duchamp known as the father of modern art. then be sure to visit the exhibition.
DUCHAMP

DUCH AMP
AND IN OR CHINA
2016.4.16 - 2016.6.16

UCH AMP
AND/OR/IN CHINA
2016.4.16-6.16
Ullens Center for contemporary Art. 798 Art Distice NO.4. Jinxian qiao Lu ChaoYang Distice Beijing
If you are a big fan of Maced Duchamp known as the Father of modern art then be sure to visit the exhibition.

DUCHAMP
AND/OR/
IN CHINA

DUCHAMP
AND/OR/IN CHINA
IF YOU ARE A BIG FAN OF MARCED DUCHAM P. known as the father of modern art. the be sure to visit this exhibition.
DUCH AMP
www. ucca. org. com
2016.4.16
61.6.610
Ullens Center for Contemporary Art

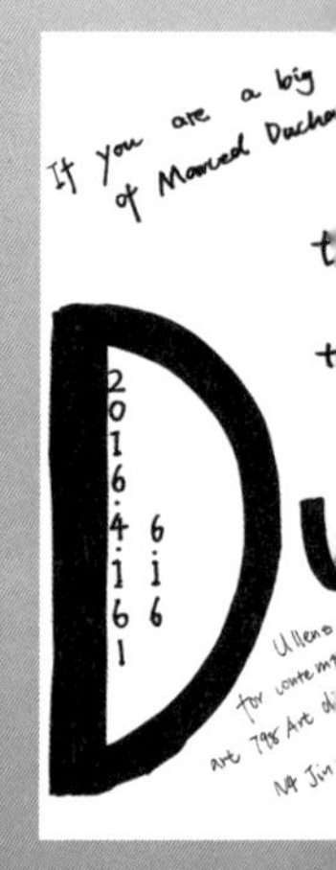

Ullens Center For Contemporary Art : 798 Art District N4 Jin xian qiao lu Chao yang District. Beijing P.R. China. 100015
DUCHAMP
AND / OR / In CHINA
2016.4.16- 2016.6.16.
T.+8610 5780 0200 F: +8610 5780 0220. www. ucca. org. com

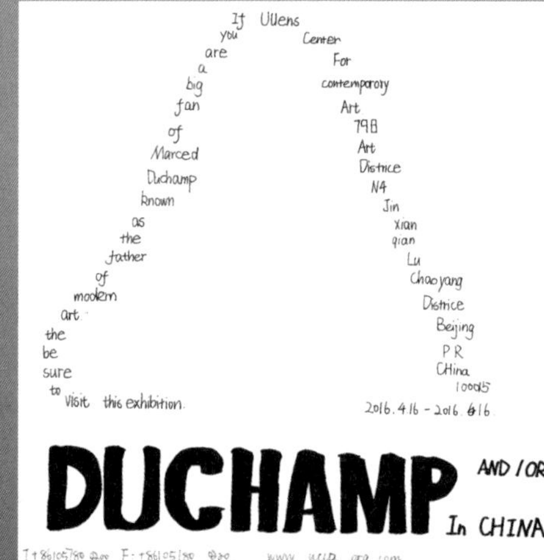
DUCHAMP
AND /OR
In CHINA
2016.4.16 - 2016.6.16

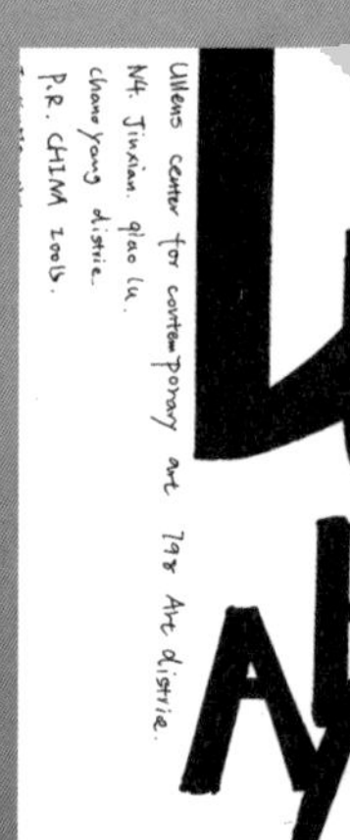

图 15 课堂习作：王京

DUCH
AMP
AND/OR/IN
CHINA
2016.4.16-2016.6.16

MARCED DUCHAMP MARCED DUCHAMP
DUCHAMP
AND/OR/IN CHINA
ULLENS CENTER
CHINA
2016.4.16-6.16
IF YOU ARE A BIG FAN OF MARCED DUCHAMP KNOWN AS
THE FATHER OF MORDERN ART THE BE SURE TO VISIT
THIS EXHIBITION

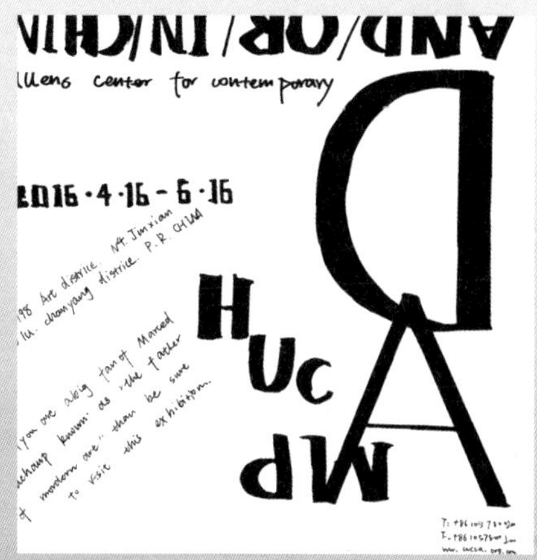
AND/OR/IN/CHIN
Ullens center for contemporary
2016·4·16-6·16
D
HUC
A
MP

DUCHAMP
AND/OR/IN CHINA
2016.4.16-2016.6.16

DUCHAMP
And/Or/In/CHINA

D
OR
IN
CHINA
2016.6.16.

Ullens Cen-
nter for con-
temporary Art.
DUCHAMP
Beijing P.R CH-
INA 100015
And/OR/In
CHINA
2016.4.16-2016.6.16
nown as the father of
modern art. the be sure to visit this
exhibitiom.

Ullens Center
For Contempor
DUCHAMP
AND/OR/IN CHINA
2016 4 16 - 6 16
IF YOU ARE A BIG FAN OF
MACED DUCHAMP KNOW
AS THE FATHER OF MORDERN
ART THEN BE SURE TO
VISIT THE EXHIBITION
Distice Beijing

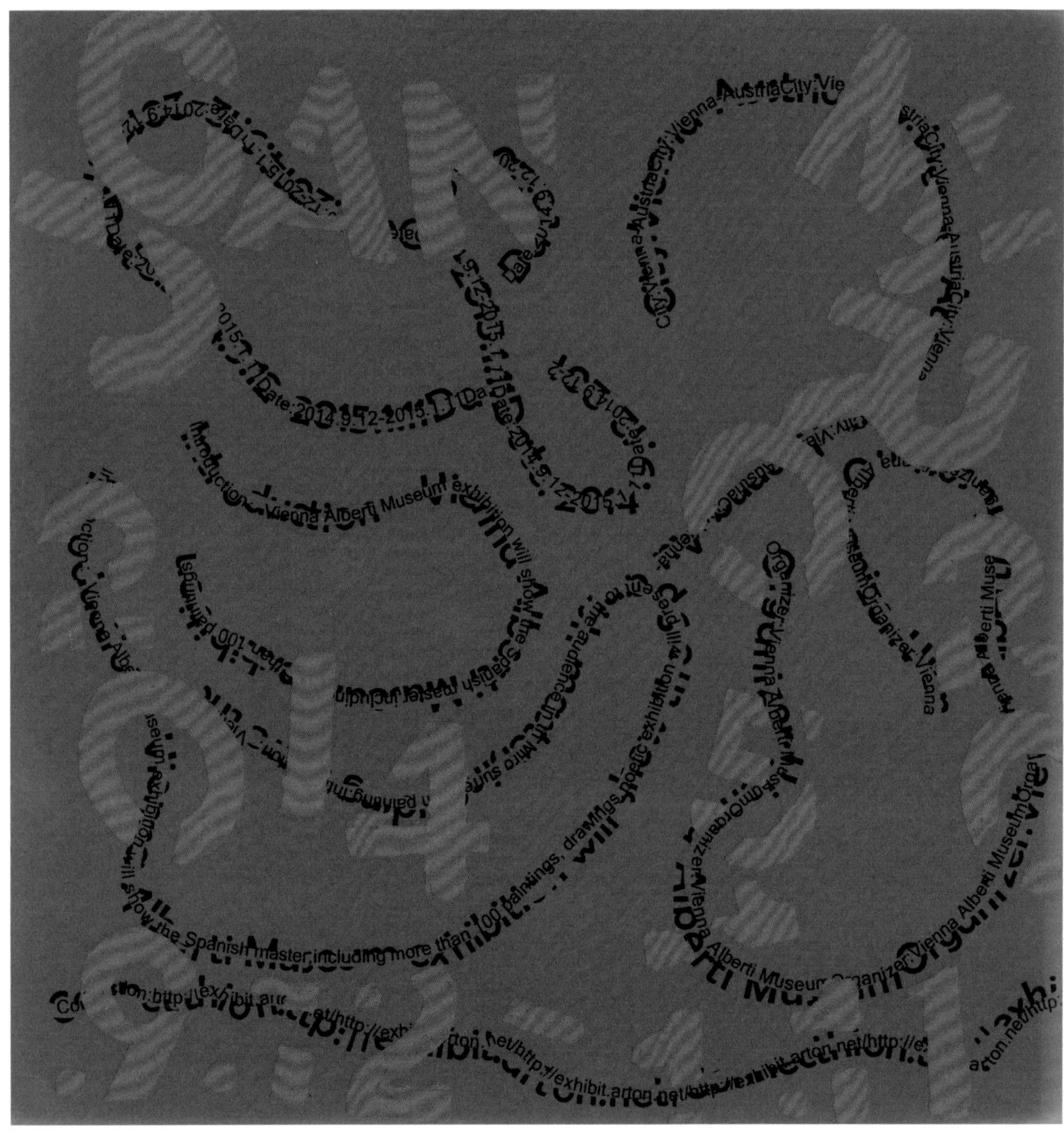


艺术家：胡安·米罗
主题：胡安·米罗的大型展览

关键词

| 艺术职业 | 艺术风格 | 艺术符号 | 代表作 |
|---|---|---|---|
| 画家 | 超现实主义 | 太阳 | 《哈里昆的狂欢》 |
| 雕塑家 | 自由抒情 | 星星 | 《犬吠月》 |
| 陶艺家 | 怪异幽默 | 鸟兽 | 《人投鸟——石子》 |
| 版画家 | 自然生动 | 风景 | 《农场》 |

图 16　课堂习作：李杰铭

M
J
O
I
A
N
R
O
A Large exhibition of Joan Miro
Date: 2014.9.12-2015.1.11
City: Vienna-Austria. Organizer:
Poetice exhibition will present to the audience in the Miro surrealism
Introduction: Vienna Alberti Museum exhibition will show the Spanish master, including more than 100 paintings, drawings.

JOAN
MIOR
Name: A Large exhibition of Joan Miro. Date: 2014.9.12-2015.1.11
City: Vienna-Austria
Organizer: Vienna Alberti Museum.
Connection: http://www.exhibit.aroon.com

2014
9.12
2015
1.11
JOANMIOR

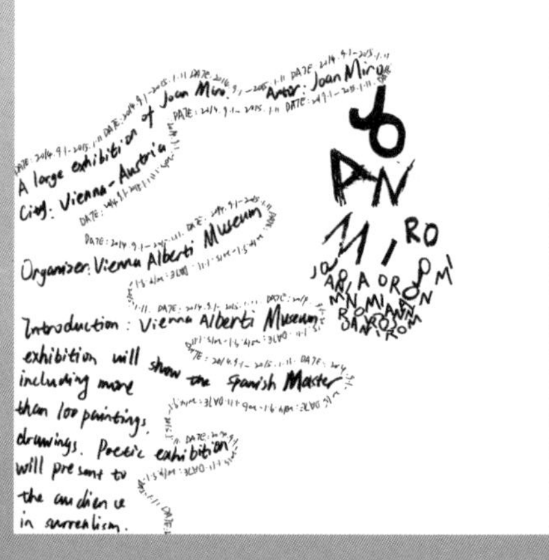

图 17 课堂习作：李杰铭

设计师：三宅一生
展览主题：三宅一生作品展

关键词

| 纹样 | 设计风格 | 创作技法 | 代表作 |
| --- | --- | --- | --- |
| 褶皱 | 东方情愫 | 面料拼接 | 《三宅一生与十二个黑姑娘》 |
| 菱格 | 解构主义 | 立体裁剪 | 《与三宅一生共飞翔》 |
| 条纹 | 自然主义 | 折纸工艺 | 《一块布 A-POC 系列》 |
| 大色块 | 自由飘逸 | 肌理材料 | 《塔式灯笼裙》 |

图 18　课堂习作：何莉娟

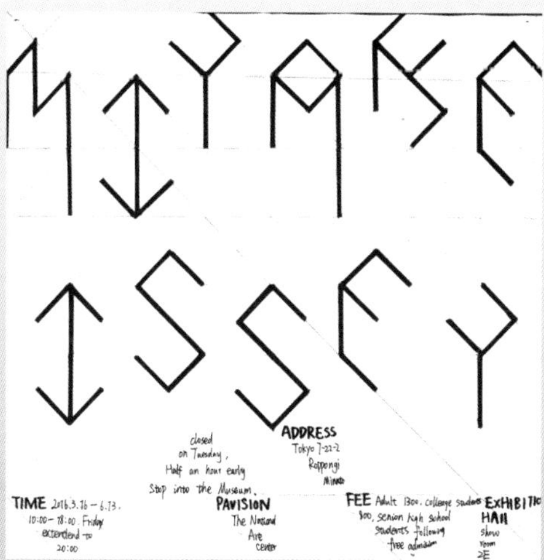

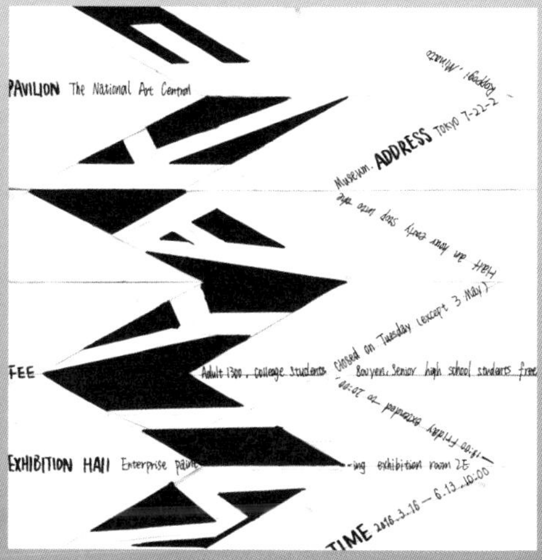

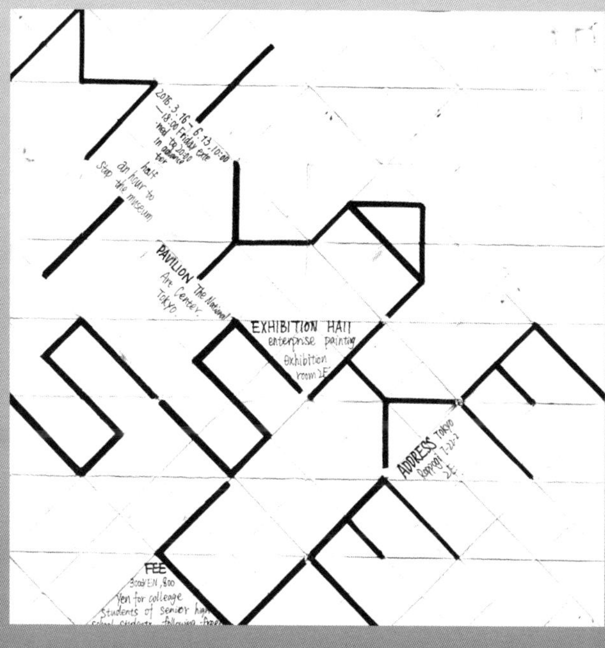

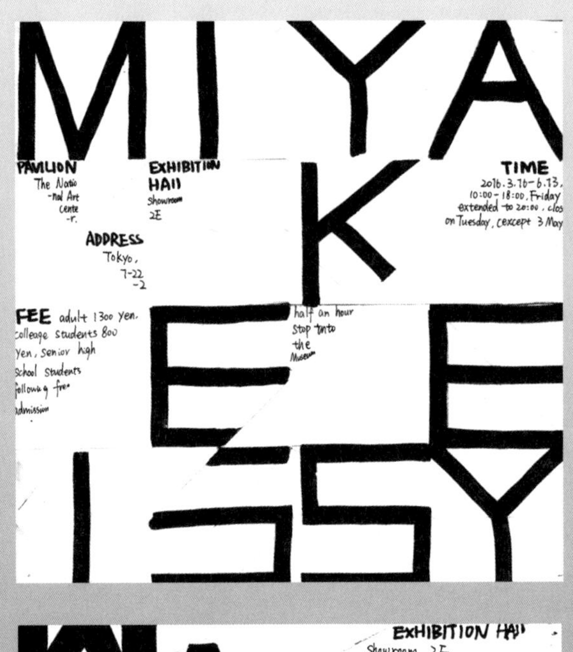

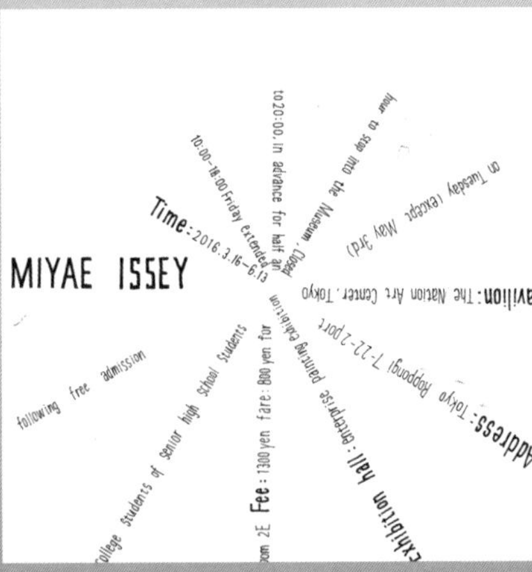
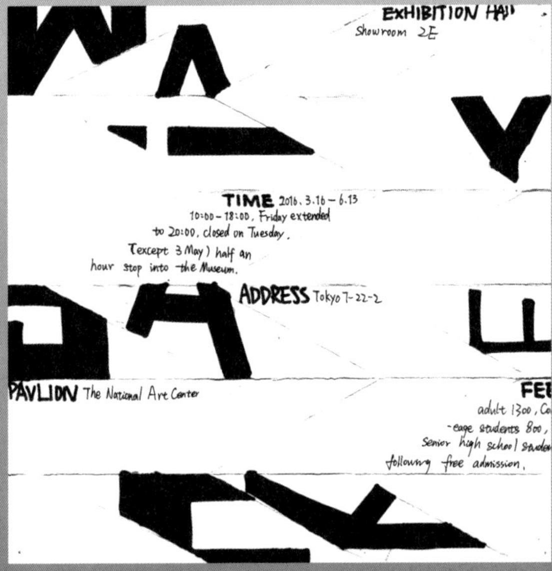
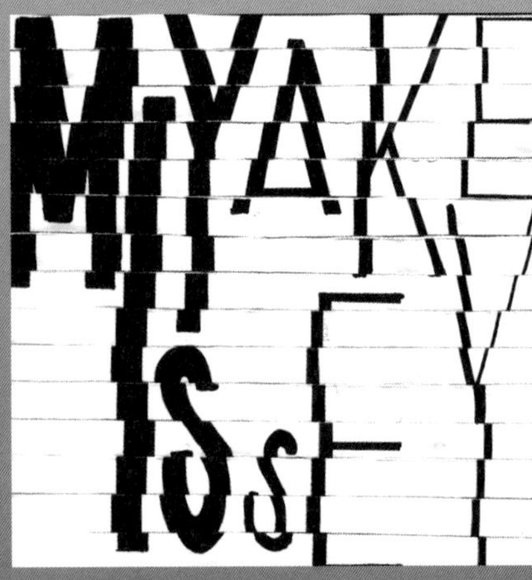

图 19　课堂习作：何莉娟

PAVILION
FEE
ay extended to 20:00
Roppongi 7-22-2 port

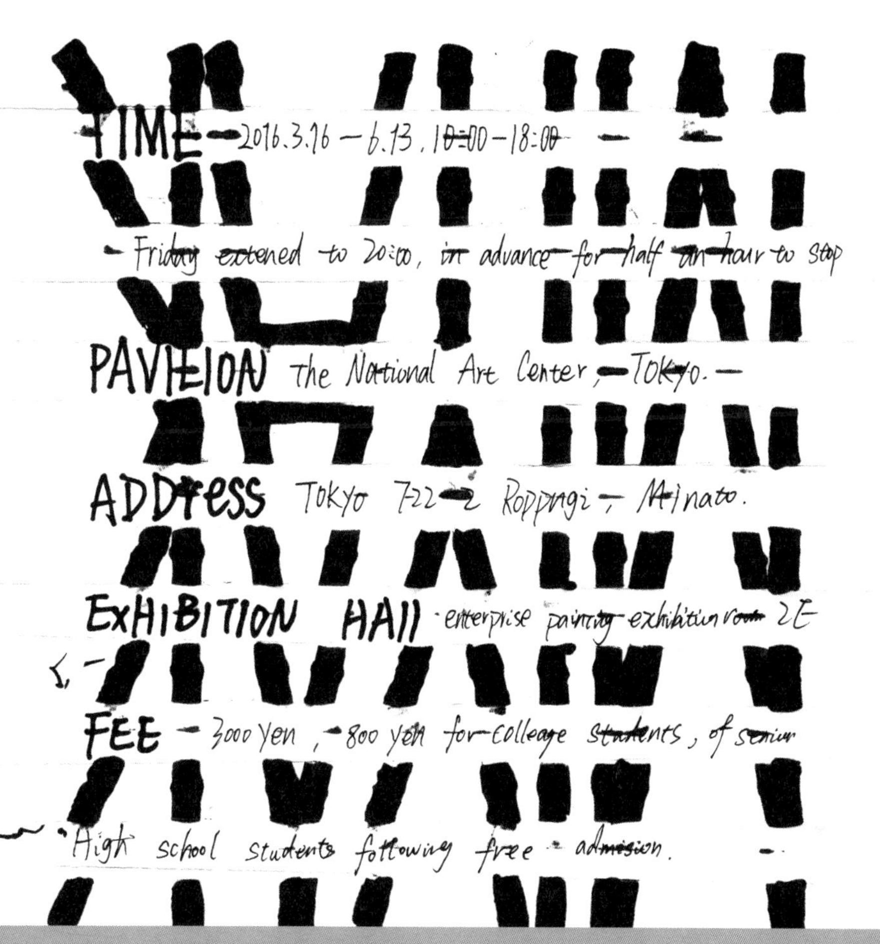
TIME 2016.3.16 — 6.13, 10:00—18:00
PAVILION The National Art Center, Tokyo.
ADDress Tokyo 7-22-2 Roppongi, Minato.
EXHIBITION HAll
FEE
High school students following free admision.

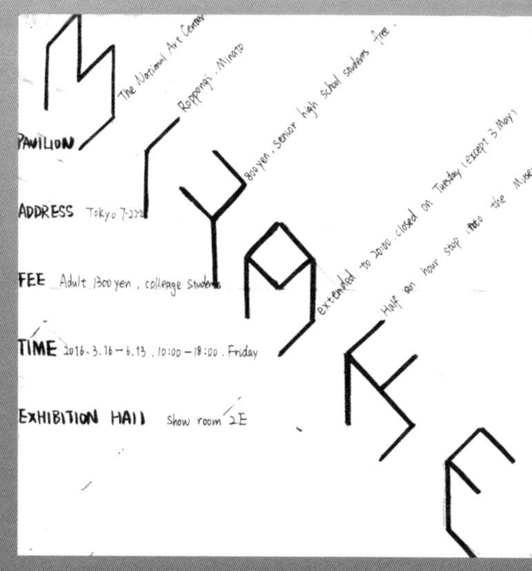
PAVILION
ADDRESS
FEE
TIME 2016.3.16—6.13, 10:00—18:00, Friday
EXHIBITION HAll Show room 2E

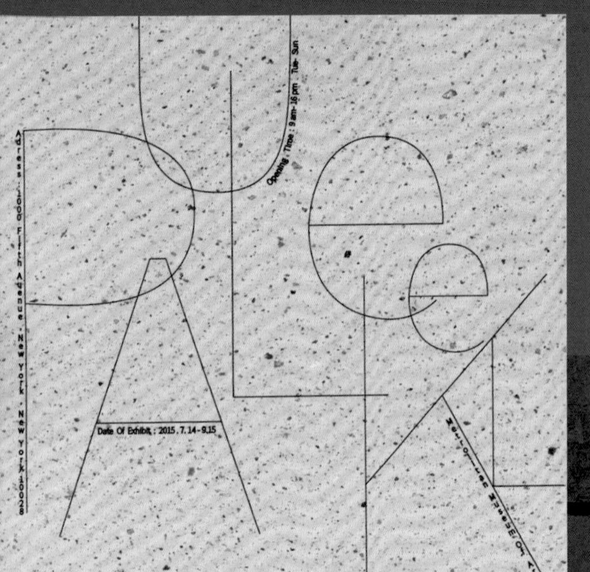
Adress : 1000 Fifth Avenue · New York · New York 10028
Opening Time : 9am-16 pm Tue-Sun
Date Of Exhibit : 2015. 7. 14 - 9.15

Adress : 1000 Fifth Avenue · New York · New York 10028
Opening Time : 9am-16 pm Tue-Sun
Date Of Exhibit : 2015. 7. 14 - 9.15

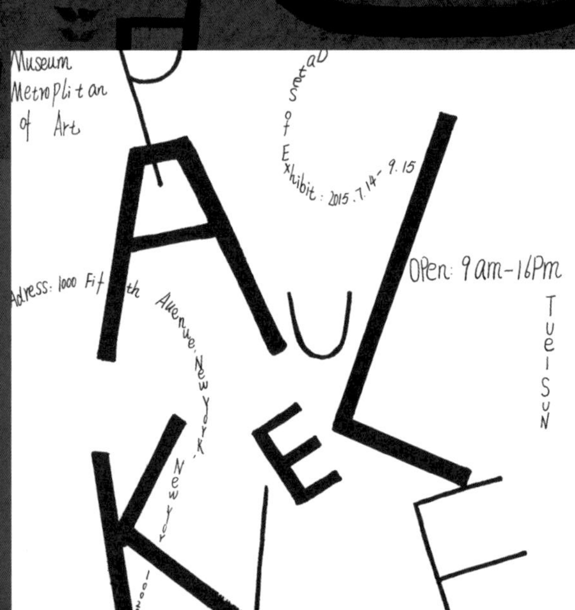
Museum
Metroplitan
of Art
OPen: 9am-16Pm
TUe-SUN

图 20 课堂习作: 谭文玮

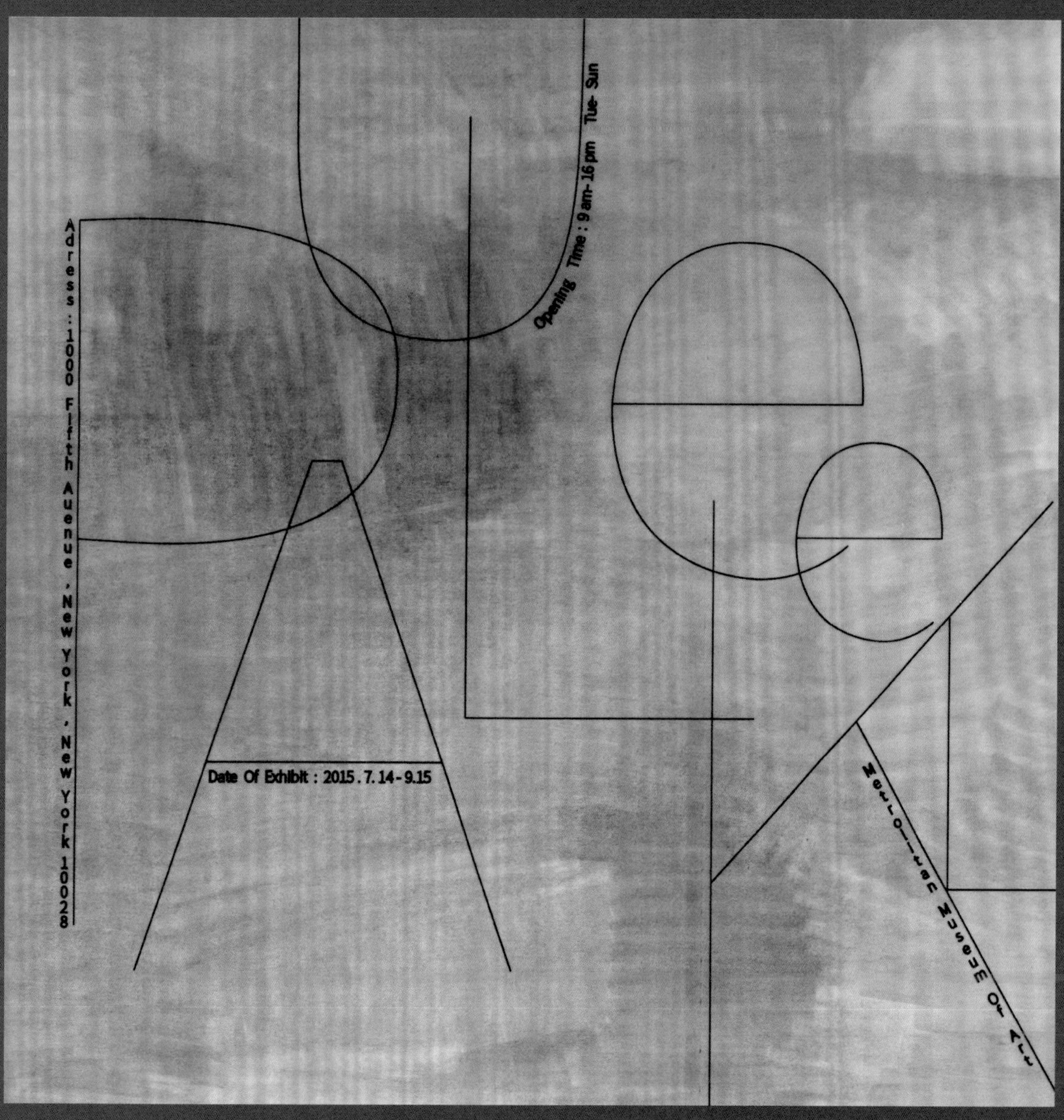


艺术家：保罗·克利
主题：保罗·克利艺术展

关键词

| 艺术来源 | 艺术风格 | 绘画媒介 | 代表作 |
| --- | --- | --- | --- |
| 现实与幻想 | 平面几何 | 油画 | 《亚热带风景》 |
| 听觉与视觉 | 色块分割 | 版画 | 《老人像》 |
| 具象与抽象 | 抽象艺术 | 水彩画 | 《唠叨的机器人》 |
|  | 印象表现 |  | 《破坏与希望》 |

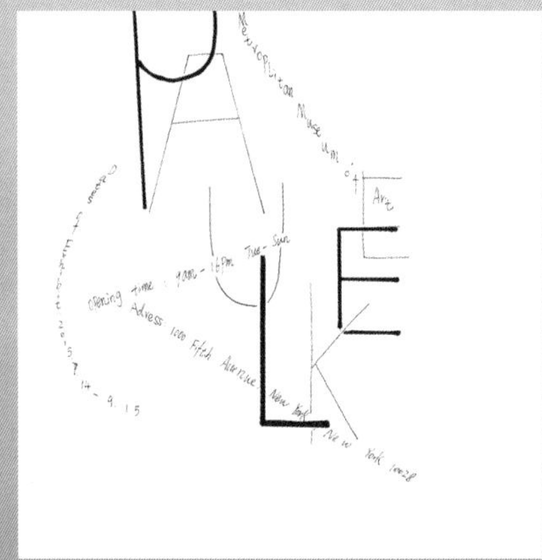

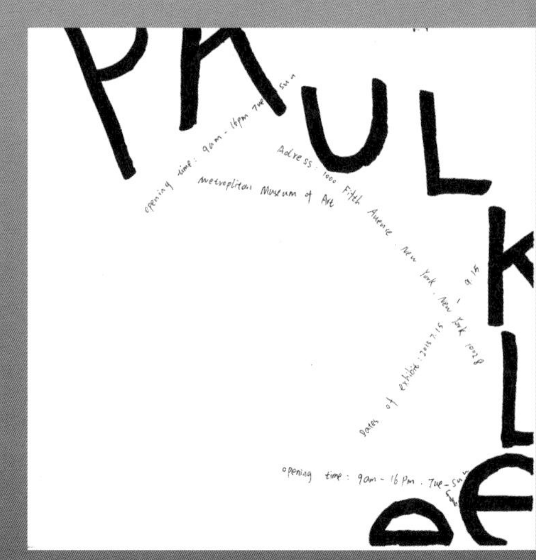

图 21　课堂习作：谭文玮

AUL
KLee

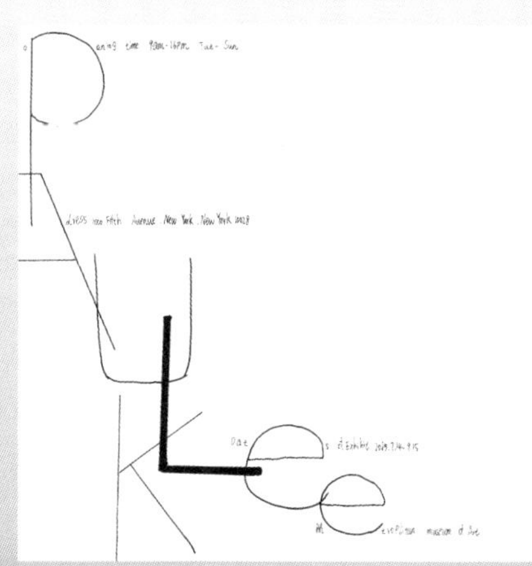

Paul KLee
Open time : 9am-16Pm
Tue-Sun
Paul Klee
MetroPLitan Museum of Art

Lee

Dates of Exhibit : 2015.7.14
opening
9am-16Pm Tue-Sun
Metroplitan
AULKL

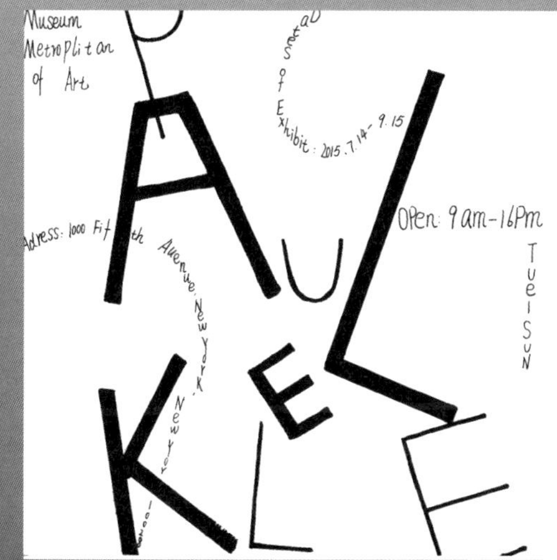
Museum
Metroplit an
of Art
Open: 9am-16Pm

Dates of Exhibit

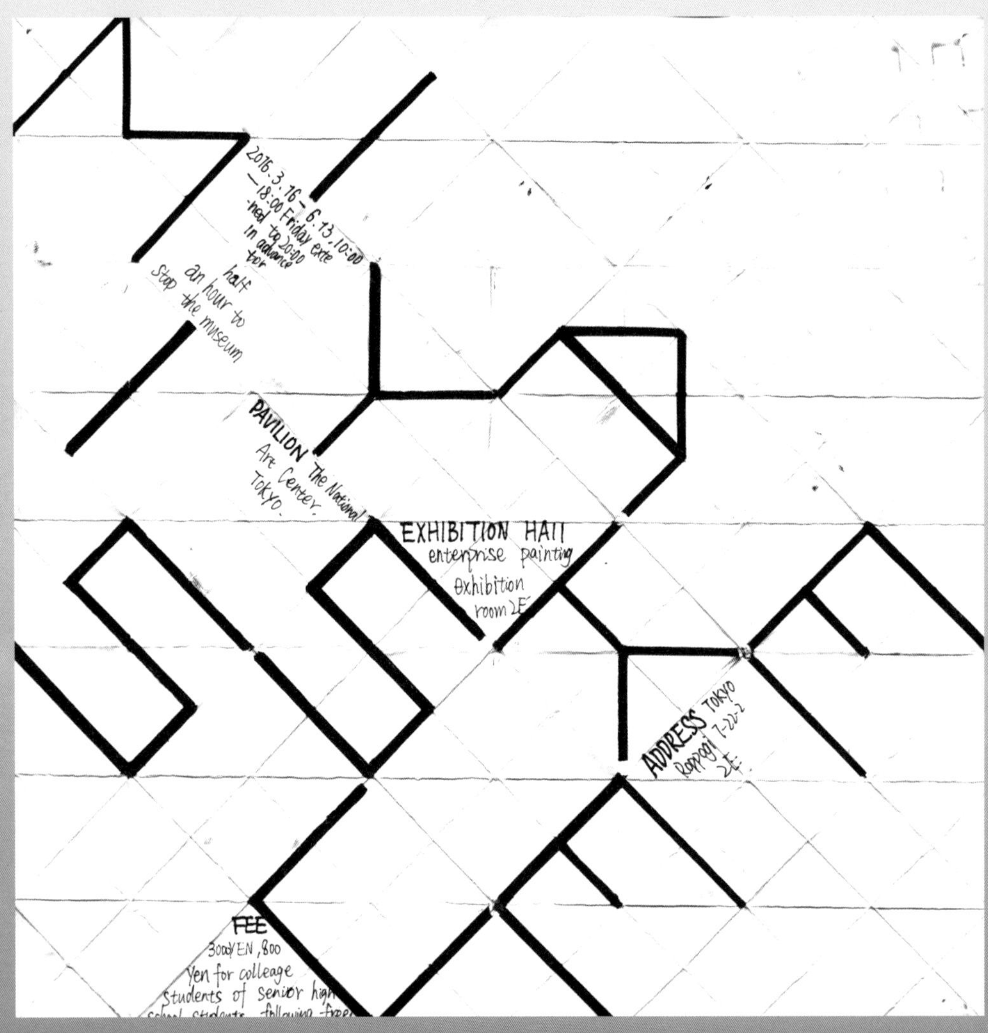


艺术家：戴尔·奇胡利
主题：奇胡利花园与玻璃

关键词

| 人物特征 | 艺术风格 | 灵感来源 | 代表作 |
|---|---|---|---|
| 单边眼罩 | 复杂 | 插画艺术 | 《宝石波兰斯组合》 |
| 独眼 | 瑰丽 | 海洋文化 | 《Seaforms 系列》 |
| 爆炸头 | 多彩 | 玻璃器皿 | 《Persians 系列》 |
| 宽鼻子 | 抽象 | 自然精神 | 《波斯之花》 |

图 22　课堂习作：何莉娟

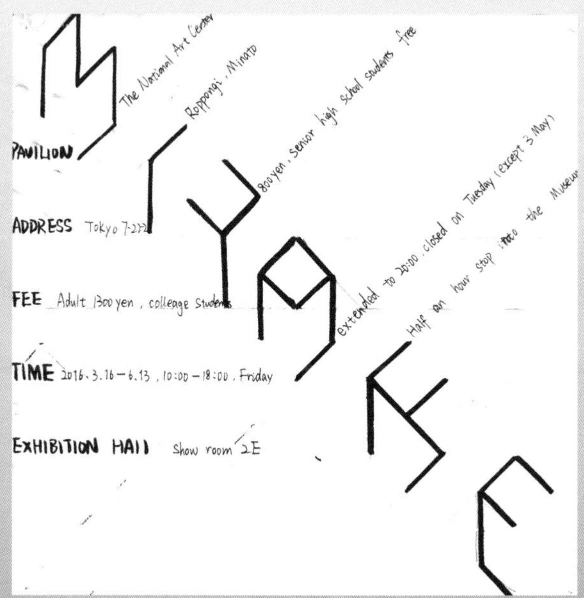
PAVILION
The National Art Center
Roppongi, Minato
800 yen, senior high school students free
ADDRESS Tokyo 7-22-2
extended to 20:00, closed on Tuesday (except 3 May)
FEE Adult 1300 yen, colleage Students
Half an hour stop into the Museum
TIME 2016.3.16—6.13, 10:00—18:00, Friday
EXHIBITION HAll show room 2E

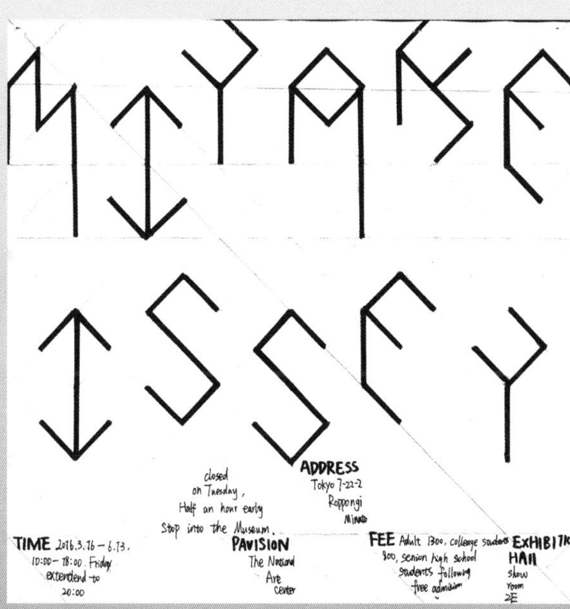
ADDRESS
Tokyo 7-22-2
Roppongi
Minato
closed
on Tuesday,
Half an hour early
Stop into the Museum.
TIME 2016.3.16—6.13.
10:00—18:00. Friday
extendend to
20:00
PAVISION
The National
Art
Center
FEE Adult 1300, colleage students
800, senior high school
students following
free admission
EXHIBITIO
HAll
show
room
2E

MIYAKE

EXHIBITION HALL
ADDRESS
PAVILION The National Art Center, Tokyo
FEE adult 1300 college students 800, senior high school students are free
show room 2E
Tokyo, 7-22-2,
TIME 2016.3.16 6.13, 10:00—18:00 Friday extended to 20:00, closed on Tuesday(except 3 May), half an hour stop into the museu
Roppongi, minato

EXHIBITION HALL
show room 2E

EXHIBITION HALL
show room
2E

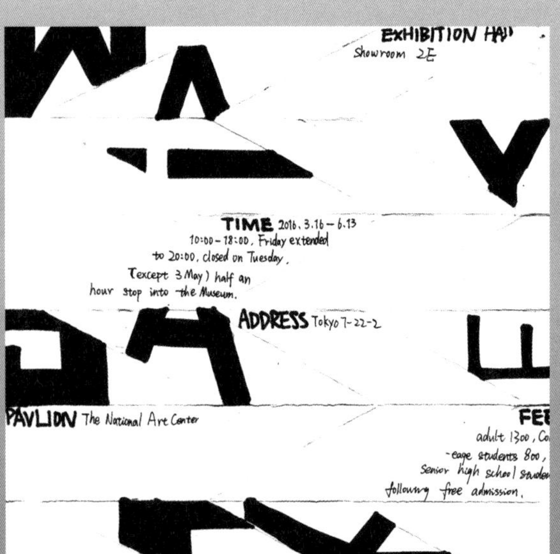
EXHIBITION HALL
Showroom 2E
TIME 2016.3.16—6.13
10:00—18:00. Friday extended
to 20:00. closed on Tuesday.
(except 3 May) half an
hour stop into the Museum.
ADDRESS Tokyo 7-22-2
PAVLION The National Art Center
FEE
adult 1300, Co
-eage students 800,
Senior high school studen
following free admission.

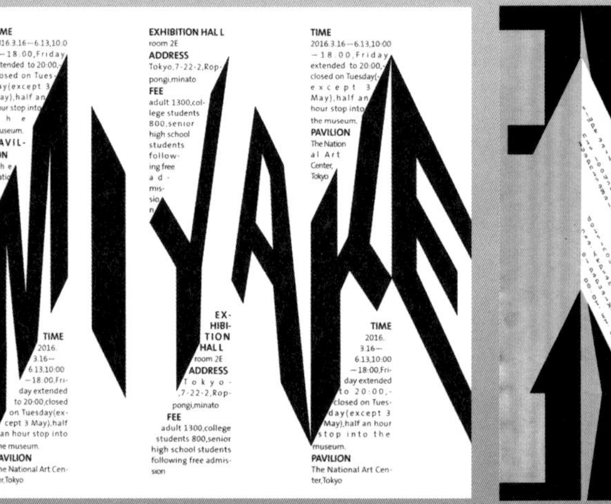
TIME
2016.3.16—6.13,10:00—18:00,Friday extended to 20:00,closed on Tuesday(except 3 May),half an hour stop into the museum.
PAVILION
EXHIBITION HALL
room 2E
ADDRESS
Tokyo,7-22-2,Roppongi,minato
FEE
adult 1300,college students 800,senior high school students following free admission
TIME
2016.3.16—6.13,10:00—18:00,Friday extended to 20:00,closed on Tuesday(except 3 May),half an hour stop into the museum.
PAVILION
The National Art Center,Tokyo
MIYAKE

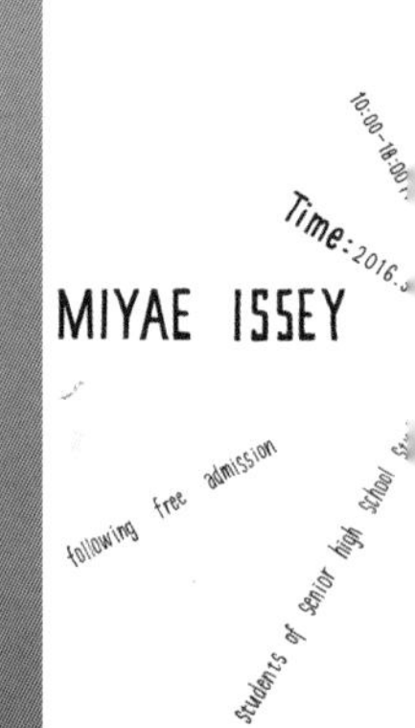
Time:2016.
10:00—18:00
MIYAE ISSEY
following free admission

图 23　课堂习作：何莉娟

TIME 2016.3.16
– 6.13, 10:00 – 18:00
Friday extended to
20:00, closed on Tue
(except 3 May) half an
hour stop into the Museum
ADDRESS Tokyo,
7-22-2
PAVILION
The National Are Center
Tokyo
EXHIBITION HA
Showroom 2E
FEE Adult 1300,
Colleage students 800,
senior high school stude
follow the free admision

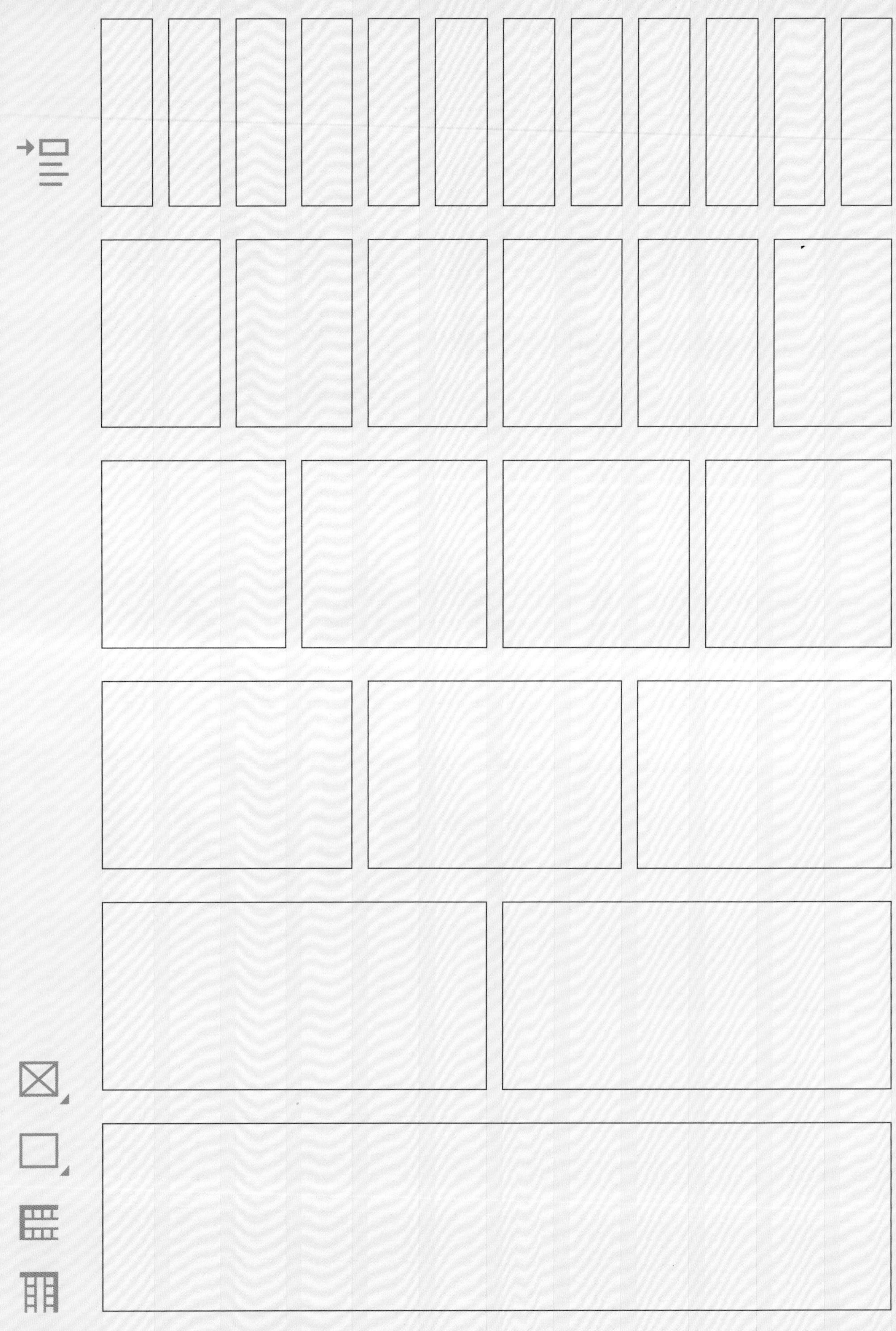

# 第三章　课程实训三
# ——网格系统的多元演绎

## 一、从“初阶”到“高阶”：以网格介入复杂文本版式设计为例

网格系统的设计方法被一个设计理念所支撑着，即从内容中寻找解决问题的答案。

不难发现，当版面中需要传达的信息容量较少的时候，学生较容易营造版面中的视觉重点和视觉层次，并利用形式美的法则去修正版面中各要素之间的关系。而当我们碰到大信息容量的版式设计，例如报刊、书籍内页、企业宣传册、展会活动刊物等内容的设计，就会让人手足无措，不知道该如何展开设计。我们便需要通过网格设计方法来帮助我们组织版面空间，让各视觉要素达到统一和谐。

首先，拿到设计命题的首要任务是正确理解设计目的，思考设计要求中的限制，设计受众是谁？设计作品会在什么地方、以怎样的方式得以展现？作品所要传递的信息是什么，通过怎样的方式传达这个信息？设计定位轮盘可以提供给学生一个初始的思路，进而根据主题的不同，鼓励学生设计自己的定位关键词，制作自己的定位轮盘。

其次，运用理性的思维去审视给定素材的类型、容量和特征。我们需要进一步地对已有的资料和素材进行整理，仔细区分文本中标题、副标题、正文、图注、注释等不同类型的信息。之后，我们需要将分析后的文本内容做信息等级排序。哪些内容是需要重点表现的？重点内容是以图像还是文字的形式呈现？这一阶段可以尝试通过不同的草图进行视觉“输出”。草图阶段尽量不要思考太多细节，可以利用形式美法则的一些规律来帮助组织版面中的构图。在这个构思阶段需要思考如何对于最想传达的信息或视觉要素进行突出强调的处理，增加画面的变化和视觉层次。整个草图绘制的过程也是发散性地寻找各种视觉组合的最佳解决方案的心路历程。

然后，我们就可以开始规划开本、版心，以及设定网格系统。这个环节的关键，是建立一种能够兼顾两种极端的尺度关系的比例系统。这两种极端尺度，一个是版面的大小，另一个是正文的字号大小，版面的整体大小可以是正文字号的倍数。行间距由此产生，进而发展出一套布满整个版面的基线网格，版面纵向的视觉节奏因此而建立起来。在此基础之上，我们可以进一步地设定文本的栏宽和图像比例。当然，这个网格系统生成的过程并不是一蹴而就的，它需要经历反复的测算和调整，同时还需要思考如何调整文本、图像等空间关系来视觉化构建有意义的叙事文本。

之后，还要进行细节的优化，例如字体、字号、行距、图形的质感，轮廓的精准程度，图像色彩的优化和处理等。为确保深化设计的顺利进行，在某个无法确定的视觉细节上，可以以原比例大小输出进行比较或观察，用自己的眼睛来判断平面作品的质量。

书籍内页版式设计过程讲解

最后，我们还需要运用一定的视觉呈现方式来展现作品在真实场景中的应用效果。这样做的目的是让版式设计作品更为真实、直观。

## 二、实训环节与知识要点

### 1. 实训要求

从两篇关于网格设计理论的中英文稿中选择其一进行书籍内页版式设计。一篇选自《版面设计网格构成》（*The Typographic Grid*）；另一篇选自《塑造和突破网格》一书。

两篇文稿的字数和文本结构相近（中文约 1 万字，英文约 1.5 万字），还配有少量的图片。要求以此文稿内容为基础，进行版式再设计。正文内容不可删减，配图数量可适当增加，或对图像素材进行合理的艺术处理。

步骤如下：

▶ **寻找设计思路**

分析文稿；

规划层级；

手绘草图；

加工素材。

▶ **建构网格系统**

选择字体、字号、行距；

调节各等级文字比率；

设定合适的网格。

▶ **运用网格系统**

组织版面信息域；

“超越”网格，创造节奏。

### ⟶ STEP 1 分析文稿

在设计之初，先对排版文章的内容做梳理，根据内容寻找设计思路。阅读时同时可对文本做出批注，再按照自己的理解，提炼出文章线索甚至重新组织文章结构。

排版文章选自《版面设计网格构成》（*The Typographic Grid*）[1] 一书前言。通读文章后，作者将文稿进行重新编辑处理。文稿被细分为 6 个小主题，以“美的比例”“纸张的尺寸”“书的形式”“他们说……他们说……”“平衡与作者说”为小标题。（图 1）

1：汉斯·鲁道夫·波斯哈德著，原版由瑞士 Niggli 出版社编著，中文版由中国青年出版社于 2005 年 2 月 1 日出版。该书概括性地讲述了排版设计史上标志性的事件及人物，作者通过分析 24 件书籍、海报、展览图录等经典设计作品，系统地阐述了网格系统的原理和用途。

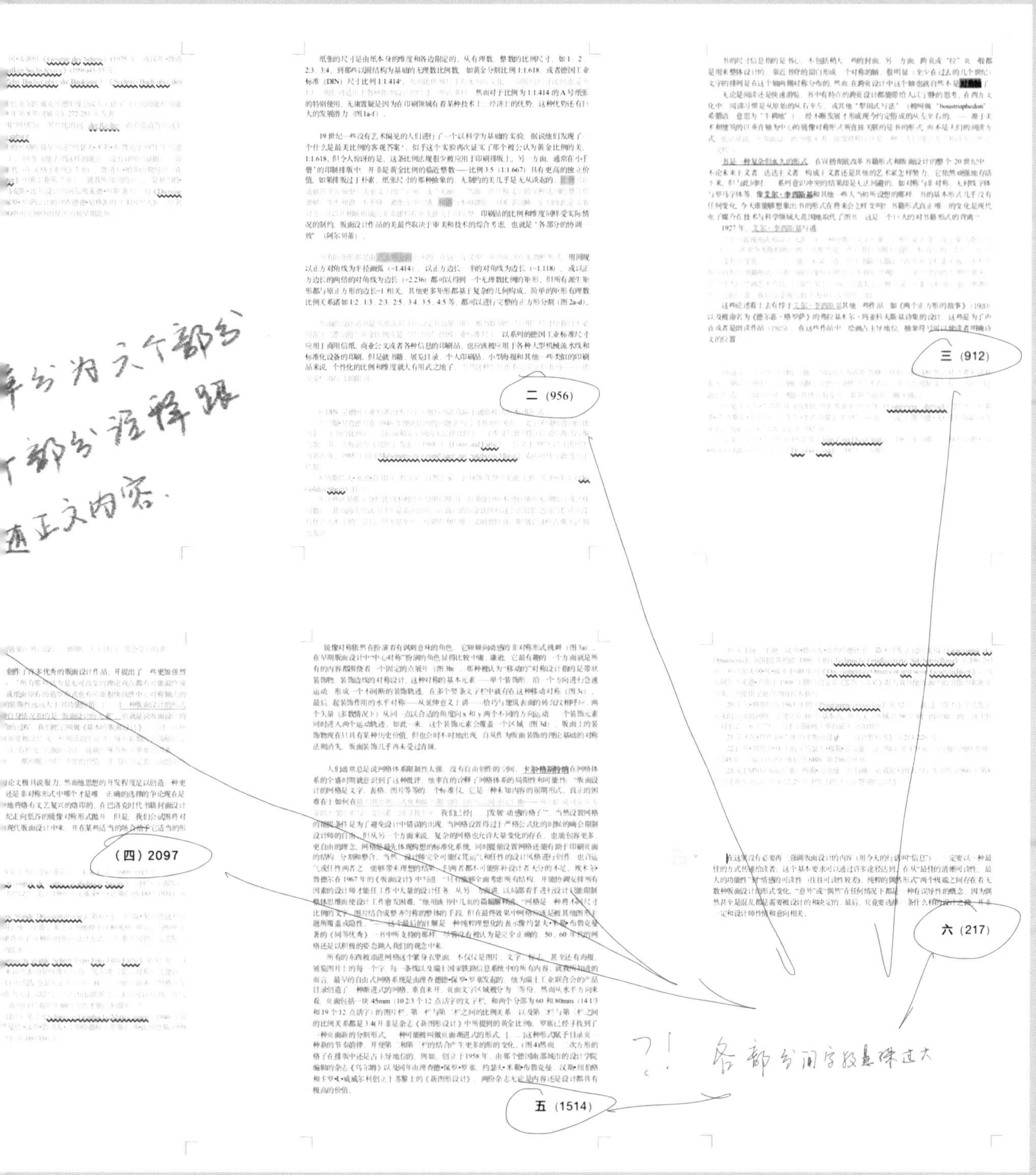

…分为六个部分

…个部分…

…正文内容.

二（956）

三（912）

（四）2097

五（1514）

六（217）

?! 各部分间字数悬殊过大

图1

## ⟶ STEP 2 规划层级

这一环节是对信息层级进行重新调整。例如将文章细分成多个层级，或提炼一些关键词句，以便帮助阅读者理解和记忆内容。（图 2）

原文信息层级

级标题

正文

页面导航工具（页码、页眉）

图注

注释

插图

图

编辑后信息层级

一级标题

二级标题

三级标题

引言

正文

页面导航工具（页码）

图注

注释

插图

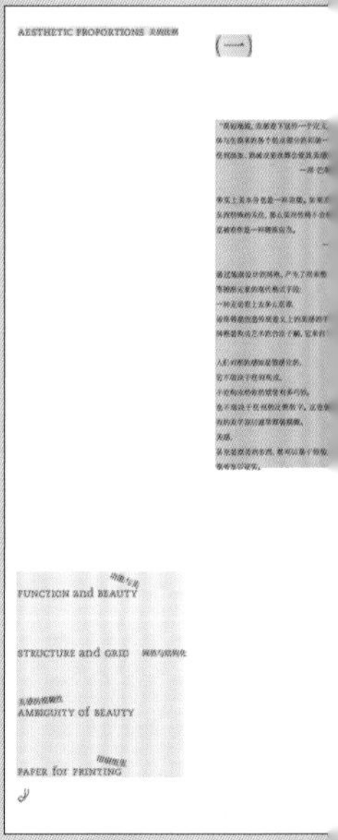

AESTHETIC PROPORTIONS

（一）

FUNCTION and BEAUTY

STRUCTURE and GRID

AMBIGUITY of BEAUTY

PAPER for PRINTING

图 2

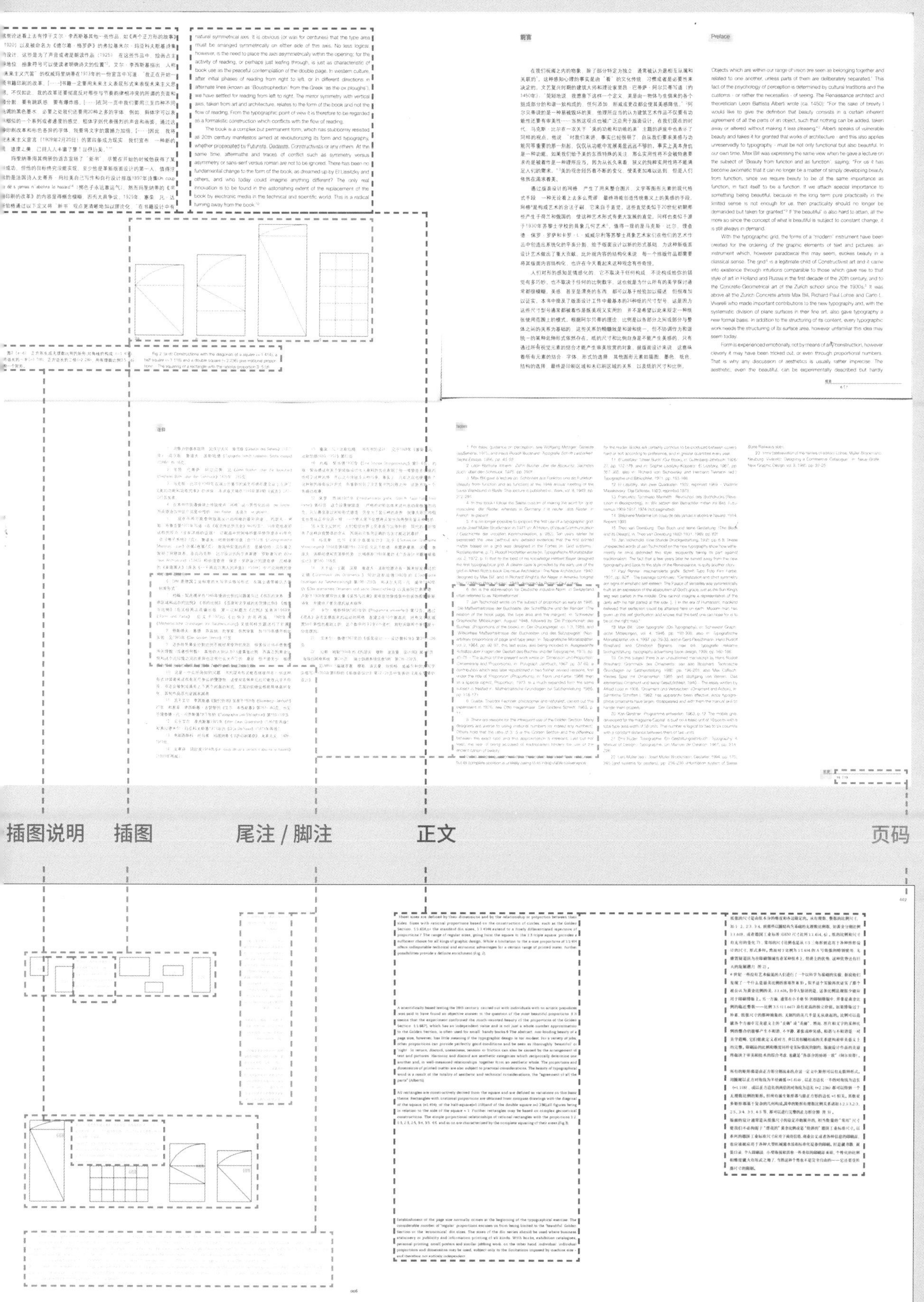
插图说明
插图
尾注 / 脚注
正文
页码

## → STEP 3 手绘草图

在草图阶段，我们需要考虑整体实施与成品效果。从开本大小、装订、排版布局到排版细化，反复进行修改与调整。采用发散性的思维思考有助于探索各种文本视觉化的可能性，并将这些抽象的思考以图形的方式绘制出来。（图 3）

## → STEP 4 加工素材

这一步骤取决于前面对文章的分析与对整体构想的编排，根据排版需求选择相应的素材内容。同时，对素材统一加工处理也有利于书籍整体风格的统一。

这个案例，除了原文中已有的图片之外，还增加了一些文中提及的关键人物和作品照片。其中人物照片统一进行黑白单色处理，而作品照片则采用全彩色。（图 4）

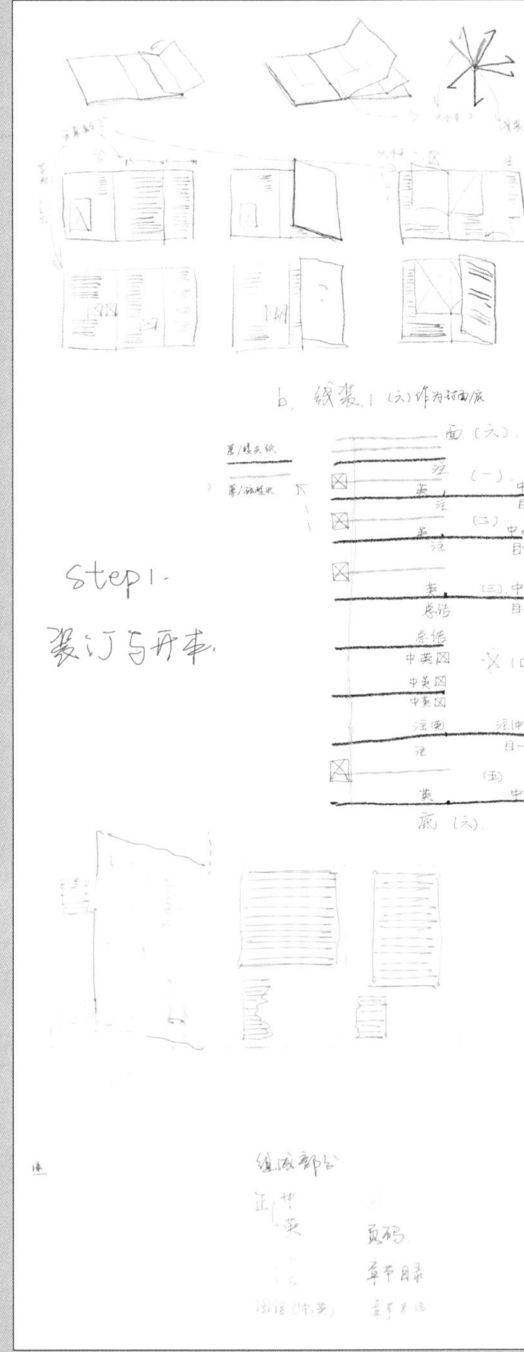

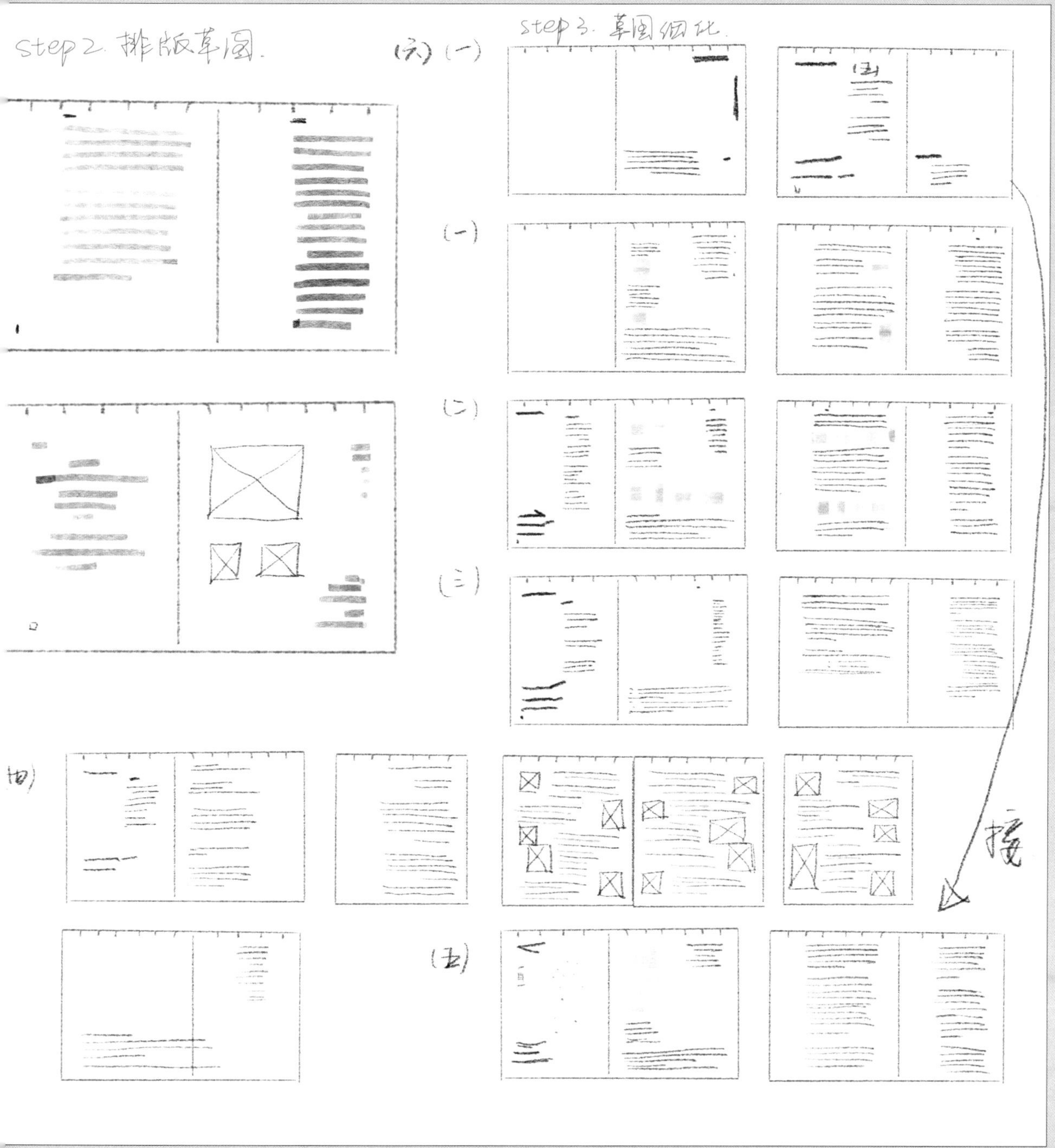

step2. 排版草图.

step3. 草图细化.

图 3

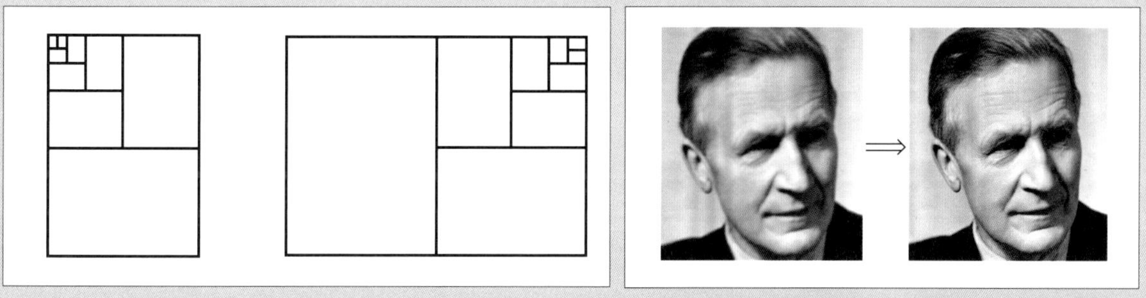

重新绘制图例矢量文件

处理图片色调与清晰度

图 4

## STEP 5 选择字体、字号、行距

字体、字号、行距的选择对网格的建立有很大影响，这是建构网格系统的重要环节。

在这个案例中，文章正文是版面的主体内容，在版面中占据大面积的空间，因此，我们需要首先确定合适的正文字体、字号及行距：通过比较，首先确定中文正文字体为宋体；（图 5）接着，对多种宋体字进行段落排版测试；（图 6）之后，再陆续进行字号和行距，以及英文字体的对比测试。（图 7—图 9）

文艺复兴时期的建筑大师和理论家里昂·巴蒂萨·阿尔贝蒂写道（约 1450 年）："简短地说，我愿意下这样一个定义，美是由一物体与生俱来的各个组成部分的和谐一致构成的，任何添加、消减或更改都会使其美感降低。"[2] 阿尔贝蒂说的是一种易被毁坏的美，他理所当然地认为建筑艺术作品不仅要有功能性还要有审美性——当然这观点也被广泛应用于版面设计。在我们现在的时代，马克斯·比尔在一次关于"美的功能和功能的美"主题的讲座中也表示了同样的观点。

汉仪玄宋

文艺复兴时期的建筑大师和理论家里昂·巴蒂萨·阿尔贝蒂写道（约 1450 年）："简短地说，我愿意下这样一个定义，美是由一物体与生俱来的各个组成部分的和谐一致构成的，任何添加、消减或更改都会使其美感降低。"[2] 阿尔贝蒂说的是一种易被毁坏的美，他理所当然地认为建筑艺术作品不仅要有功能性还要有审美性——当然这观点也被广泛应用于版面设计。在我们现在的时代，马克斯·比尔在一次关于"美的功能和功能的美"主题的讲座中也表示了同样的观点。

思源黑体

图 5

在**正文字体**风格选择时，依照设计思路所构想的简洁、朴素风格，同时考虑兼顾专业学术文章类型，设计者选择了宋体字作为文章的正文字体。

文艺复兴时期的建筑大师和理论家里昂·巴蒂萨·阿尔贝蒂写道（约 1450 年）："简短地说，我愿意下这样一个定义，美是由一物体与生俱来的各个组成部分的和谐一致构成的，任何添加、消减或更改都会使其美感降低。"[2] 阿尔贝蒂说的是一种易被毁坏的美，他理所当然地认为建筑艺术作品不仅要有功能性还要有审美性——当然这观点也被广泛应用于版面设计。在我们现在的时代，马克斯·比尔在一次关于"美的功能和功能的美"主题的讲座中也表示了同样的观点。他说："对我们来讲，事实已经很明了，自从我们要求美感与功能同等重要的那一刻起，仅仅从功能中发展美是远远不够的。事实上美本身也是一种功能。如果我们给予美的东西特殊的关注，那么实用性将不会被特意要求而是被看作是一种理所应当。因为从长久看来，狭义的纯粹实用性将不能满足人们的需求。"[3] 美的观念经历着不断的变化，使美更加难以达到，但是人们依然在渴求着美。

汉仪玄宋 45S

文艺复兴时期的建筑大师和理论家里昂巴蒂萨·阿尔贝蒂写道（约 1450 年）："简短地说，我愿意下这样一个定义，美是由一物体与生俱来的各个组成部分的和谐一致构成的，任何添加、消减或更改都会使其美感降低。"[2] 阿尔贝蒂说的是一种易被毁坏的美，他理所当然地认为建筑艺术作品不仅要有功能性还要有审美性——当然这观点也被广泛应用于版面设计。在我们现在的时代，马克斯比尔在一次关于"美的功能和功能的美"主题的讲座中也表示了同样的观点。他说："对我们来讲，事实已经很明了，自从我们要求美感与功能同等重要的那一刻起，仅仅从功能中发展美是远远不够的。事实上美本身也是一种功能。如果我们给予美的东西特殊的关注，那么实用性将不会被特意要求而是被看作是一种理所应当。因为从长久看来，狭义的纯粹实用性将不能满足人们的需求。"[3] 美的观念经历着不断的变化，使美更加难以达到，但是人们依然在渴求着美。

思源宋体 Regular

文艺复兴时期的建筑大师和理论家里昂·巴蒂萨·阿尔贝蒂写道（约 1450 年）："简短地说，我愿意下这样一个定义，美是由一物体与生俱来的各个组成部分的和谐一致构成的任何添加、消减或更改都会使其美感降低。"[2] 阿尔贝蒂说的是一种易被毁坏的美，他理所当然地认为建筑艺术作品不仅要有功能性还要有审美性——当然这观点也被广泛应用于版面设计。在我们现在的时代，马克斯·比尔在一次关于"美的功能和功能的美"主题的讲座中也表示了同样的观点。他说："对我们来讲，事实已经很明了，自从我们要求美感与功能同等重要的那一刻起，仅仅从功能中发展美是远远不够的。事实上美本身也是一种功能。如果我们给予美的东西特殊的关注，那么实用性将不会被特意要求而是被看作是一种理所应当。因为从长久看来，狭义的纯粹实用性将不能满足人们的需求。"[3] 美的观念经历着不断的变化，使美更加难以达到，但是人们依然在渴求着美。

汉仪中宋简 Regular

图 6

在多种宋体中比较文本的可读性与风格，以汉仪玄宋、思源黑体、汉仪中宋三种字体为例：

**字面率**：由于字面差异，三种字体字面率有较大差距，思源宋体平均字面率最大，汉仪玄宋次之，汉仪中宋字面率最小。相同行距下思源宋体视觉效果更加拥挤，而汉仪中宋更加宽松。

**笔画与风格**：思源宋体弱化衬线，笔画粗细对比度小，简洁明了；汉仪玄宋衬线圆润，笔画粗细对比度较小，字面偏瘦长，文章字距视觉效果较宽松，阅读时具有透气感；汉仪中宋衬线类似刻本，笔画粗细对比度大，书写性较强。

比较后选择字面率适中、字面修长、气质优雅的汉仪玄宋作为本文中文的字体。

文艺复兴时期的建筑大师和理论家里昂·巴蒂萨·阿尔贝蒂写道(约1450年):“简短地说，我愿意下这样一个定义，美是由一物体与生俱来的各个组成部分的和谐一致构成的，任何添加、消减或更改都会使其美感降低。”[2] 阿尔贝蒂说的是一种易被毁坏的美，他理所当然地认为建筑艺术作品不仅要有功能性还要有审美性——当然这观点也被广泛应用于版面设计。在我们现在的时代，马克斯·比尔在一次关于“美的功能和功能的美”主题的讲座中也表示了同样的观点。

汉仪玄宋 45S 7.5点 行距11点

文艺复兴时期的建筑大师和理论家里昂·巴蒂萨·阿尔贝蒂写道(约1450年):“简短地说，我愿意下这样一个定义，美是由一物体与生俱来的各个组成部分的和谐一致构成的，任何添加、消减或更改都会使其美感降低。”[2] 阿尔贝蒂说的是一种易被毁坏的美，他理所当然地认为建筑艺术作品不仅要有功能性还要有审美性——当然这观点也被广泛应用于版面设计。在我们现在的时代，马克斯·比尔在一次关于“美的功能和功能的美”主题的讲座中也表示了同样的观点。

汉仪玄宋 45S 7.5点 行距12点

文艺复兴时期的建筑大师和理论家里昂·巴蒂萨·阿尔贝蒂写道(约1450年):“简短地说，我愿意下这样一个定义，美是由一物体与生俱来的各个组成部分的和谐一致构成的，任何添加、消减或更改都会使其美感降低。”[2] 阿尔贝蒂说的是一种易被毁坏的美，他理所当然地认为建筑艺术作品不仅要有功能性还要有审美性——当然这观点也被广泛应用于版面设计。在我们现在的时代，马克斯·比尔在一次关于“美的功能和功能的美”主题的讲座中也表示了同样的观点。

汉仪玄宋 45S 7.5点 行距13点

文艺复兴时期的建筑大师和理论家里昂·巴蒂萨·阿尔贝蒂写道(约1450年):“简短地说，我愿意下这样一个定义，美是由一物体与生俱来的各个组成部分的和谐一致构成的，任何添加、消减或更改都会使其美感降低。”[2] 阿尔贝蒂说的是一种易被毁坏的美，他理所当然地认为建筑艺术作品不仅要有功能性还要有审美性——当然这观点也被广泛应用于版面设计。在我们现在的时代，马克斯·比尔在一次关于“美的功能和功能的美”主题的讲座中也表示了同样的观点。

汉仪玄宋 45S 7.5点 行距14点

文艺复兴时期的建筑大师和理论家里昂·巴蒂萨·阿尔贝蒂写道(约1450年):“简短地说，我愿意下这样一个定义，美是由一物体与生俱来的各个组成部分的和谐一致构成的，任何添加、消减或更改都会使其美感降低。”[2] 阿尔贝蒂说的是一种易被毁坏的美，他理所当然地认为建筑艺术作品不仅要有功能性还要有审美性——当然这观点也被广泛应用于版面设计。在我们现在的时代，马克斯·比尔在一次关于“美的功能和功能的美”主题的讲座中也表示了同样的观点。

汉仪玄宋 45S 7.5点 行距15点

文艺复兴时期的建筑大师和理论家里昂·巴蒂萨·阿尔贝蒂写道(约1450年):“简短地说，我愿意下这样一个定义，美是由一物体与生俱来的各个组成部分的和谐一致构成的，任何添加、消减或更改都会使其美感降低。”[2] 阿尔贝蒂说的是一种易被毁坏的美，他理所当然地认为建筑艺术作品不仅要有功能性还要有审美性——当然这观点也被广泛应用于版面设计。在我们现在的时代，马克斯·比尔在一次关于“美的功能和功能的美”主题的讲座中也表示了同样的观点。

汉仪玄宋 45S 7.5点 行距16点

图7

**行距测试**可以结合字号测试同时进行。例如，先选择一个字号，然后对同一内容的文本段落分别设定不同行距，打印在纸张上进行对比分析。如(图7)，当行距为11、12pt时过窄，文本紧凑，而6pt时文本太松散。于是设计者将行距初步设定在13—16pt范围，通过打印进行更加细致的对比。

Objects which are with our range of vision are seen as belong together and related to one another, unless parts of them are deliberately separated. This face of the psychology of perception is determined by cultural traditions and the customs-or rather the necessities-of seeing.

Caecilia Com 55

Objects which are with our range of vision are seen as belong together and related to one another, unless parts of them are deliberately separated. This face of the psychology of perception is determined by cultural traditions and the customs-or rather the necessities-of seeing.

Helvetica Regular

图 8

与中文相匹配，英文字体选用了衬线体字体 Caecilia Com，该字体笔画粗细对比较弱，风格简洁 。

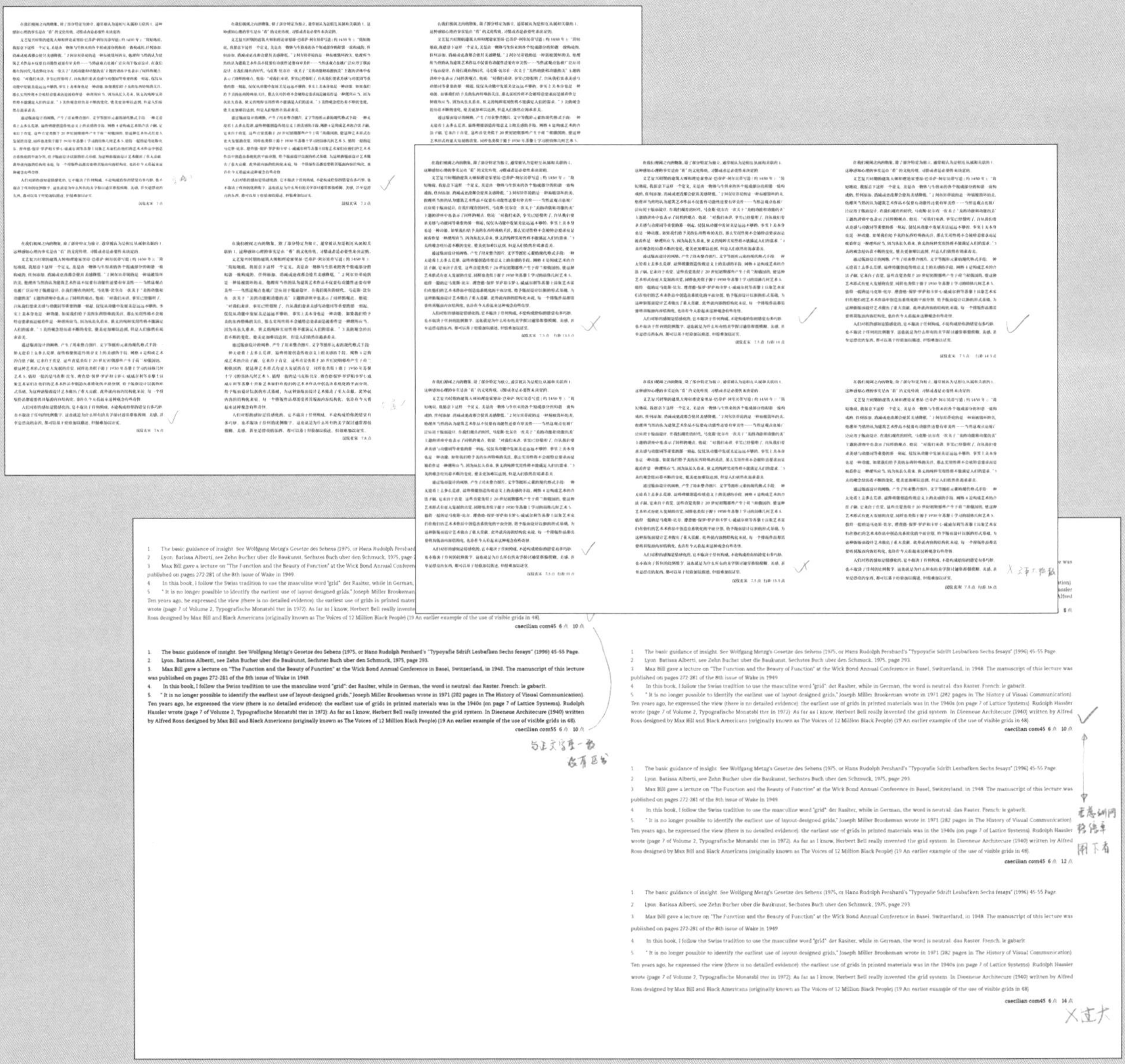

分别对中文正文字号、行距，英文正文行距，中文注释字号、行距，以及英文注释字重、行距进行调试和对比。

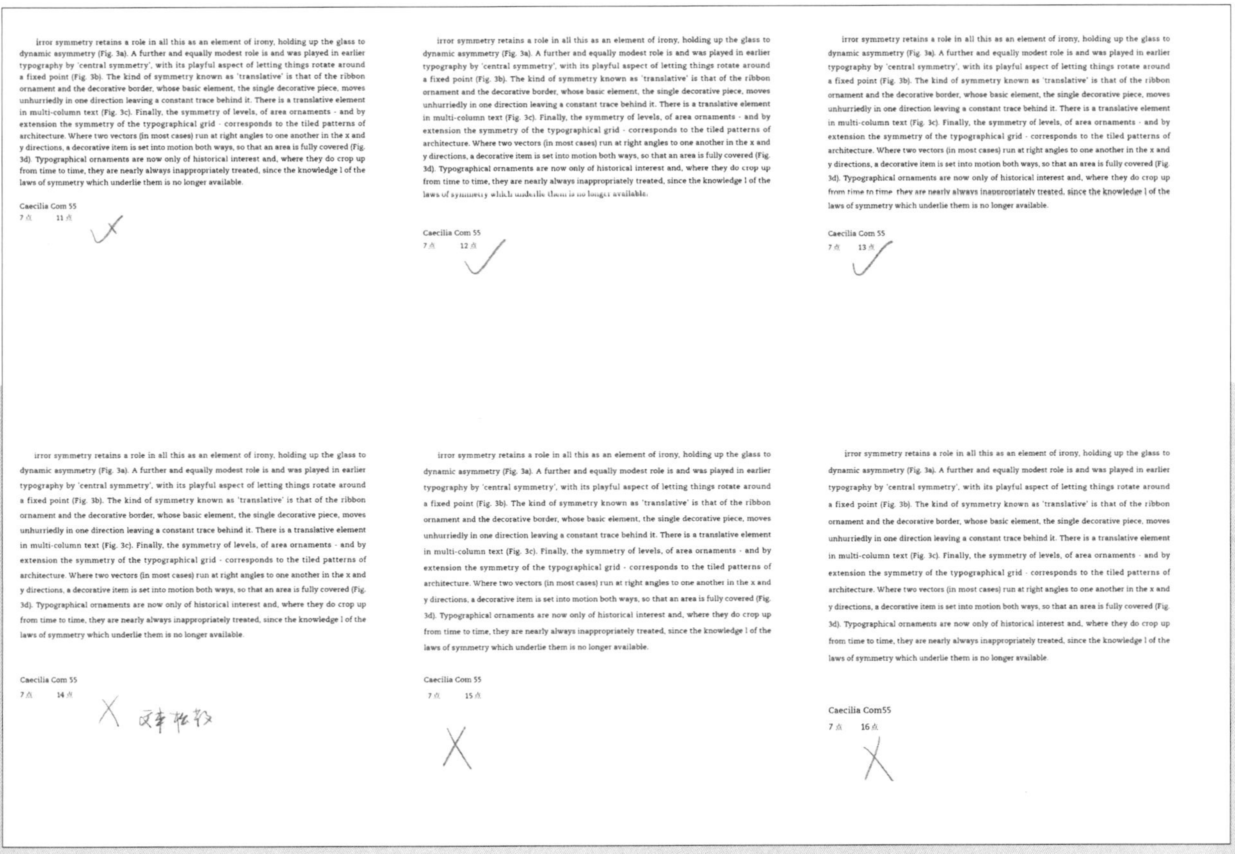

irror symmetry retains a role in all this as an element of irony, holding up the glass to dynamic asymmetry (Fig. 3a). A further and equally modest role is and was played in earlier typography by 'central symmetry', with its playful aspect of letting things rotate around a fixed point (Fig. 3b). The kind of symmetry known as 'translative' is that of the ribbon ornament and the decorative border, whose basic element, the single decorative piece, moves unhurriedly in one direction leaving a constant trace behind it. There is a translative element in multi-column text (Fig. 3c). Finally, the symmetry of levels, of area ornaments - and by extension the symmetry of the typographical grid - corresponds to the tiled patterns of architecture. Where two vectors (in most cases) run at right angles to one another in the x and y directions, a decorative item is set into motion both ways, so that an area is fully covered (Fig. 3d). Typographical ornaments are now only of historical interest and, where they do crop up from time to time, they are nearly always inappropriately treated, since the knowledge l of the laws of symmetry which underlie them is no longer available.

Caecilia Com 55
7 点 11 点

irror symmetry retains a role in all this as an element of irony, holding up the glass to dynamic asymmetry (Fig. 3a). A further and equally modest role is and was played in earlier typography by 'central symmetry', with its playful aspect of letting things rotate around a fixed point (Fig. 3b). The kind of symmetry known as 'translative' is that of the ribbon ornament and the decorative border, whose basic element, the single decorative piece, moves unhurriedly in one direction leaving a constant trace behind it. There is a translative element in multi-column text (Fig. 3c). Finally, the symmetry of levels, of area ornaments - and by extension the symmetry of the typographical grid - corresponds to the tiled patterns of architecture. Where two vectors (in most cases) run at right angles to one another in the x and y directions, a decorative item is set into motion both ways, so that an area is fully covered (Fig. 3d). Typographical ornaments are now only of historical interest and, where they do crop up from time to time, they are nearly always inappropriately treated, since the knowledge l of the laws of symmetry which underlie them is no longer available.

Caecilia Com 55
7 点 12 点

irror symmetry retains a role in all this as an element of irony, holding up the glass to dynamic asymmetry (Fig. 3a). A further and equally modest role is and was played in earlier typography by 'central symmetry', with its playful aspect of letting things rotate around a fixed point (Fig. 3b). The kind of symmetry known as 'translative' is that of the ribbon ornament and the decorative border, whose basic element, the single decorative piece, moves unhurriedly in one direction leaving a constant trace behind it. There is a translative element in multi-column text (Fig. 3c). Finally, the symmetry of levels, of area ornaments - and by extension the symmetry of the typographical grid - corresponds to the tiled patterns of architecture. Where two vectors (in most cases) run at right angles to one another in the x and y directions, a decorative item is set into motion both ways, so that an area is fully covered (Fig. 3d). Typographical ornaments are now only of historical interest and, where they do crop up from time to time, they are nearly always inappropriately treated, since the knowledge l of the laws of symmetry which underlie them is no longer available.

Caecilia Com 55
7 点 13 点

irror symmetry retains a role in all this as an element of irony, holding up the glass to dynamic asymmetry (Fig. 3a). A further and equally modest role is and was played in earlier typography by 'central symmetry', with its playful aspect of letting things rotate around a fixed point (Fig. 3b). The kind of symmetry known as 'translative' is that of the ribbon ornament and the decorative border, whose basic element, the single decorative piece, moves unhurriedly in one direction leaving a constant trace behind it. There is a translative element in multi-column text (Fig. 3c). Finally, the symmetry of levels, of area ornaments - and by extension the symmetry of the typographical grid - corresponds to the tiled patterns of architecture. Where two vectors (in most cases) run at right angles to one another in the x and y directions, a decorative item is set into motion both ways, so that an area is fully covered (Fig. 3d). Typographical ornaments are now only of historical interest and, where they do crop up from time to time, they are nearly always inappropriately treated, since the knowledge l of the laws of symmetry which underlie them is no longer available.

Caecilia Com 55
7 点 14 点

irror symmetry retains a role in all this as an element of irony, holding up the glass to dynamic asymmetry (Fig. 3a). A further and equally modest role is and was played in earlier typography by 'central symmetry', with its playful aspect of letting things rotate around a fixed point (Fig. 3b). The kind of symmetry known as 'translative' is that of the ribbon ornament and the decorative border, whose basic element, the single decorative piece, moves unhurriedly in one direction leaving a constant trace behind it. There is a translative element in multi-column text (Fig. 3c). Finally, the symmetry of levels, of area ornaments - and by extension the symmetry of the typographical grid - corresponds to the tiled patterns of architecture. Where two vectors (in most cases) run at right angles to one another in the x and y directions, a decorative item is set into motion both ways, so that an area is fully covered (Fig. 3d). Typographical ornaments are now only of historical interest and, where they do crop up from time to time, they are nearly always inappropriately treated, since the knowledge l of the laws of symmetry which underlie them is no longer available.

Caecilia Com 55
7 点 15 点

irror symmetry retains a role in all this as an element of irony, holding up the glass to dynamic asymmetry (Fig. 3a). A further and equally modest role is and was played in earlier typography by 'central symmetry', with its playful aspect of letting things rotate around a fixed point (Fig. 3b). The kind of symmetry known as 'translative' is that of the ribbon ornament and the decorative border, whose basic element, the single decorative piece, moves unhurriedly in one direction leaving a constant trace behind it. There is a translative element in multi-column text (Fig. 3c). Finally, the symmetry of levels, of area ornaments - and by extension the symmetry of the typographical grid - corresponds to the tiled patterns of architecture. Where two vectors (in most cases) run at right angles to one another in the x and y directions, a decorative item is set into motion both ways, so that an area is fully covered (Fig. 3d). Typographical ornaments are now only of historical interest and, where they do crop up from time to time, they are nearly always inappropriately treated, since the knowledge l of the laws of symmetry which underlie them is no longer available.

Caecilia Com55
7 点 16 点

1. 洞察力的基本指导。见沃尔夫冈·麦茨格《Gesetze des Sehens》(1975 年，或汉斯·鲁道夫·波斯哈德《Typoyafie Sdrift Lesbafken Sechs fesays》(1996)45-55 页。

2. 见高·巴蒂萨阿尔贝蒂斐《Zehn Bucher uber die Baukunst》《Sechstes Buch uber den Schmuck》1975 年，293 页。

3. 马克斯·比尔于 1948 年在瑞士巴塞尔的威克厂德年度会议上主讲了《美的功能和动能的美》的讲座。本讲座文稿在 1949 年第 8 期《威克》272-281 页发表。

4. 在本书中我遵循瑞士传统使用"网格"这一阳性化的词 der Raster，而在德语当中这个词是中性的：das Raster，法语为：le gabarit。

5. "现在不再可能查明版面设计的网格的最早用途"约瑟夫·米勒·布鲁克曼 1971 年写道（在《视觉传达的历史》中 282 页）。10 年前他表明这样的观点（没有详细的证据）：印刷品中的网格的最早使用是在 40 年代（在《格子系统》7 页）。鲁道夫·哈斯的勒写道（在 1972 年《Typografische Monatsbl·tter》中第 2 卷第 7 页），就我所知道的而言，是赫伯特·贝尔首正发明了网格体系。在由马克斯·比尔设计的阿尔弗莱德·罗斯著写的《Dieneue Architecure》(1940) 和由摩奇德德·保罗萨设计的摩奇德德·尼格著的《美国黑人》原名《一千两百万黑人的声音》(1948) 中可见网格的使用的较早期范例。

汉仪玄宋 35s 5.5 点

汉仪玄宋 35s 6 点

汉仪玄宋 35s 6 点 11 点

汉仪玄宋 35s 6 点 12 点

汉仪玄宋 35s 6 点 13 点

汉仪玄宋 35s 6.5 点

汉仪玄宋 35s 7 点

汉仪玄宋 35s 6 点 14 点

汉仪玄宋 35s 6 点 15 点

汉仪玄宋 35s 6 点 16 点

图 9

## STEP 6 调节各层级文字比率

在正文字号、字距、行距基本确定的基础之上，我们需要以正文为参照，陆续设定其他层级的文字字体、大小，以及行距，（图 10）从而建立一套各层级文字都能适用的基线网格。（图 11）

/ 在我们视阈之内的物象，除了部分特定为独立，通常被认为是相互从属和关联的[1]。这种感知心理的事实是由“看”的文化传统、习惯或者是必要性来决定的。/

/Objects which are with our range of vision are seen as belong together and related to one another, unless parts of them are deliberately separated. This face of the psychology of perception is determined by cultural traditions and the customs-or rather the necessities-of seeing./

正文：（中文）汉仪玄宋 45s 字号 7.5pt 行距 15pt
（英文）Caecilia Com 55 Roman 字号 7.1pt 行距 12pt

/ （一） /

/ 美的比例 /

/ 网格与结构化 /

/AESTHETIC PROPORTIONS/
/STRUCTURE and GRID/

标题：（中文）一级标题：汉仪玄宋 45s 字号 24pt
二级标题：汉仪玄宋 55s 字号 8pt
三级标题：汉仪玄宋 55s 字号 8pt
（英文）二级标题：Caecilia Com 55 Roman 字号 12pt
三级标题：Caecilia Com 55 Roman 字号 12pt

在这里没有必要再三强调版面设计的内容，一定要以一种最佳的方式传递给读者……

引言：（中文）汉仪玄宋 45s 字号 12pt 行距 30pt

001 017

页码：PMNCaecilia56OldstyleFigures RomanItalic 字号 9pt

/ 洞察力的基本指导。见沃尔夫冈 • 麦茨格《Gesetze des Sehens》(1975 年，或汉斯 • 鲁道夫 • 波斯哈德《Typoyafie Sdrift Lesbafken Sechs fesays》(1996)45-55 页。/

/ The basic guidance of insight. See Wolfgang Metzg's Gesetze des Sehens (1975, or Hans Rudolph Pershard's "Typoyafie Sdrift Lesbafken Sechs fesays" (1996) 45-55 Page./

注释及图注：（中文）汉仪玄宋 35s 字号 6pt 行距 12pt
（英文）Caecilia Com 45 Light 字号 7.1pt 行距 12pt

正文
一级标题
二级标题
三级标题
引言
页面导航工具（页码）
图注
注释

在
通常被
事实是
决定的
文
萨·阿
“
一物体
任何添
贝蒂说
建筑艺
然这观
时代，
美”主
我们来
功能同
远远不
们给予
特意要
看来，
美的观
但是人
通
文字等
多么荒
网格[4]
觉类似
这种艺
于 193
的是马
威尔利
创造出
式基础
此外就
将其版
有些奇
于任何
取决于
学探讨
都可以

双语多层级文字字号统一的案例示范

图 10

的物象，除了部分特定为独立，
属和关联的[1]。这种感知心理的
化传统、习惯或者是必要性来

内建筑大师和理论家里昂·巴蒂
1450 年）：
愿意下这样一个定义，美是由
个组成部分的和谐一致构成的，
改都会使其美感降低。”[2] 阿尔
毁坏的美，他理所当然地认为
有功能性还要有审美性——当
用于版面设计。在我们现在的
在一次关于“美的功能和功能的
表示了同样的观点。他说：“对
很明了，自从我们要求美感与
刻起，仅仅从功能中发展美是
美本身也是一种功能。如果我
的关注，那么实用性将不会被
是一种理所应当。因为从长久
用性将不能满足人们的需求。”[3]
新的变化，使美更加难以达到，
着美。
网格，产生了用来整合图片、
代格式手段：一种无论看上去
创造传统意义上的美感的手段。
合法子嗣，它来自直觉。这些直
期那些产生于荷兰和俄国的，使
发展的直觉。同样也类似于源
习的具体几何艺术[5]。值得一提
理查德·保罗·罗萨和卡罗·L·威
艺术家们在他们的艺术作品中
面分割，给予版面设计以新的形
版面设计艺术做出了重大贡献。
来说，每一个排版作品都需要
，也许在今天看起来这种观念
形的感知是情感化的，它不取决
成给你的错觉有多巧妙。也不
字。这也就是为什么所有的美
。美感，甚至是漂亮的东西，
描述，但很难加以证实。

四行正文 + 四个行间距 = 五行注释 + 五个行间距

正文字号 注释字号
行间距 行间距

约翰·契肖德早在 1946 年便就比例的问题著写过《书页的关系，文字区域和边白的比例》《书的比例》《页面和文字域的无定律比例》、《维度与比例》（后又经两次改编出版，第一次标题为《比例》发表与 1968 年《Form and Farbe》，后又于 1973 以《比例》为名再版。1985 年的《Mahematische Grundlagen zur SatzhersteMung》又就同样主题进行了扩展。

图 1.01/1.02 ） 纸张在不同时间、不同国家往往有不同标准，如今 ISO216 的 A 和 B 系列几乎成为每个国家或地区的使用标准。未经过裁切的全张纸……

四行正文 + 四个行间距 = 英文五个行距

正文字号 英文正文行距
行间距

Objects which are with our range of vision are seen as belong together and related to one another, unless parts of them are deliberately separated. This face of the psychology of perception is determined by cultural traditions and the customs-or rather the necessities-of seeing. “For the sake of brevity I would like to give the definition that beauty consists in a certain inherent agreement of all the parts of an object......

四行正文 + 四个行间距 = 英文五个行距

正文字号 英文注释行距
行间距

John Chishoed wrote “The Relationship between Pages, the Proportion of Text Areas and the White Edges”, “The Proportion of Books”, “The Unlawed Proportion of Pages and Text Fields”, “Dimensions and Proportions” on proportion as early as 1946 (later adapted and published twice, the first title was “Proportion” published with 1968. Form and Farbe was later reprinted in 1973 under the name of Proportion.

两行正文 + 两个行间距 = 一行引言 + 一个行间距

正文字号 引言字号
行间距 行间距

在这里没有必要再三强调版面设计的内容（用今天的行话叫“信息”），一定要以一种最佳的方式传递给读者，这个基本要求可以通过许多途径达到。

四行正文 + 四个间行距 = 一行标题 + 一个行间距

正文字号 标题字号
行间距 行间距

功能与美
FUNCTION and BEAUTY

STRUCTURE and GRID 网格与结构化

美感的模糊性
AMBIGUITY of BEAUTY

页码、符号以及少量标志性文字未单独设置网格，而是依据正文网格排版（文本框、符号边缘尽量贴合网格）

003

前言 /

（一）

## STEP 7 设定合适的网格尺寸

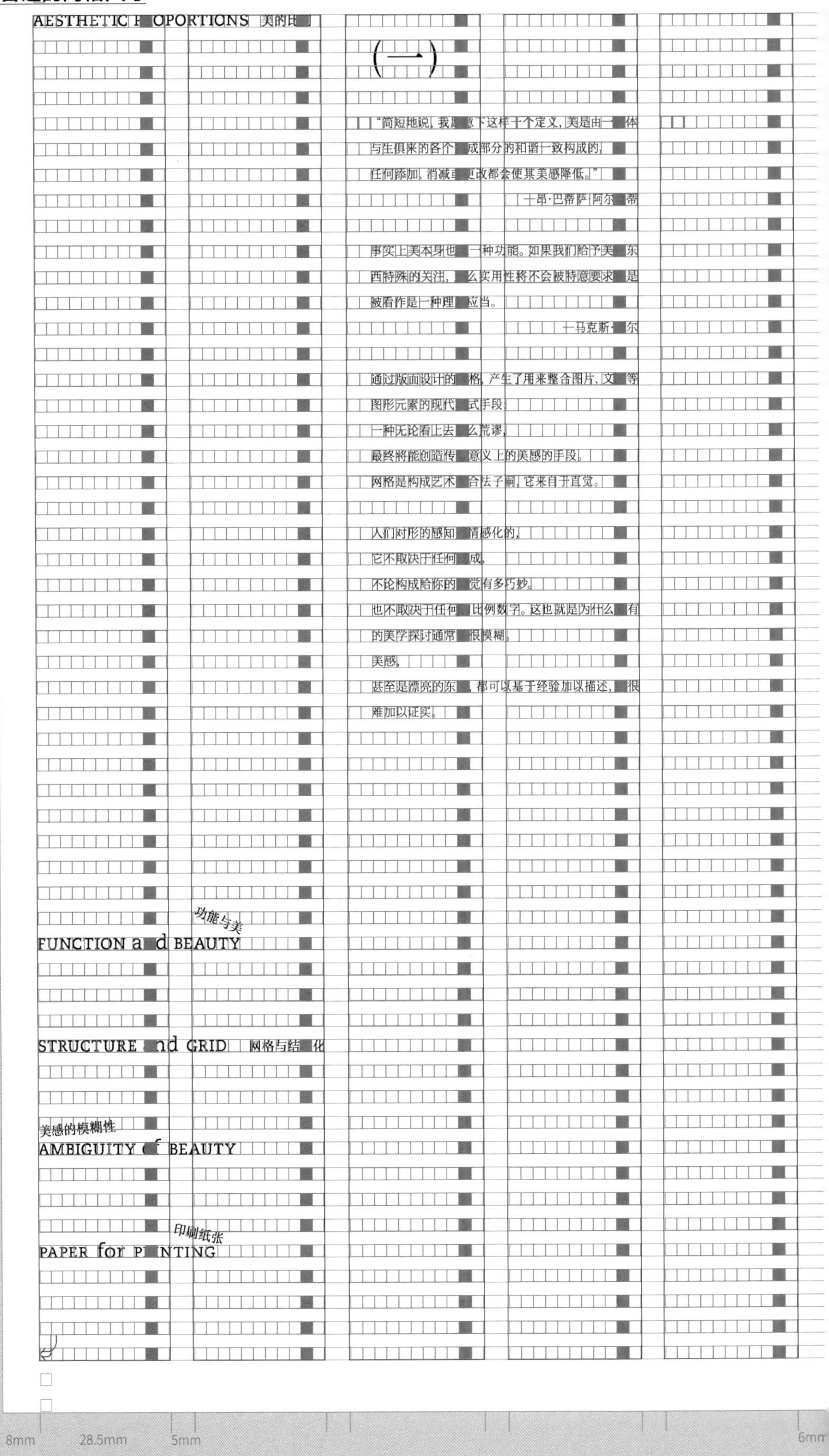

AESTHETIC PROPORTIONS 美的比

（一）

“简短地说，我愿意下这样一个定义，美是由一体
与生俱来的各个成部分的和谐一致构成的，
任何添加、消减或更改都会使其美感降低。”
——昂·巴蒂萨·阿尔帝

事实上美本身也一种功能。如果我们给予美东
西特殊的关注，么实用性将不会被特意要求是
被看作是一种理应当。
——马克斯·尔

通过版面设计的格，产生了用来整合图片、文等
图形元素的现代式手段；
一种无论看上去么荒谬，
最终将能创造传意义上的美感的手段。
网格是构成艺术合法子嗣，它来自于直觉。

人们对形的感知情感化的，
它不取决于任何成，
不论构成给你的觉有多巧妙。
也不取决于任何比例数字。这也就是为什么有
的美学探讨通常很模糊。
美感，
甚至是漂亮的东，都可以基于经验加以描述，很
难加以证实。

功能与美
FUNCTION and BEAUTY

STRUCTURE and GRID 网格与结化

美感的模糊性
AMBIGUITY of BEAUTY

印刷纸张
PAPER for PRINTING

8mm 28.5mm 5mm 6mm

图 12

蓝色横线、蓝色方块：
中文正文网格

棕色方框：栏

棕色虚线：折页线

绿色方块：
英文正文、中英文注释
字高

开本：A3
（420mm×297mm）
左右页边距：8mm
上 / 下页边距：
25.5pt/ 29pt
分栏：12 栏
栏间距：5mm
栏宽：28.5mm
（80.795pt，即 11 个
中文正文字宽）

1/2 栏宽

005

1:1

1:√2

1:√3

1:√5

1:√6

1:2

图 2a-f）一系列以连续根号比例排列的印刷作品（1969）

**Fig.2a-f)** A series of print products (1969),assembled by means of successive proportions of the root formats.

DIN 是德国工业标准的大写字头缩写形式，在瑞士通常被认为是“标准形式”。 6)

约翰·契肖德早在 1946 年便就比例的问题著写过《书页的关系，文字区域和边白的比例》《书的比例》《页面和文字域的无定律比例》《维度与比例》（后又经两次改编出版，第一次标题为《比例》发表于 1968 年《Form and Farbe》，后又于 1973 以《比例》为名再版。1985 年的《Mahematische Grundlagen zur SatzhersteMung》又就同样主题进行了扩展）。 7)

格斯塔夫·塞德·芬其纳，哲学家、自然学家，自 1876 年便开始此实验，见 1963 年《Der Golden Shnitt》11 页。 8)

这些就是黄金分割比例不被经常使用的原因：很多设计师不愿意使用无理数（或者任何数），其他的人则认为 3：5 是黄金比例，而真正的黄金比例和这个近似值之间的差异也没有什么大不了的。最后，但不是至少，被指责为传统主义的畏惧真正限制了这种古典美法则的发展。 9)

图 3a-d）正方形生成无理数比例的矩形，对角线的构成（=1.414），正方形长的一半(=1.118)，正方形长的二倍(=2.236)，用有理数比例 3:5 (d) 分割一个矩形。

**Fig.3a-d)** Constructions with the diagonals of a square (=1.414), a half-square (=1.118) and a double square (=2.236) give irrational proportions. – The squaring of a rectangle with the rational proportion 3:5 (d).

3.c

3.b

3.d

3.a

6. DIN is the capital abbreviation of German industrial standards, which is usually regarded as the "standard form" in Switzerland.
7. John Chishoed wrote "The Relationship between Pages, the Proportion of Text Areas and the White Edges", "The Proportion of Books", "The Unlawed Proportion of Pages and Text Fields", "Dimensions and Proportions" on proportion as early as 1946 (later adapted and published twice, the first title was "Proportion" published with 1968. Form and Farbe was later reprinted in 1973 under the name of Proportion. Mahematische Grundlagen zur SatzhersteMung expanded on the same topic in 1985.
8. Gustave Said Finqiner, a philosopher and naturalist, began this experiment in 1876, as shown on page 11 of Der Golden Shnitt in 1963.
9. These are the reasons why the gold segmentation ratio is not often used: many designers are reluctant to use irrational numbers (or any number), while others think that 3.5 is the gold ratio, and there is no big difference between the real gold ratio and this approximation. Finally, but not least, the fear of being called traditionalism really limits the development of this classical law of beauty.

图 12

## ——> STEP 8 组织版面信息域

将不同层级的信息划区域编排，形成不同信息域，保持阅读的连贯性。（图 13、图 14）

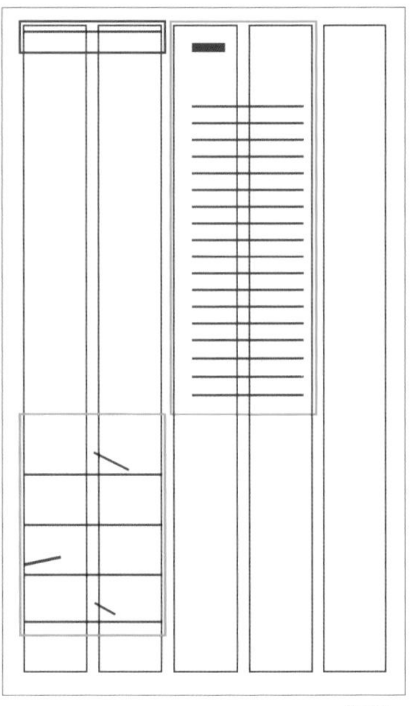

图 13a

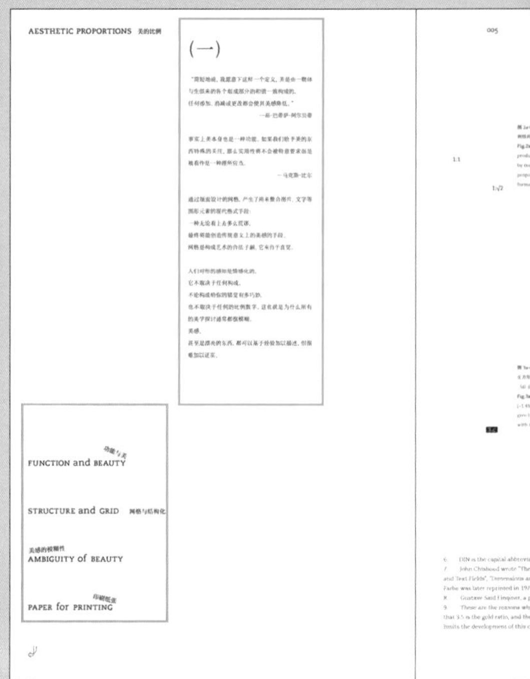


图 13a—图 13c　红色线框区域为一级标题，占 2 栏；蓝色线框区域为正文，占两栏；绿色线框区域为章节内文的主题句

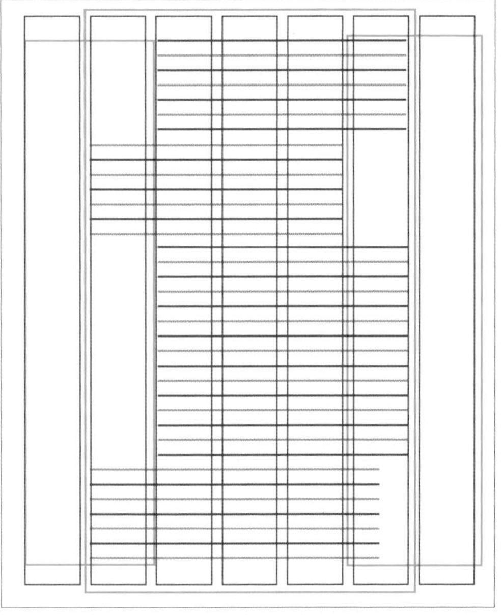

图 14a

图 14a—图 14c　绿色框线区域为图片区域，占 2 栏；蓝色框线区域为文字区域，占 5 栏

图 13b

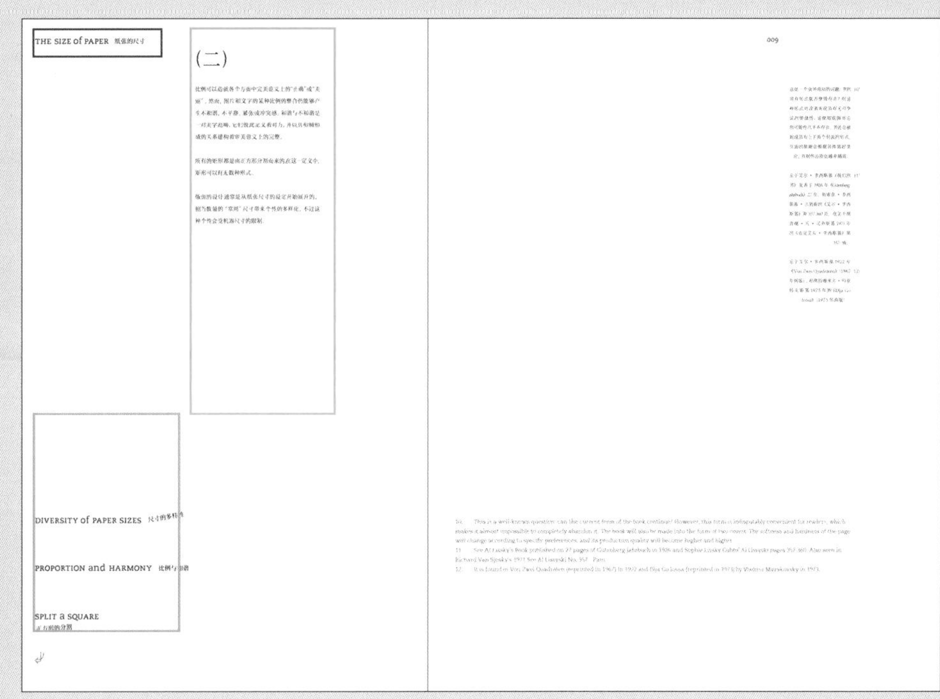
图 13c

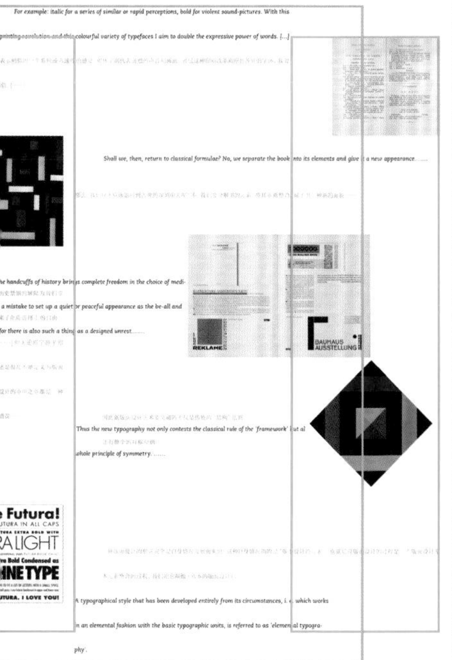
图 14b

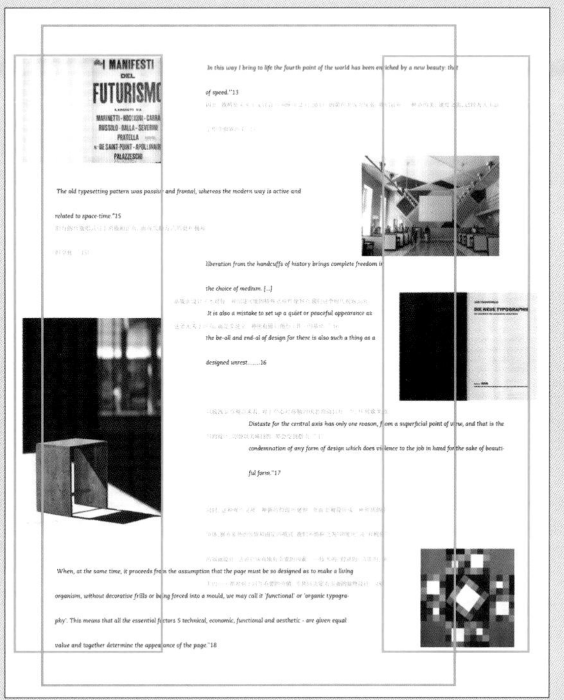
图 14c

## STEP9“超越”网格，创造节奏

网格系统的使用是为了使排版更加便捷，而非限制编排自由。在版面中不是死板地将信息填充进网格中，可根据实际情况做一些调整。（图 15、图 16）

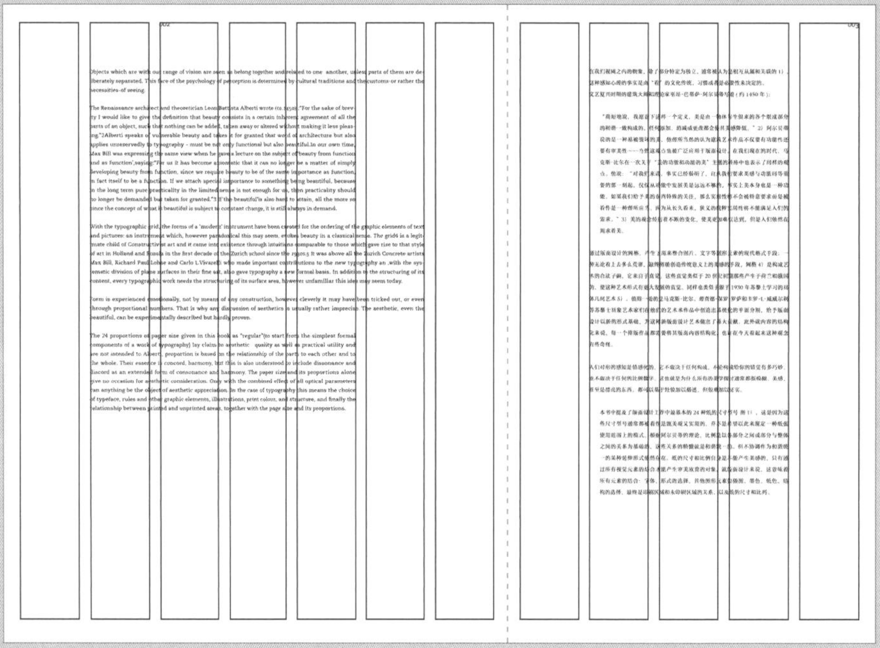

图 15b

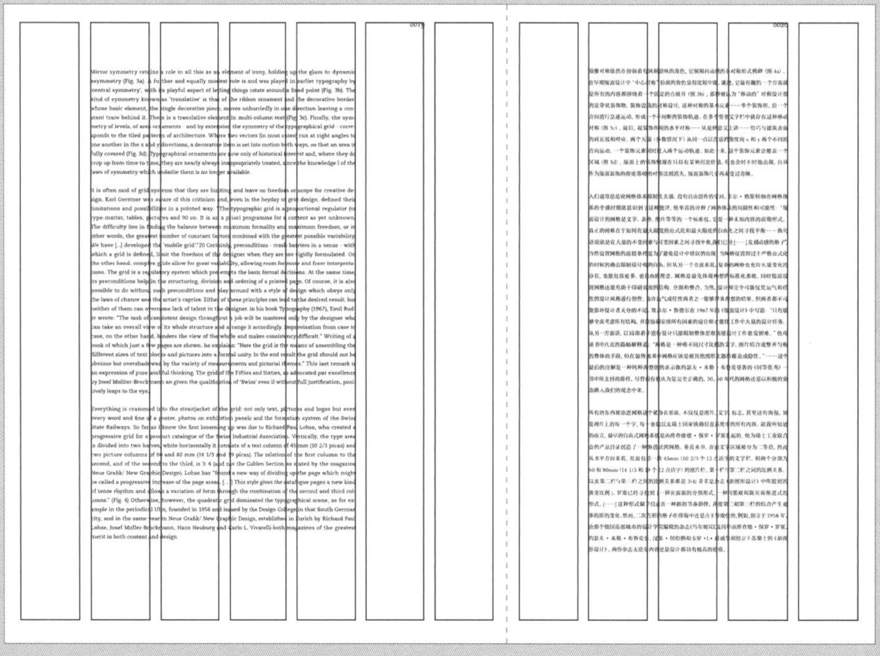

图 15d

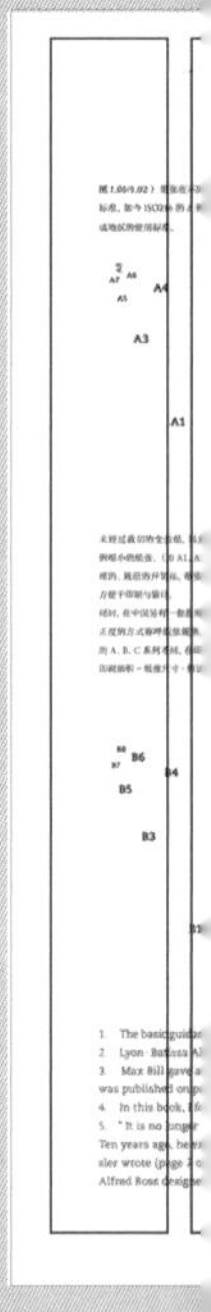

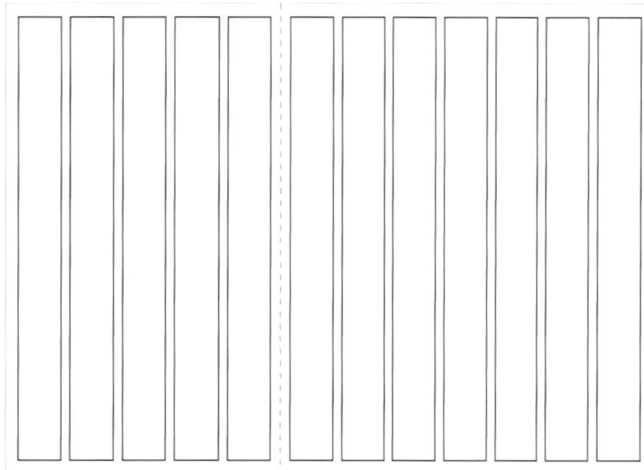

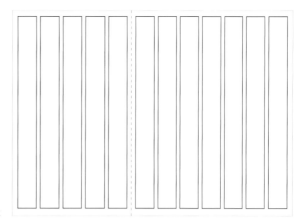

图 15a 同一网格运用在不同页面上

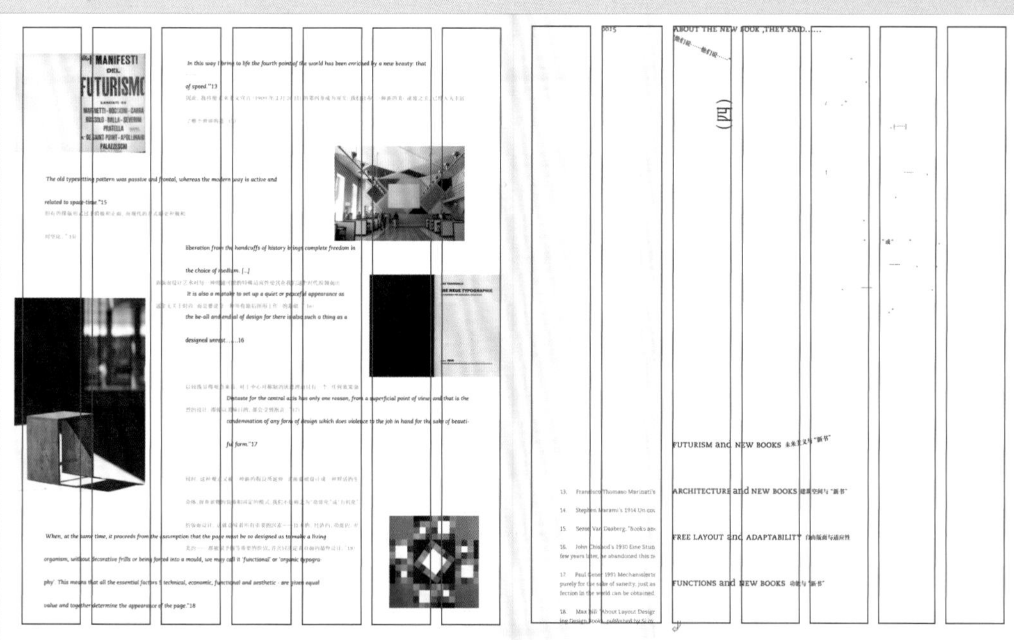


图 15c

图 15e

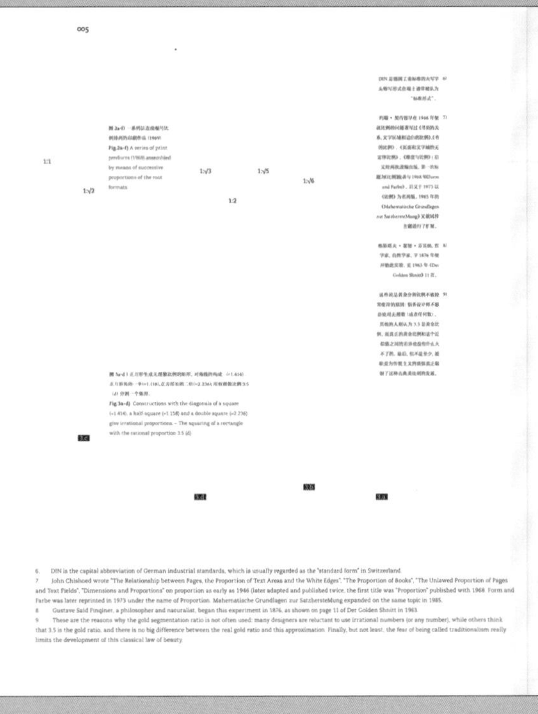
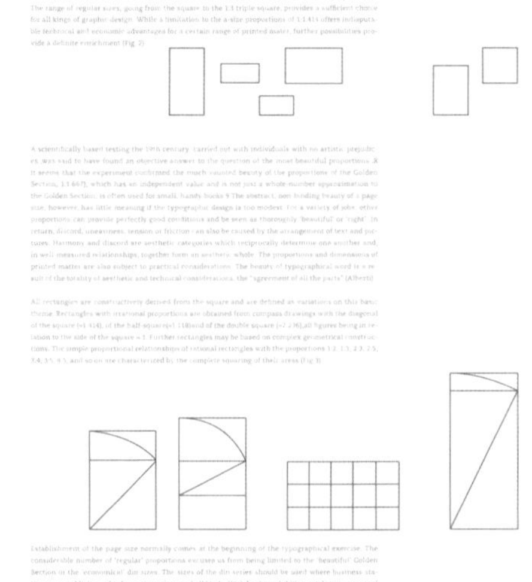
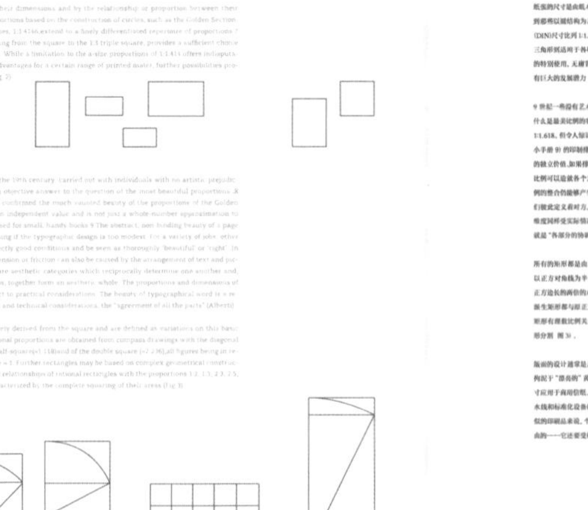
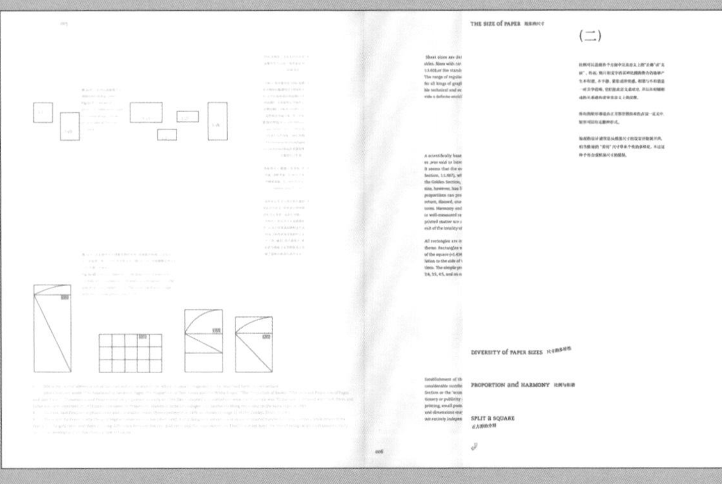

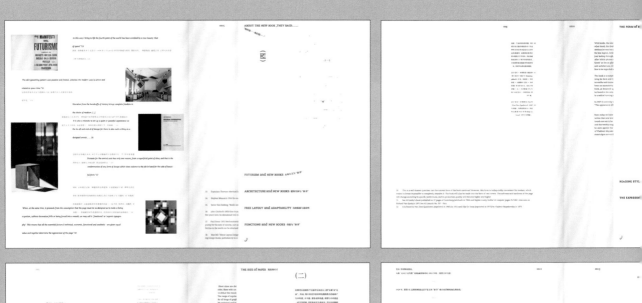

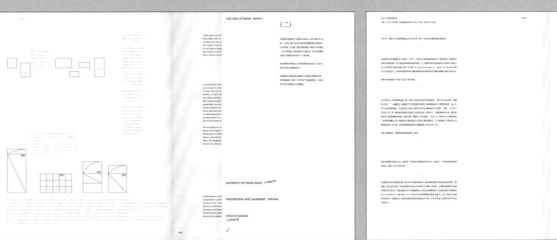

图 16　课堂习作完成稿：曾雨涵

"I am starting a revolution in bookprinting. [...]

The book must be the Futuristic expression of our Futurism thought. And not only that. My revolution is directed against the so-called harmonious division of the page, which contradicts the ebb and flood of rhythm, its leaps and its explosion. [...] On one and the same page we will use three or four different shades of black ink and, where necessary, as many as twenty different typefaces......

" There is a double problem in book design, Like the house, the book should not only be supremely useful but also beautiful, or at least pleasant to look at.[...] A design solution is not though, a matter of taste but a reality based on our new view of the world......

"Typography must both find simpler, more easily graspable forms (than the central axis) and at the same time design these forms in a more optically attractive way and with more variety. ......

"The new typography has taken over from abstract painting its artistic structuring of spaces [...] which have become modules of an architecture that also applies to the white space of imprinted paper as an element of equal value, if different in colour. Paper is not only the background and carrier of type but is a white space to be reckoned with......

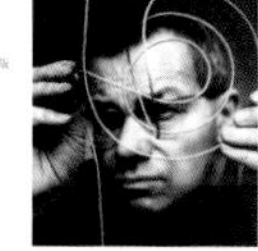

"Every thesis which is immovably nailed to the door carries within itself the danger of becoming rigid and an enemy to development. There is little likelihood, however, that the 'asymmetrical' or organically formed page image will be more quickly overtaken than the page based on a central axis, which mainly represents decoration rather than function......

For example: italic for a series of similar or rapid perceptions, bold for violent sound-pictures. With this printing revolution and this colourful variety of typefaces I aim to double the expressive power of words. [...]

Shall we, then, return to classical formulae? No, we separate the book into its elements and give it a new appearance......

liberation from the handcuffs of history brings complete freedom in the choice of medium. [...] It is also a mistake to set up a quiet or peaceful appearance as the be-all and end-al of design for there is also such a thing as a designed unrest......

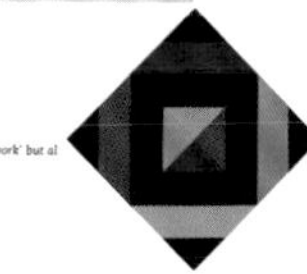

Thus the new typography not only contests the classical rule of the 'framework' but al whole principle of symmetry. ......

A typographical style that has been developed entirely from its circumstances, i. e. which works in an elemental fashion with the basic typographic units, is referred to as 'elemental typography'.

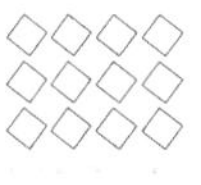

RULES AND BREAKS 平衡

（五）

Mirror symmetry re asymmetry (Fig. 3a) 'central symmetry', kind of symmetry k whose basic elemen stant trace behind i metry of levels, of ar sponds to the tiled p one another in the x fully covered (Fig. 3c crop up from time tc laws of symmetry w

It is often said of gr sign. Karl Gerstner · limitations and pos type-matter, tables, The difficulty lies in other words, the gre We have [...] develop which a grid is defi the other hand, com tions. The grid is a r its preconditions he possible to do with the laws of chance a neither of them can er wrote: "The task can take an overall v case, on the other h book of which just a different sizes of tex obvious but oversha an expression of pur by Josef Muller-Broc tively leaps to the ey

Everything is cram every word and fine State Railways. So f progressive grid for is divided into two l two picture column second, and of the s Neue Grafik/ New G be called a progressi of tense rhythm anc umns." (Fig. 4) Othe ample in the periodi city, and in the sam Lohse, Josef Muller-I merit in both conten

真正的困难在于如何在最大限度的公式化和最大限度的自由化之间寻找平衡——换句话说就是在大量的不变因素与可变因素之间寻找平衡。

——卡尔·格斯特纳

"只有能够全面考虑所有结构，并能协调安排所有因素的设计师才能胜任工作中大量的设计任务。从另一方面讲，以局部着手进行设计只能限制整体思维而使设计工作愈发困难。"他用该书中几页的篇幅解释道："网格是一种将不同尺寸比例的文字、图片结合成整齐匀称的整体的手段，但在最终效果中网格应该是被其他图形主题所覆盖或隐性。"

——拔米尔·鲁德尔

FADE-OUT of the SYMMETRY RULE 对称法则的淡出

BETWEEN FORMALIZATION and LIBERALIZATION 公式化与自由化之间

计 网格构成

## Typographic Gird

在这里没有必要再三强调版面设计的内容（用今天的行话叫"信息"），一定要以一种最佳的方式传递给读者，这个基本要求可以通过许多途径达到。在从"最佳的清晰可读性，最大的功能性"到"情感的可读性（往往可读性较差），纯粹的偶然形式"两个极端之间存在着无数种

## 2. 知识要点

### ▶ 视觉流程

视觉流程是读者阅读版面内容的视觉顺序。我们在设计版式的时候需要考虑如何引导读者阅读信息，以及按照怎样的顺序阅读会更易于读者了解内容。（图 17）

读者是以一种检索式的方式来阅读内容的，检索的信息并非单个文字，而是一组信息群，它可以是单纯的文本文字，也可以是图像，又或是兼具两者。我们要做的是设计出组织这些信息群的最佳通路，让读者的视线按照这个顺序自然流畅地移动。如果视觉流程不清晰，会使读者阅读时常出现视觉停顿，产生不必要的疲劳，读者就很难有兴趣阅读下去。根据不同的设计，思考并正确引导视线移动方向，是为设计添彩的有力手段。在通常情况下，人的整体视线是由上到下移动的。阅读横排文章的时候视线是按从左到右的顺序自然移动，阅读竖排文章则是按从右到左的顺序自然移动。

### ▶ 视觉“重量”

版式中的信息容量较多的时候，如何判断画面是否平衡呢？设计要素都有“重量”，依据每个要素的分量进行设计，决定了版面的中心和平衡。把设计要素组织到版面中的时候，需要注意整体的“平衡”。调整平衡的诀窍，需根据版面内设计要素的“重量”来考虑。文字、图片、插图等所有设计元素，都可以将其量化为相对应的“重量”，这个“重量”一般由其面积大小和颜色决定。

比如文字，字重大，形成的段落文本就会越深。相反，字重小、文字之间距离拉得越开、密度越低，形成的段落文本也就越浅。文字的颜色越接近黑色、灰阶越深，分量越重。同理，色彩浓重的图像灰阶深，反过来色彩清淡的图像灰阶浅。设计前，要先在头脑中进行把元素转换为分量的模拟思考。整个版面中灰阶程度相同的情况当然是平衡状态，而面积大颜色浅和面积小颜色深的要素相搭配也能使整体维持一个平衡的状态。（图 18）

字体选择也是影响段落易读性的一大要素，也同样会影响版面整体的视觉层次和风格基调。我们可以通过比较不同字体以及不同的字体所形成的文本段落的整体效果，然后再做出决定。

### ▶ 视觉“纹理”

优质的段落文本应具有一种明显的、均匀的视觉“纹理”。在实际设计过程中，当我们对段落文本的排列采用两端对齐方式时，比较容易在文中出现一连串字或词间距，形成一段干扰视觉纹理的线性空白。为了获得均匀、清晰、易读的视觉“纹理”，我们可以对字间距进行细微的调整，使文字与空间相协调。（图 19）

方正兰亭刊宋 _GBK

在我们视阈之内的物象，除了部分特定为独立，通常被认为是相互从属和关联的[1]。这种感知心理的事实是由“看”的文化传统、习惯或者是必要性来决定的。文艺复兴时期的建筑大师和理论家里昂 · 巴蒂萨 · 阿尔贝蒂写道（约 1450 年）：“简短地说，我愿意下这样一个定义，美是由一物体与生俱来的各个组成部分的和谐一致构成的，任何添加、消减或更改都会使其美感降低。”[2] 阿尔贝蒂说的是一种易被毁坏的美，他理所当然的认为建筑艺术作品不仅要有功能性还要有审美性——当然这观点也被广泛应用于版面设计。在我们现在的时代，马克斯 · 比尔在一次关于“美的功能和功能的美”主题的讲座中也表示了同样的观点。

方正清刻本悦宋简体

在我们视阈之内的物象，除了部分特定为独立，通常被认为是相互从属和关联的[1]。这种感知心理的事实是由“看”的文化传统、习惯或者是必要性来决定的。文艺复兴时期的建筑大师和理论家里昂 · 巴蒂萨 · 阿尔贝蒂写道（约 1450 年）：“简短地说，我愿意下这样一个定义，美是由一物体与生俱来的各个组成部分的和谐一致构成的，任何添加、消减或更改都会使其美感降低。”[2] 阿尔贝蒂说的是一种易被毁坏的美，他理所当然的认为建筑艺术作品不仅要有功能性还要有审美性——当然这观点也被广泛应用于版面设计。在我们现在的时代，马克斯 · 比尔在一次关于“美的功能和功能的美”主题的讲座中也表示了同样的观点。

Akzidenz-Grotesk BQ Light with regular

Establishment of the page size normally comes at the beginning of the typographical exercise. The considerabl number of 'regular' proportions excuses us from being limited to the 'beautiful' Golden Section or the 'economic din sizes. The sizes of the din series should be used where business stationery or publicity and information printing of all kinds. With books, exhibition catalogues, personal printing, small posters and similar jobbing work, on the other hand, individual individual proportions and dimensions may be used, subject only to the limitations imposed by machine size – and therefore not entirely independent.

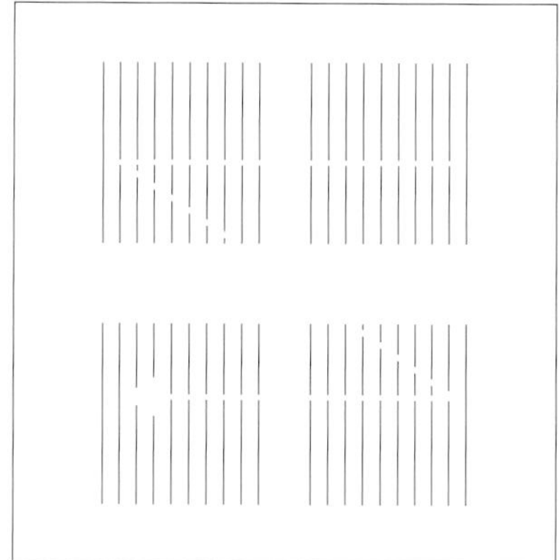

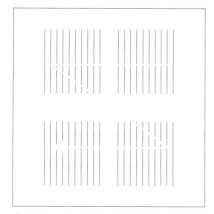

[b] 当我们阅读竖排的文字段落时，视线的移动是从右到左、自上而下的。

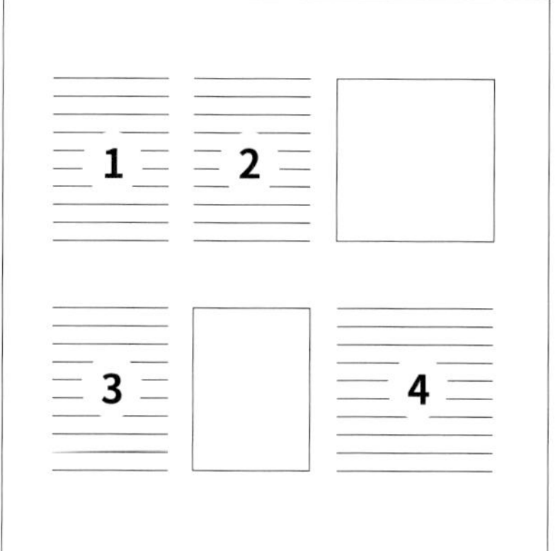


[c] 当我们这样处理图文关系的时候，1、2 间的图片会阻隔本来顺畅的视觉流程；2 和 3，4 间的连接关系也被图片打断了。

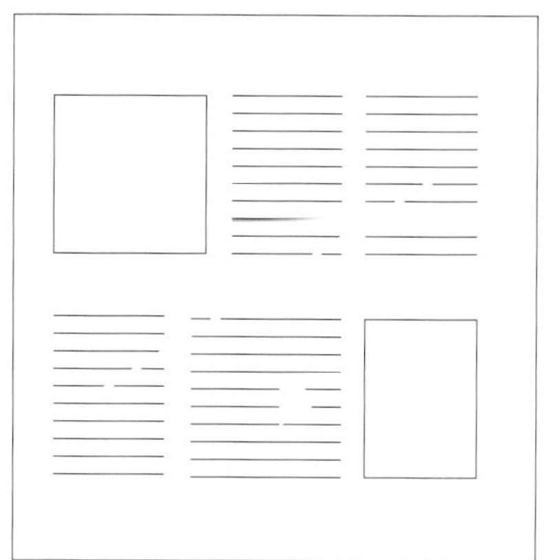

[d] 修改之后的版面，保证了阅读的顺畅。

图 17

方正准雅宋_GBK

在我们视阈之内的物象，除了部分特定为独立，通常被认为是相互从属和关联的[1]。这种感知心理的事实是由"看"的文化传统、习惯或者是必要性来决定的。文艺复兴时期的建筑大师和理论家里昂 · 巴蒂萨 · 阿尔贝蒂写道（约 1450 年）："简短地说，我愿意下这样一个定义，美是由一物体与生俱来的各个组成部分的和谐一致构成的，任何添加、消减或更改都会使其美感降低。"[2] 阿尔贝蒂说的是一种易被毁坏的美，他理所当然的认为建筑艺术作品不仅要有功能性还要有审美性——当然这观点也被广泛应用于版面设计。在我们现在的时代，马克斯 · 比尔在一次关于"美的功能和功能的美"主题的讲座中也表示了同样的观点。

方正大黑简体

在我们视阈之内的物象，除了部分特定为独立，通常被认为是相互从属和关联的[1]。这种感知心理的事实是由"看"的文化传统、习惯或者是必要性来决定的。文艺复兴时期的建筑大师和理论家里昂 · 巴蒂萨 · 阿尔贝蒂写道（约 1450 年）："简短地说，我愿意下这样一个定义，美是由一物体与生俱来的各个组成部分的和谐一致构成的，任何添加、消减或更改都会使其美感降低。"[2] 阿尔贝蒂说的是一种易被毁坏的美，他理所当然的认为建筑艺术作品不仅要有功能性还要有审美性——当然这观点也被广泛应用于版面设计。在我们现在的时代，马克斯 · 比尔在一次关于"美的功能和功能的美"主题的讲座中也表示了同样的观点。

方正等线 Bold

在我们视阈之内的物象，除了部分特定为独立，通常被认为是相互从属和关联的[1]。这种感知心理的事实是由"看"的文化传统、习惯或者是必要性来决定的。文艺复兴时期的建筑大师和理论家里昂 · 巴蒂萨 · 阿尔贝蒂写道（约 1450 年）："简短地说，我愿意下这样一个定义，美是由一物体与生俱来的各个组成部分的和谐一致构成的，任何添加、消减或更改都会使其美感降低。"[2] 阿尔贝蒂说的是一种易被毁坏的美，他理所当然的认为建筑艺术作品不仅要有功能性还要有审美性——当然这观点也被广泛应用于版面设计。在我们现在的时代，马克斯 · 比尔在一次关于"美的功能和功能的美"主题的讲座中也表示了同样的观点。

方正报宋简体

在我们视阈之内的物象，除了部分特定为独立，通常被认为是相互从属和关联的[1]。这种感知心理的事实是由"看"的文化传统、习惯或者是必要性来决定的。文艺复兴时期的建筑大师和理论家里昂 · 巴蒂萨 · 阿尔贝蒂写道（约 1450 年）："简短地说，我愿意下这样一个定义，美是由一物体与生俱来的各个组成部分的和谐一致构成的，任何添加、消减或更改都会使其美感降低。"[2] 阿尔贝蒂说的是一种易被毁坏的美，他理所当然的认为建筑艺术作品不仅要有功能性还要有审美性——当然这观点也被广泛应用于版面设计。在我们现在的时代，马克斯 · 比尔在一次关于"美的功能和功能的美"主题的讲座中也表示了同样的观点。

方正黑体简体

在我们视阈之内的物象，除了部分特定为独立，通常被认为是相互从属和关联的[1]。这种感知心理的事实是由"看"的文化传统、习惯或者是必要性来决定的。文艺复兴时期的建筑大师和理论家里昂 · 巴蒂萨 · 阿尔贝蒂写道（约 1450 年）："简短地说，我愿意下这样一个定义，美是由一物体与生俱来的各个组成部分的和谐一致构成的，任何添加、消减或更改都会使其美感降低。"[2] 阿尔贝蒂说的是一种易被毁坏的美，他理所当然的认为建筑艺术作品不仅要有功能性还要有审美性——当然这观点也被广泛应用于版面设计。在我们现在的时代，马克斯 · 比尔在一次关于"美的功能和功能的美"主题的讲座中也表示了同样的观点。

方正兰亭超细黑简体

在我们视阈之内的物象，除了部分特定为独立，通常被认为是相互从属和关联的[1]。这种感知心理的事实是由"看"的文化传统、习惯或者是必要性来决定的。文艺复兴时期的建筑大师和理论家里昂 · 巴蒂萨 · 阿尔贝蒂写道（约 1450 年）："简短地说，我愿意下这样一个定义，美是由一物体与生俱来的各个组成部分的和谐一致构成的，任何添加、消减或更改都会使其美感降低。"[2] 阿尔贝蒂说的是一种易被毁坏的美，他理所当然的认为建筑艺术作品不仅要有功能性还要有审美性——当然这观点也被广泛应用于版面设计。在我们现在的时代，马克斯 · 比尔在一次关于"美的功能和功能的美"主题的讲座中也表示了同样的观点。

DIN Light

Establishment of the page size normally comes at the beginning of the typographical exercise. The considerable number of 'regular' proportions excuses us from being limited to the 'beautiful' Golden Section or the 'economical' din sizes. The sizes of the din series should be used where business stationery or publicity and information printing of all kinds. With books, exhibition catalogues, personal printing, small posters and similar jobbing work, on the other hand, individual individual proportions and dimensions may be used, subject only to the limitations imposed by machine size – and therefore not entirely independent.

Maven Pro Light 300

Establishment of the page size normally comes at the beginning of the typographical exercise. The considerable number of 'regular' proportions excuses us from being limited to the 'beautiful' Golden Section or the 'economical' din sizes. The sizes of the din series should be used where business stationery or publicity and information printing of all kinds. With books, exhibition catalogues, personal printing, small posters and similar jobbing work, on the other hand, individual individual proportions and dimensions may be used, subject only to the limitations imposed by machine size – and therefore not entirely independent.

Arial

Establishment of the page size normally comes at the beginning of the typographical exercise. The considerable number of 'regular' proportions excuses us from being limited to the 'beautiful' Golden Section or the 'economical' din sizes. The sizes of the din series should be used where business stationery or publicity and information printing of all kinds. With books, exhibition catalogues, personal printing, small posters and similar jobbing work, on the other hand, individual individual proportions and dimensions may be used, subject only to the limitations imposed by machine size – and therefore not entirely independent.

图 18

### ▶ 避免孤字与孤行

段落文本排版时应避免“孤字”与“孤行”的出现，造成接续的文字被拆分后呈现突兀孤立感。“孤字”是指段落文本的最后一行仅有一个字符的现象。我们可以采用调整字间距的方式将被遗落的文字调整回上一行。（图 20）

### ▶ 避头尾原则

❶ 避免点号出现在行首，例如句号、逗号、冒号等。（图 21）

❷ 避免成对标号中的首个标号出现在行尾，如书名号中的“《”，括号中的“（”等。

Indesign 软件中避头尾的设置

**原文**

人生需要理想的呼唤。你慵懒时，它呼唤你勤奋；你昏睡时，它呼唤你清醒；你高傲时，它呼唤你清醒谦恭；你莽撞时，它呼唤你谨慎；你跌倒时，它呼唤你站起。

**调整字间距出现字沟**

人生需要理想的呼唤。你慵懒时，它呼唤你勤奋；你昏睡时，它呼唤你清醒；你高傲时，它呼唤你清醒谦恭；你莽撞时，它呼唤你谨慎；你跌倒时，它呼唤你站起。

**原文**

Well, in a world filled with hate, we must still dare to hope.In a world filled with anger, we must dare to comfort.In a world filled with despair, we must dare to dream.In a world filled with distrust, we must still dare to believe.

**调整字间距消除字沟**

Well , in a world filled with hate, we must still dare to hope.In a world filled with anger, we must still dare to comfort.In a world filled with despair, we must dare to dream.In a world filled with distrust, we must still dare to believe.

图 19

**孤字**

月光如流水一般，静静地泻在这一片叶子和花上。薄薄的青雾浮起在荷塘里。叶子和花仿佛在牛乳中洗过一样；又像笼着轻纱的梦。虽然是满月，天上却有一层淡淡的云，所以不能朗照；但我以为这恰是到了好处——酣眠固不可少，小睡也别有风味的。

**调整字间距**

月光如流水一般，静静地泻在这一片叶子和花上。薄薄的青雾浮起在荷塘里。叶子和花仿佛在牛乳中洗过一样；又像笼着轻纱的梦。虽然是满月，天上却有一层淡淡的云，所以不能朗照；但我以为这恰是到了好处——酣眠固不可少，小睡也别有风味的。

**孤行**

月光如流水一般，静静地泻在这一片叶子和花上。薄薄的青雾浮起在荷塘里。叶子和花仿佛在牛乳中洗过一样又像笼着轻纱的梦虽然是满月，天上却有一层淡淡的云，所以不能朗照；但我以为这恰是到了好处——酣眠固不可少，小睡也别有风味的。月光是隔了树照过来的，高处丛生的灌木，落下参差的斑驳的黑影，峭楞楞如鬼一般；弯弯的杨柳的稀疏的倩影，却又像是画在荷叶上。塘中的月色并不均匀；但光与影有着和谐

的旋律，如梵婀玲上奏着的名曲。

**前移一页**

月光如流水一般，静静地泻在这一片叶子和花上。薄薄的青雾浮起在荷塘里。叶子和花仿佛在牛乳中洗过一样又像笼着轻纱的梦虽然是满月，天上却有一层淡淡的云，所以不能朗照；但我以为这恰是到了好处——酣眠固不可少，小睡也别有风味的。月光是隔了树照过来的，高处丛生的灌木，落下参差的斑驳的黑影，峭楞楞如鬼一般；弯弯的杨柳的稀疏的倩影，却又像是画在荷叶上。塘中的月色并不均匀；但光与影有着和谐的旋律，如梵婀玲上奏着的名曲。

图 20

### ▶ 中英文混排

中英文字不同的内在特征决定了它们在形状、视觉对齐、笔画粗细等方面的差异。汉字是等宽文字，笔画多而密，文字间采用中心视觉对齐。（图 22）而英文字体大多数为非等宽字母，笔画少，字母间采用基线对齐。为了让两种不同语言系统和语言形态的文字和谐自然的结合，需要注意以下几点：

中英文混排中复合字体的设置

❶ 选择笔画粗细接近的中英文字体；

❷ 统一中英文字体的设计风格；

❸ 统一中英文字体的字高；

❹ 英文的基线与中文字框底线基本对齐。

穿疳

那四十以上的人，有的是已拉了十年八年的车，筋肉的衰损使他们甘居人后，他们渐渐知道早晚是一个跟头会死在马路上。他们的拉车姿式，讲价时的随机应变，走路的抄近绕远，都足以使他们想起过去的光荣，而用鼻翅儿扇着那些后起之辈。

避免标点符号出现在行首

字体：黑体

更改字体

那四十以上的人，有的是已拉了十年八年的车，筋肉的衰损使他们甘居人后，他们渐渐知道早晚是一个跟头会死在马路上。他们的拉车姿式，讲价时的随机应变，走路的抄近绕远，都足以使他们想起过去的光荣，而用鼻翅儿扇着那些后起之辈。

字体：方正兰亭中黑

原文

他确乎有点像一棵树，坚壮，沉默，而又有生气。他有自己的打算，有些心眼，但不好向别人讲论。在洋车夫里，个人的委屈与困难是公众的话料，“车口儿”上，小茶馆中，大杂院里，每人报告着形容着或吵嚷着自己的事，而后这些事成为大家的财产，象民歌似的由一处传到一处。

避免前引号和左括号出现在行尾

调整字间距

他确乎有点像一棵树，坚壮，沉默，而又有生气。他有自己的打算，有些心眼，但不好向别人讲论。在洋车夫里，个人的委屈与困难是公众的话料，“车口儿”上，小茶馆中，大杂院里，每人报告着形容着或吵嚷着自己的事，而后这些事成为大家的财产，象民歌似的由一处传到一处。

图 21

所以在我（梁海）看来，中西文混排时应当根据该标点（the certain punctuation）所处的环境（environment、context 或 condition）来确定用哪一个书写系统。

统一中英文字体的字高

英文的基线与中文字框底线基本对齐

中文：汉仪旗黑 选择笔画粗细接近的中英文字体

英文：Arial 统一中英文字体的设计风格

所以在我（梁海）看来，中西文混排时应当根据该标点（The certain punctuation）所处的环境（environment、context 或 condition）来确定用哪一个书写系统。

中文：汉仪中宋

英文：Georgia

图 22

## 三、学生课堂习作

图 23 课堂习作：葛烨

## 重新规划信息层级

/ 内页

0. 前言
1. 章节标题
2. 重要年份
   重要人物
   重要事件
3. 关键句
4. 正文
5. 图注
6. 注释
7. 页码

/ 封面

1. 文章标题
2. 文章副标题
3. 目录
3.1 章节标题
3.2 摘要

## 手绘草图

在视觉化“现代平面设计网格的历史”这一部分内容时，以重要年份和人物作为视觉引导。

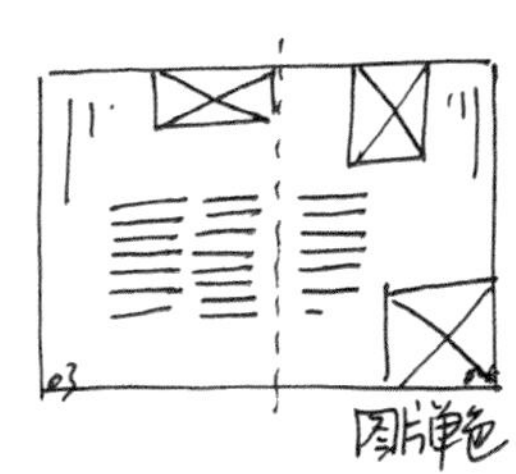


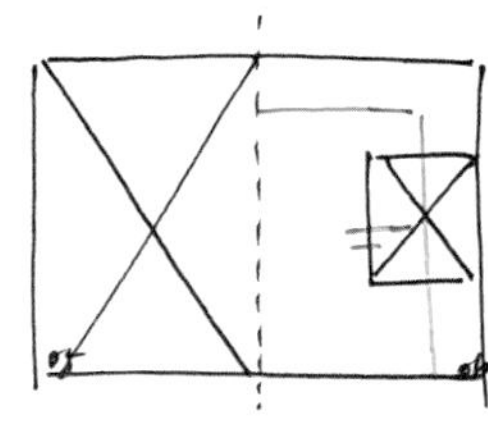

图 23

## 增加素材

1）搜集文章中所提到的关键人物的照片和简介

彼得 · 贝伦斯
Peter Behrens
1868.4.14—1940.2.27

开创了现代公司识别计划的先河，
被称为制订“公司风格”的第一人，
德国现代主义设计重要奠基人之一

威廉 · 莫里斯
William Morris
1834.3.24—1896.10.3

工艺美术运动创始人
强调版面的装饰性，通常采取对称结构，形成了严谨、朴素、庄重的风格

图 24

2）给正文中重要的专业名词添加注释

**新古典主义**
新古典主义兴起于18世纪的罗马，并迅速在欧美地区扩展的艺术运动。新古典主义以重振古希腊、古罗马的艺术为信念。

**工艺美术运动**
19世纪下半叶，起源于英国的一场设计改良运动，又称作艺术与手工艺运动。其主要特点是强调手工艺生产，反对机械化生产。

**《新印刷术》**
Tschichold在书中批判了除无衬线体以外的所有字体。他偏好非居中版式，并构建了一系列现代设计的规则，还包括所有印刷品中标准纸张的用法，并首次清晰地阐述了如何有效使用不同字号和字重以快速容易地传达信息。

图 26

3）提取正文中重要的年份，用手写的方式图形化呈现，将其作为版面的素材

1856 1894 1904

图 27

## ⟶ 修改素材

为突出历史的主题性，将所有的图片用单色处理，版面共设置两个主题色（图 28）。在倒数第二页，将图片按原大小（除满版图片外）打印成纸片，用一个粉线踩边的硫酸纸袋装起来，促使读者更细致地观看图片。（图 29）

C92,M92,Y0,K0

C7,M77,Y0,K0
透明度 50%

原素材：

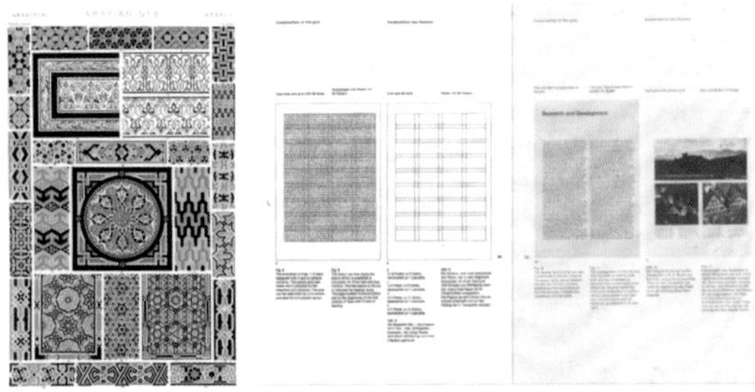

修改后：

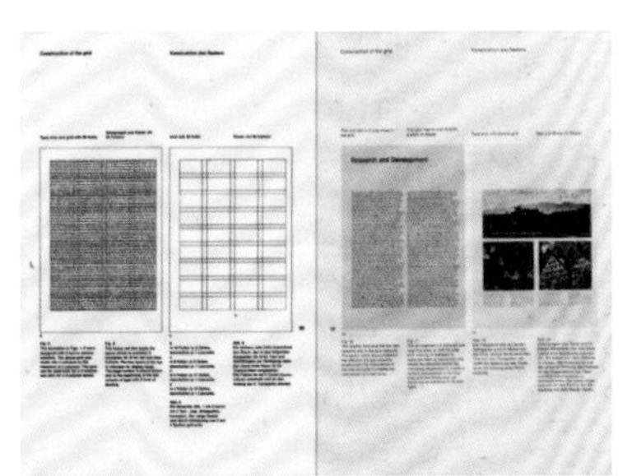

图 28

图 29

## 中英文正文字体、字号、行距的选择

网格设计的发展历史十分曲折，而且复杂。众所周知，现代平面设计是一个比较年轻的行业，但是平面设计早在罗马和希腊人出现之前就已经被人使用过；要想在本书中完全展示该历史进程几乎不可能。为了满足我们自己的目的，西方平面设计中所使用的网格设计在工业革命时期也得到了发展。然而，各种想法和概念在艺术界流传；试图找到某一种设计概念的具体起源对历史的发展无益。一个多世纪的过程中，成千上万名设计师所做的贡献被概括为几页纸的内容；许多贡献都被忽视或者只是简单地一笔带过。本书结尾的参考文献部分将有助于感兴趣的读者更深入理解这一复杂的主题。

微软雅黑 字号 9pt
行距 16pt

网格设计的发展历史十分曲折，而且复杂。众所周知，现代平面设计是一个比较年轻的行业，但是平面设计早在罗马和希腊人出现之前就已经被人使用过；要想在本书中完全展示该历史进程几乎不可能。为了满足我们自己的目的，西方平面设计中所使用的网格设计在工业革命时期也得到了发展。然而，各种想法和概念在艺术界流传；试图找到某一种设计概念的具体起源对历史的发展无益。一个多世纪的过程中，成千上万名设计师所做的贡献被概括为几页纸的内容；许多贡献都被忽视或者只是简单地一笔带过。本书结尾的参考文献部分将有助于感兴趣的读者更深入理解这一复杂的主题。

汉仪旗黑 40s 字号 8.5pt
行距 15pt

网格设计的发展历史十分曲折，而且复杂。众所周知，现代平面设计是一个比较年轻的行业，但是平面设计早在罗马和希腊人出现之前就已经被人使用过；要想在本书中完全展示该历史进程几乎不可能。为了满足我们自己的目的，西方平面设计中所使用的网格设计在工业革命时期也得到了发展。然而，各种想法和概念在艺术界流传；试图找到某一种设计概念的具体起源对历史的发展无益。一个多世纪的过程中，成千上万名设计师所做的贡献被概括为几页纸的内容；许多贡献都被忽视或者只是简单地一笔带过。本书结尾的参考文献部分将有助于感兴趣的读者更深入理解这一复杂的主题。

方正兰亭黑简体 字号 9pt
行距 16pt

网格设计的发展历史十分曲折，而且复杂。众所周知，现代平面设计是一个比较年轻的行业，但是平面设计早在罗马和希腊人出现之前就已经被人使用过；要想在本书中完全展示该历史进程几乎不可能。为了满足我们自己的目的，西方平面设计中所使用的网格设计在工业革命时期也得到了发展。然而，各种想法和概念在艺术界流传；试图找到某一种设计概念的具体起源对历史的发展无益。一个多世纪的过程中，成千上万名设计师所做的贡献被概括为几页纸的内容；许多贡献都被忽视或者只是简单地一笔带过。本书结尾的参考文献部分将有助于感兴趣的读者更深入理解这一复杂的主题。

汉仪旗黑 45s 字号 8.5pt
行距 15pt

**网格设计的发展历史十分曲折，而且复杂。众所周知，现代平面设计是一个比较年轻的行业，但是平面设计早在罗马和希腊人出现之前就已经被人使用过；要想在本书中完全展示该历史进程几乎不可能。为了满足我们自己的目的，西方平面设计中所使用的网格设计在工业革命时期也得到了发展。然而，各种想法和概念在艺术界流传；试图找到某一种设计概念的具体起源对历史的发展无益。一个多世纪的过程中，成千上万名设计师所做的贡献被概括为几页纸的内容；许多贡献都被忽视或者只是简单地一笔带过。本书结尾的参考文献部分将有助于感兴趣的读者更深入理解这一复杂的主题。**

方正兰亭粗黑简体 字号 9pt
行距 16pt

网格设计的发展历史十分曲折，而且复杂。众所周知，现代平面设计是一个比较年轻的行业，但是平面设计早在罗马和希腊人出现之前就已经被人使用过；要想在本书中完全展示该历史进程几乎不可能。为了满足我们自己的目的，西方平面设计中所使用的网格设计在工业革命时期也得到了发展。然而，各种想法和概念在艺术界流传；试图找到某一种设计概念的具体起源对历史的发展无益。一个多世纪的过程中，成千上万名设计师所做的贡献被概括为几页纸的内容；许多贡献都被忽视或者只是简单地一笔带过。本书结尾的参考文献部分将有助于感兴趣的读者更深入理解这一复杂的主题。

汉仪旗黑 50s 字号 8.5pt
行距 15pt

The history of the grid's development is convoluted and complex. Modern graphic design, as we know it, is a young profession, but incidences of grid use predate the Romans and the Greeks a full exposition of that history would be impossible here. For our purposes, the grid that is used in Western graphic design evolved during the Industrial Revolution. Ideas circulate in artistic communities, however;trying to pinpoint the precise genesis of one does history a disservice. Gathered here is a rather simplified overview of a complicated process. Contributions by thousands of designers, over more than a century, have been generalized into a few pages;many have been overlooked or mentioned only briefly in passing. The bibliography at the end of this book will help interested readers pursue a more in-depth understanding of this intricate subject.1234567890

Avenir Book 字号 9pt
行距 15pt

The history of the grid's development is convoluted and complex. Modern graphic design, as we know it, is a young profession, but incidences of grid use predate the Romans and the Greeks a full exposition of that history would be impossible here. For our purposes, the grid that is used in Western graphic design evolved during the Industrial Revolution. Ideas circulate in artistic communities, however;trying to pinpoint the precise genesis of one does history a disservice. Gathered here is a rather simplified overview of a complicated process. Contributions by thousands of designers, over more than a century, have been generalized into a few pages;many have been overlooked or mentioned only briefly in passing. The bibliography at the end of this book will help interested readers pursue a more in-depth understanding of this intricate subject.1234567890

Futura LT Book 字号 9pt
行距 15pt

The history of the grid's development is convoluted and complex. Modern graphic design, as we know it, is a young profession, but incidences of grid use predate the Romans and the Greeks a full exposition of that history would be impossible here. For our purposes, the grid that is used in Western graphic design evolved during the Industrial Revolution. Ideas circulate in artistic communities, however;trying to pinpoint the precise genesis of one does history a disservice. Gathered here is a rather simplified overview of a complicated process. Contributions by thousands of designers, over more than a century, have been generalized into a few pages;many have been overlooked or mentioned only briefly in passing. The bibliography at the end of this book will help interested readers pursue a more in-depth understanding of this intricate subject.1234567890

Avenir Medium 字号 9pt
行距 15pt

The history of the grid's development is convoluted and complex. Modern graphic design, as we know it, is a young profession, but incidences of grid use predate the Romans and the Greeks a full exposition of that history would be impossible here. For our purposes, the grid that is used in Western graphic design evolved during the Industrial Revolution. Ideas circulate in artistic communities, however;trying to pinpoint the precise genesis of one does history a disservice. Gathered here is a rather simplified overview of a complicated process. Contributions by thousands of designers, over more than a century, have been generalized into a few pages;many have been overlooked or mentioned only briefly in passing. The bibliography at the end of this book will help interested readers pursue a more in-depth understanding of this intricate subject. 1234567890

DIN Regular 字号 9pt
行距 15pt

The history of the grid's development is convoluted and complex. Modern graphic design, as we know it, is a young profession, but incidences of grid use predate the Romans and the Greeks a full exposition of that history would be impossible here. For our purposes, the grid that is used in Western graphic design evolved during the Industrial Revolution. Ideas circulate in artistic communities, however;trying to pinpoint the precise genesis of one does history a disservice. Gathered here is a rather simplified overview of a complicated process. Contributions by thousands of designers, over more than a century, have been generalized into a few pages;many have been overlooked or mentioned only briefly in passing. The bibliography at the end of this book will help interested readers pursue a more in-depth understanding of this intricate subject. 1234567890

AvantGarde Bk BT Book 字号 9pt
行距 15pt

**The history of the grid's development is convoluted and complex. Modern graphic design, as we know it, is a young profession, but incidences of grid use predate the Romans and the Greeks a full exposition of that history would be impossible here. For our purposes, the grid that is used in Western graphic design evolved during the Industrial Revolution. Ideas circulate in artistic communities, however;trying to pinpoint the precise genesis of one does history a disservice. Gathered here is a rather simplified overview of a complicated process. Contributions by thousands of designers, over more than a century, have been generalized into a few pages;many have been overlooked or mentioned only briefly in passing. The bibliography at the end of this book will help interested readers pursue a more in-depth understanding of this intricate subject. 1234567890**

DIN Bold 字号 9pt
行距 15pt

图 30 比较不同的字体、字号、行距

## → 设定基线、确定版心

图 31

图 31

页面：265mm × 342.8mm

基线：15pt

页边距：（内）15mm，（外）10mm，（上）10mm，（下）10mm

## ——> 其他层级文字字体、字号、字重的选择

COMING TO ORDER
DIN Black 字号 75pt

COMING TO ORDER
Gill Sans Bold 字号 72pt

COMING TO ORDER
Avenir Black 字号 72pt

COMING TO ORDER
Futura LT Book Bold 字号 72pt

微软雅黑 字号 6pt 行距 8.5pt
图注
网格图

方正兰亭黑简体 字号 6pt 行距 8.5pt
图注
网格图

方正兰亭粗黑简体 字号 6pt 行距 8.5pt
图注
网格图

汉仪旗黑 40s 字号 6pt 行距 8.5pt
图注
网格图

汉仪旗黑 45s 字号 6pt 行距 8.5pt
图注
网格图

汉仪旗黑 50s 字号 6pt 行距 8.5pt
图注
网格图

汉仪旗黑 55s 字号 6pt 行距 8.5pt
图注
网格图

汉仪旗黑 60s 字号 6pt 行距 8.5pt
图注
网格图

汉仪旗黑 65s 字号 6pt 行距 8.5pt
图注
网格图

汉仪旗黑 70s 字号 6pt 行距 8.5pt
图注
网格图

汉仪旗黑 75s 字号 6pt 行距 8.5pt
图注
网格图

汉仪旗黑 80s 字号 6pt 行距 8.5pt
图注
网格图

微软雅黑 字号 6pt 行距 9pt
图注
网格图

方正兰亭黑简体 字号 6pt 行距 9pt
图注
网格图

方正兰亭粗黑简体 字号 6pt 行距 9pt
图注
网格图

汉仪旗黑 40s 字号 7.5pt 行距 12pt
图注
网格图

汉仪旗黑 45s 字号 7.5pt 行距 12pt
图注
网格图

汉仪旗黑 60s 字号 7pt 行距 11pt
图注
网格图

汉仪旗黑 65s 字号 7pt 行距 11pt
图注
网格图

汉仪旗黑 70s 字号 6.5pt 行距 10.5pt
图注
网格图

汉仪旗黑 75s 字号 6.5pt 行距 10.5pt
图注
网格图

图注 Note
网格图
Adapted from diagrams of
J.L. Mathieu Lauweriks
方正兰亭特黑简体 字号 6pt
Avenir Black 字号 6pt
行距 9pt

图注 Note
网格图
Adapted from diagrams of
J.L. Mathieu Lauweriks
汉仪旗黑 85s 字号 6pt
Avenir Black 字号 6pt（108%）
行距 10pt

图注 Note
网格图
Adapted from diagrams of
J.L. Mathieu Lauweriks
汉仪旗黑 90s 字号 7pt
Avenir Black 字号 7.5pt
行距 12pt

图注 Note
网格图
Adapted from diagrams of
J.L. Mathieu Lauweriks
汉仪旗黑 95s 字号 6pt
Avenir Black 字号 6pt
行距 8.5pt

图注 Note
网格图
Adapted from diagrams of
J.L. Mathieu Lauweriks
方正兰亭特黑简体 字号 6pt
Avenir Black 字号 6pt
行距 9pt

图注 Note
网格图
*Adapted from diagrams of*
J.L. Mathieu Lauweriks
方正兰亭特黑简体 字号 5.5pt
Times New Roman 字号 6pt
Avenir Black Oblique 字号 6pt
行距 9pt

图 32 比较其他层级不同字体、字号、字重

## 文本中各层级文字的比例关系

起源
COMING
TO ORDER

产业的勇敢新世界
The Brave New World of Industry

作家和设计师欧文•琼斯出版了《装饰的语法》（*The Grammar of Ornament*）书，该书是一本有关肌理、风格、装饰品的内容丰富多彩的画册，这些内容当时被杂糅起来，用于大规模生产美感和质量都有问题的商品。Writer and designer Owen Jones produced *The Grammar of Ornament* an enormous catalog of patterns, styles, and embellishments that were co-opted to mass-produce poorly made goods of questionable aesthetic quality.

现代平面设计网格的历史简介
A BRIEG HISTORY
OF GRID IN MODERN
GRAPHIC DESIGN

**《装饰的语法》**
**The Grammar of Ornament**
**A page in the book**
**Published by**
**Owen Jones,1856**

网格设计的发展历史十分曲折，而且复杂。众所周知，现代平面设计是一个比较年轻的行业，但是平面设计早在罗马和希腊人出现之前就已经被人使用过；要想在本书中完全展示该历史进程几乎不可能。为了满足我们自己的目的，西方平面设计中所使用的网格设计在工业革命时期也得到了发展。然而，各种想法和概念在艺术界流传；试图找到某一种设计概念的具体起源对历史的发展无益。一个多世纪的过程中，成千上万名设计师所做的贡献被概括为几页纸的内容；许多贡献都被忽视或者只是简单地一笔带过。本书结尾的参考文献部分将有助于感兴趣的读者更深入理解这一复杂的主题。

**《新印刷术》**
Tschichold 在书中批判了除无衬线体以外的所有字体。他偏好非居中版式，并构建了一系列现代设计的规则，还包括所有印刷品中标准纸张的用法，并首次清晰地阐述了如何有效使用不同字号和字重以快速容易地传达信息。

The history of the grid's development is convoluted and complex. Modern graphic design, as we know it, is a young profession, but incidences of grid use predate the Romans and the Greeks a full exposition of that history would be impossible here. For our purposes, the grid that is used in Western graphic design evolved during the Industrial Revolution. Ideas circulate in artistic communities, however;trying to pinpoint the precise genesis of one does history a disservice. Gathered here is a rather simplified overview of a complicated process. Contributions by thousands of designers, over more than a century, have been generalized into a few pages;many have been overlooked or mentioned only briefly in passing. The bibliography at the end of this book will help interested readers pursue a more in-depth understanding of this intricate subject.1234567890

**The New Typography**
In the book, Tschi-chold critiques all the fonts other than the serif. He preferred non central layout, and built a series of rules of modern design, including the usage of standard paper in all printed matters. For the first time, he clearly expounded how to effectively use different font and word weight to convey information quickly and easily.

COMI
TO ORI

英文标题字（正）
字体 :DIN Black Regular
字号 :75pt

起源

中文标题字
字体：方正兰亭特黑简体
字号 :90pt

现代平面设计网格的

中文副标题字
字体：方方正兰亭粗黑简体
字号 :22.55pt

A BRIEG HISTORY
OF GRID IN MODEF
GRAPHIC DESIGN

英文副标题字
字体 :Helvetica Regular
字号 :22.5pt

图 33 学生确定版面中各层级文字的字体、字号、字间距、字重。
不同字体组成的文本行在纵向上存在统一的比例关系

# Fitness

英文小标题
字体 :DIN Black Regular
字号 :75pt 行距 :60pt

**目的的合适性** 英国建筑业绘画和设计的工艺美术运动在这样的衰退背景下兴起。运动的先驱是威廉 • 莫里斯，一个出身高贵、对诗歌和建筑兴趣颇丰的年轻学生。不过似乎诗歌和建筑表面上都与工业化世界没有联系。莫里斯受到了约翰 • 拉斯金（John Ruskin）的启发，约翰 • 拉斯金是一位作家，他坚称艺术应该成为社会秩序的基石，通过把艺术与劳动结合起来，应该将其用于提升人们的生活水平，正如中世纪人们的生活状况一样。莫里斯和他的伙伴爱德华 • 伯恩 - 琼斯(Edward Burne-Jones，一位作家和绘画家）、菲利普 • 韦伯 (Philip Webb，一位建筑家）一起复兴了英国人的具有审美趣味的日常生活。1860 年，伯为新婚的莫里斯设计了红房子，红房子的空间设计并不对称，而是基于其功能而设计，因此房子功能决定了其表面的形状。

中文正文
字体：汉仪旗黑 85s（段落标题）
汉仪旗黑 50s（正文）
字号 :8.5pt 行距 :15pt

**Fitness of Purpose** The English Arts and Crafts movement in architecture, painting, and design grew out of a reaction to this decline. At the movement's forefront was William Morris, a young student of privileged background who had become interested in poetry and architecture–and their seeming disconnection with the industrialized world. Morris was inspired by John Ruskin, a writer who insisted art could be the basis of a social order that improved lives by unifying it with labor, as it had in the Middle Ages. Together with Edward Burne-Jones, a fellow poet and painter, and Philip Webb, an architect, Morris undertook the revitalization of England's daily aesthetic life. Webb's design of Red House in 1860 for a just-married Morris organized the spaces asymmetrically, based on their intended uses, thereby dictating the shape of the facade. At the time, this idea was unheard of-the prevailing neoclassical model called for a box layout with a symmetrical facade.

英文正文
字体：Avenir Heavy（段落标题）
Avenir Book（正文）
字号 :9pt 行距 :15pt

# 目的的合适性

中文小标题
字体：汉仪旗黑 85s
字号 :30pt

## 产业的勇敢新世界
## The Brave New World of Industry

作家和设计师欧文 • 琼斯出版了《装饰的语法》（*The Grammar of Ornament*）书，该书是一本有关肌理、风格、装饰品的内容丰富多彩的画册，这些内容当时被杂糅起来，用于大规模生产美感和质量都有问题的商品。

Writer and designer Owen Jones produced *The Grammar of Ornament* an enormous catalog of patterns, styles, and embellishments that were co-opted to mass-produce poorly made goods of questionable aesthetic quality.

封面中文小标题
字体：汉仪旗黑 85s
字号 :18pt 行距 :21pt

封面英文小标题
字体：Avenir Black
字号 :15pt 行距 :21pt

中文摘要
字体：汉仪旗黑 55s
字号 :7.5pt 行距 :12pt

英文摘要
字体 :Avenir Medium
字号 :7.5pt 行距 :12pt

**《装饰的语法》**
**The Grammar of Ornament**
**A page in the book**
**Published by**
**Owen Jones,1856**

中文图注
字体：汉仪旗黑 85s
字号 :6.5pt 行距 :10pt

英文图注
字体：Avenir Black
字号 :7pt 行距 :10pt

**工艺美术运动**（The Arts & Crafts Movement）是 19 世纪下半叶，起源于英国的一场设计改良运动，又称作艺术与手工艺运动。其主要特点是强调手工艺生产，反对机械化生产。

中文注释
字体：汉仪旗黑 60s（标题）
汉仪旗黑 40s（正文）
字号 :6.5pt 行距 :10.5pt

**The arts and crafts movement** was in the second half of the nineteenth Century, a design and improvement movement originated in Britain, also known as art and handicraft. Its main characteristic is to emphasize handicraft production and oppose mechanized production.

英文注释
字体：Avenir Heavy（标题）
Avenir Light（正文）
字号 :7pt 行距 :10.5pt

## → 设定栏的数量

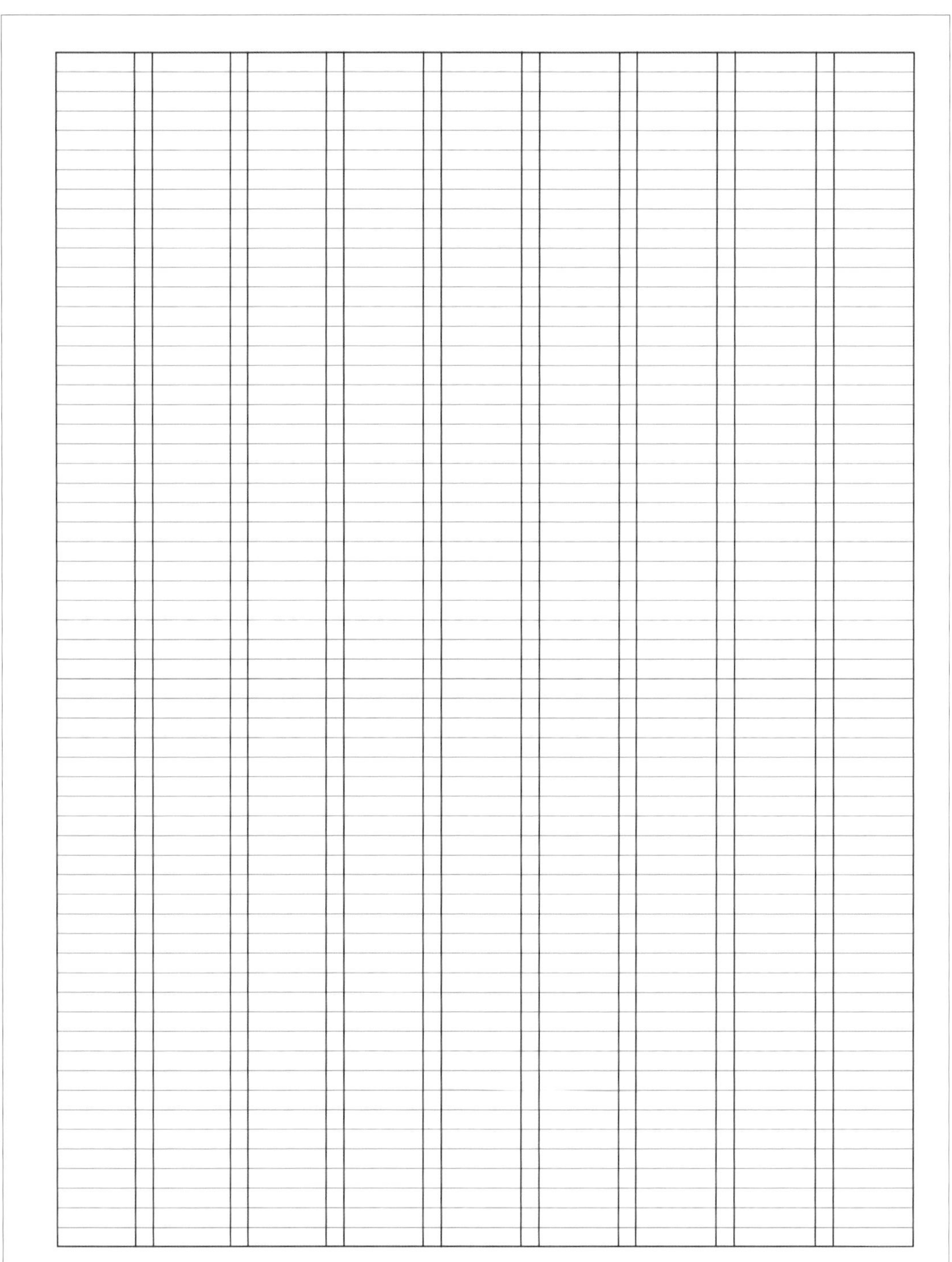

图 34　栏的宽度和数量的设定，为营造版面横向视觉节奏感提供了秩序

## 确定版面信息域

图片宽度为 x/9 栏，位置不固定

图注位于图片右侧下部或左下角

章节标题旋转 90°，位于对页左上角或右上角

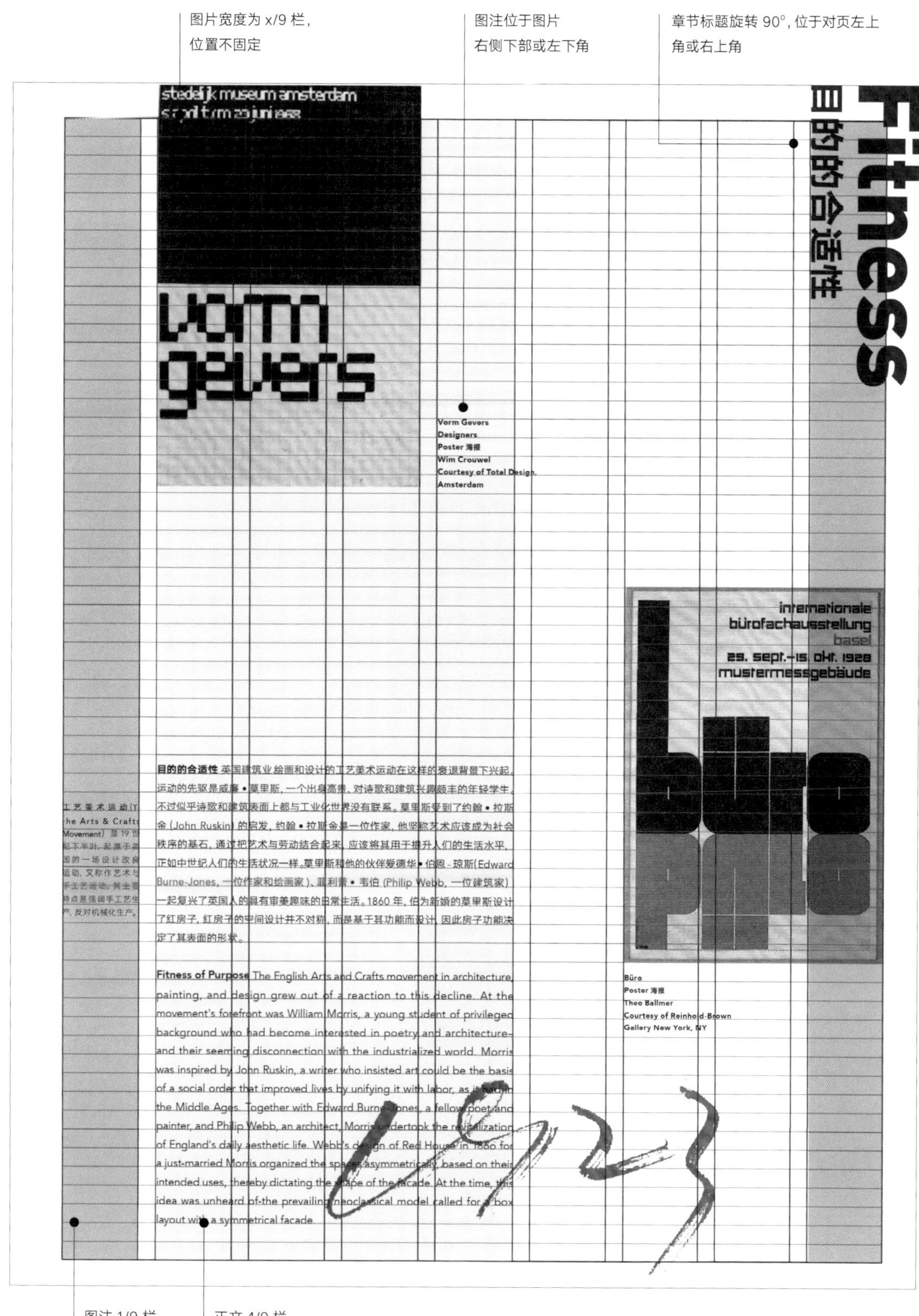

图注 1/9 栏，在最左或最右

正文 4/9 栏，位置可左右调整

图 35 将相同层级的文字或同类型的图像规划在页面中的固定区域，可以为读者阅读连续页面提供统一的视觉线索

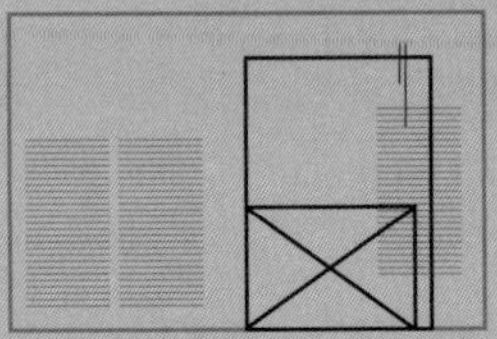

以文字为主的对页，重要人物的图片位于短页上。

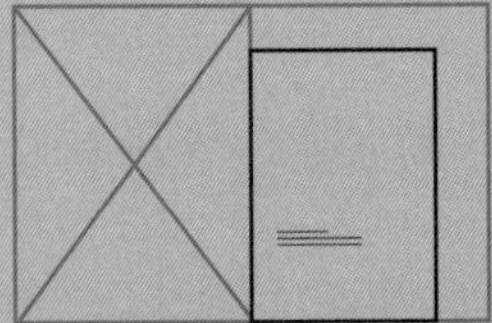

以满版图片为主的对页，关键句位于短页上。

图片和正文共存的对页中，正文段形成一个整体区域，图片尺寸较小，且尽量不打破正文的连贯性。

图 36　确定网格系统，并将其灵活、多样地应用于各个页面

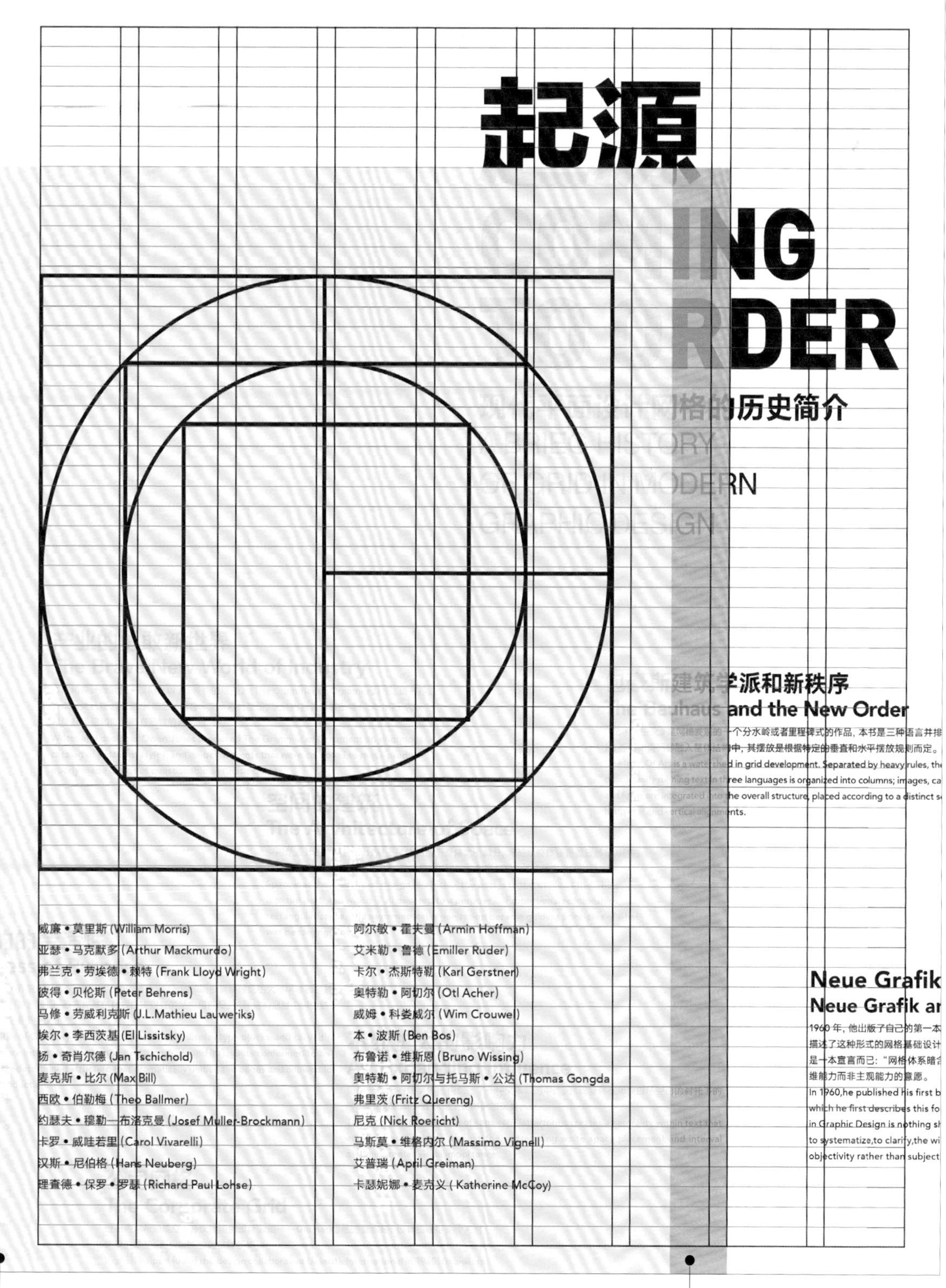
起源
ING
RDER
格的历史简介
RN
建筑学派和新秩序
and the New Order
威廉•莫里斯(William Morris)
亚瑟•马克默多(Arthur Mackmurdo)
弗兰克•劳埃德•赖特(Frank Lloyd Wright)
彼得•贝伦斯(Peter Behrens)
马修•劳威利克斯(J.L.Mathieu Lauweriks)
埃尔•李西茨基(El Lissitsky)
扬•奇肖尔德(Jan Tschichold)
麦克斯•比尔(Max Bill)
西欧•伯勒梅(Theo Ballmer)
约瑟夫•穆勒—布洛克曼(Josef Muller-Brockmann)
卡罗•威哇若里(Carol Vivarelli)
汉斯•尼伯格(Hans Neuberg)
理查德•保罗•罗瑟(Richard Paul Lohse)
阿尔敏•霍夫曼(Armin Hoffman)
艾米勒•鲁德(Emiller Ruder)
卡尔•杰斯特勒(Karl Gerstner)
奥特勒•阿切尔(Otl Acher)
威姆•科娄威尔(Wim Crouwel)
本•波斯(Ben Bos)
布鲁诺•维斯恩(Bruno Wissing)
奥特勒•阿切尔与托马斯•公达(Thomas Gongda
弗里茨(Fritz Quereng)
尼克(Nick Roericht)
马斯莫•维格内尔(Massimo Vignell)
艾普瑞(April Greiman)
卡瑟妮娜•麦克义(Katherine McCoy)
Neue Grafik
Neue Grafik ar

短页 1: 6.5 栏

短页 2: 7 栏 +1 栏间距

起源
COMING
ORDER
网格的历史简介
构成主义学派和新秩序
and the New Order

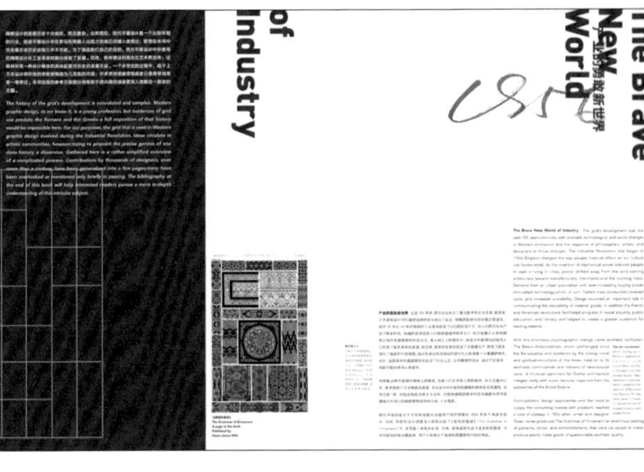
of
Industry
The Brave
New
World
工业的勇敢新世界
1851

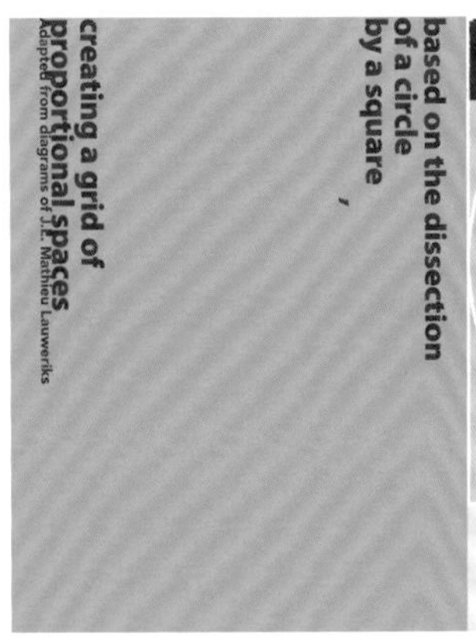
based on the dissection
of a circle
by a square
creating a grid of
proportional spaces
Adapted from diagrams of J.L. Mathieu Lauweriks

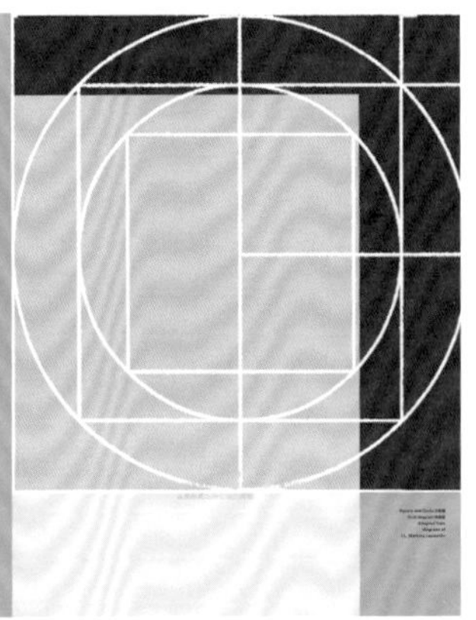

The
Bauhaus
包豪斯建筑学派和新秩序
Constructivism
Disseminating
Asymmetry
结构主义
传播不对称性
KANDINSKY

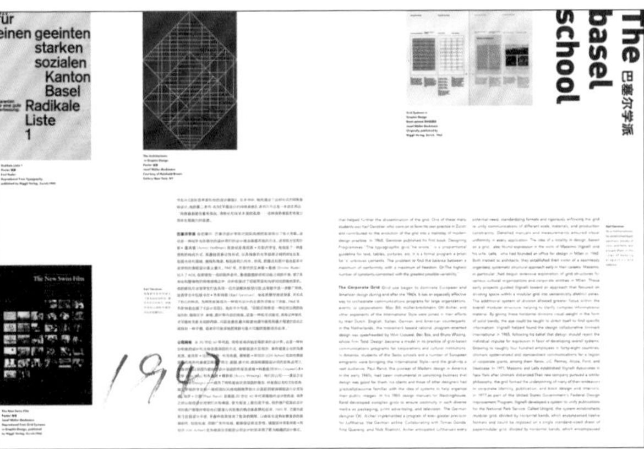
für
einen geeinten
starken
sozialen
Kanton
Basel
Radikale
Liste
1
The
basel
school
巴塞尔学派
1960

Piccolo Teatro
di Milano
stagione 1964/65
al Piccolo Teatro
La lanzichenecca
The
Corporate
Grid
公司网格
1965

图 37 课堂习作完成稿

Fitness
目的的合适性
of Purpose

An Expanding Influence
不断扩大的影响力
The Architecture of Space
空间的建筑

AUSSTELLUNG
EUROPAISCHES KUNSTGEWERBE
1927
LEIPZIG
GRASSIMUSEUM
used rules, squares and type asymmetrically composed on a grid
非对称地

Toward Neutrality
达到中性
Neue Grafik 和秩序

Piccolo Teatro di Milano

达到中性
Toward Neutrality
传播不对称性
Disseminating Asymmetry
巴塞尔学派
The Basel School
Neue Grafik 和秩序
Neue Grafik and the Will to Order
理性主义，机器美感，追求普世文化
Rationalism, the Machine Aesthetic, and the Search for Universal Culture

图 38 课堂习作实物：陈铮

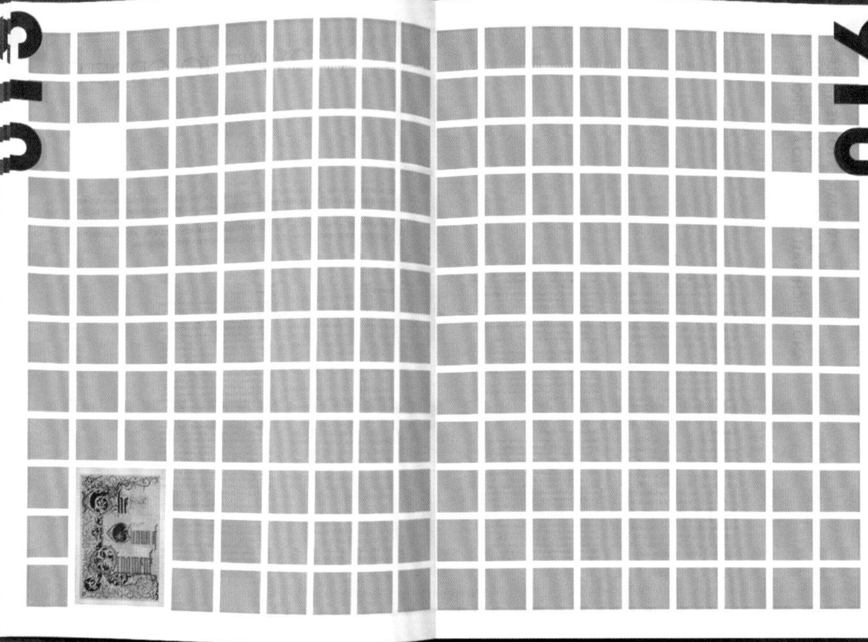

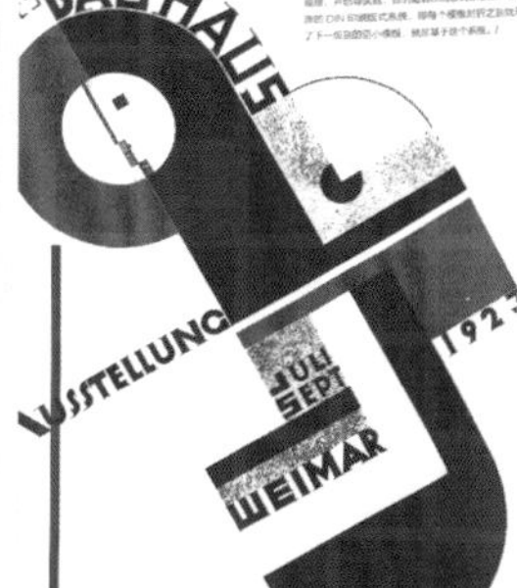
BAUHAUS
AUSSTELLUNG
JULI
SEPT
1923
WEIMAR

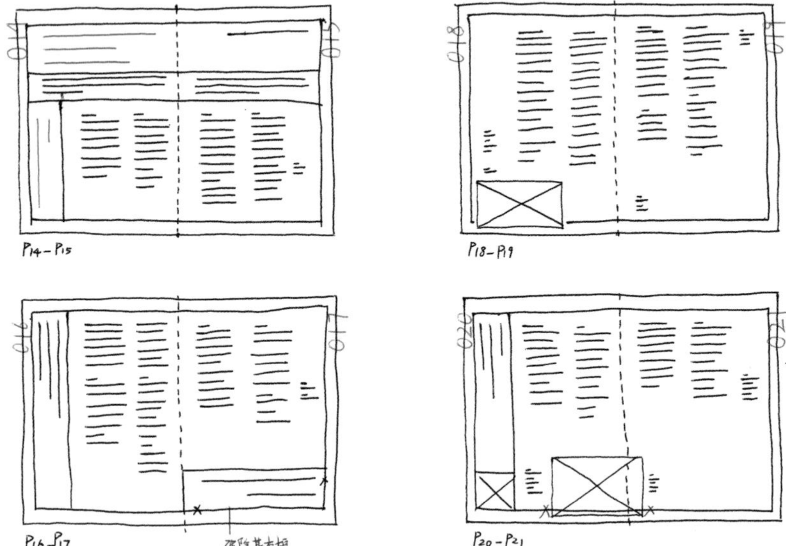
P14–P15
P18–P19
P16–P17
破除基本框
P20–P21

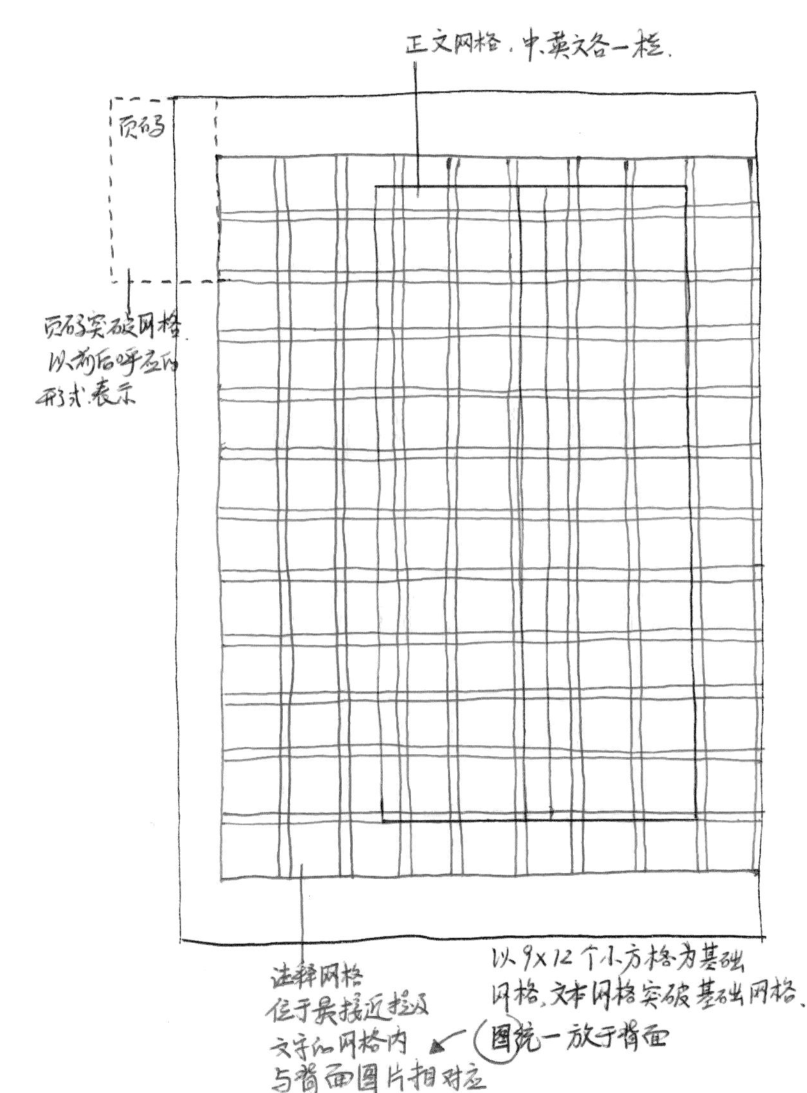
正文网格，中、英文各一栏。
页码
页码突破网格，以前后呼应的形式表示
注释网格位于最接近提及文字的网格内与背面图片相对应
以9×12个小方格为基础网格，文本网格突破基础网格，图统一放于背面

图 39　草图

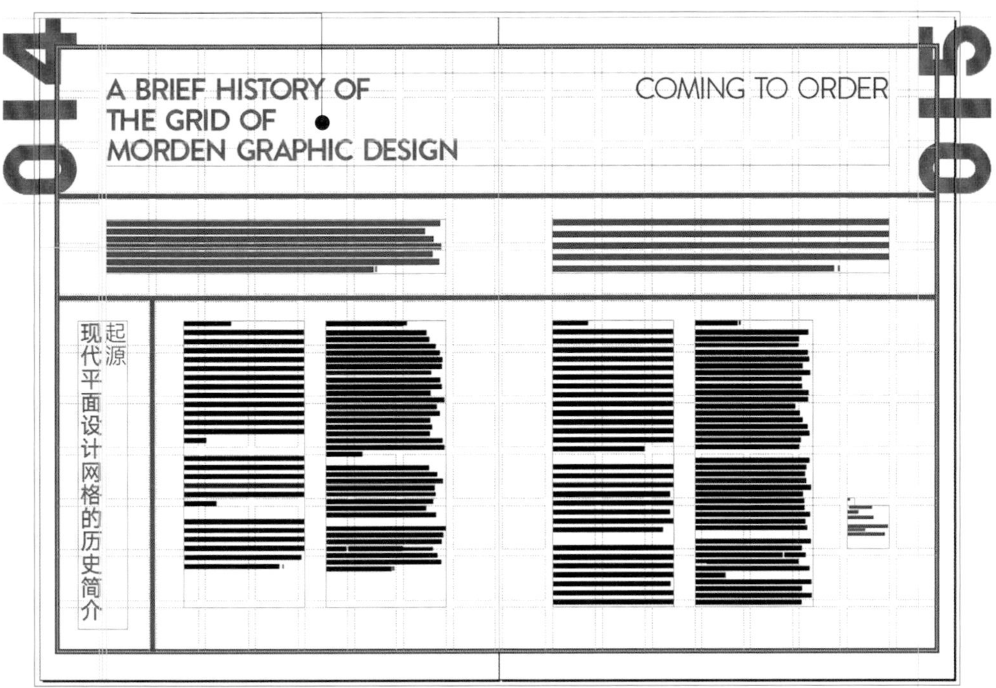


图片版面

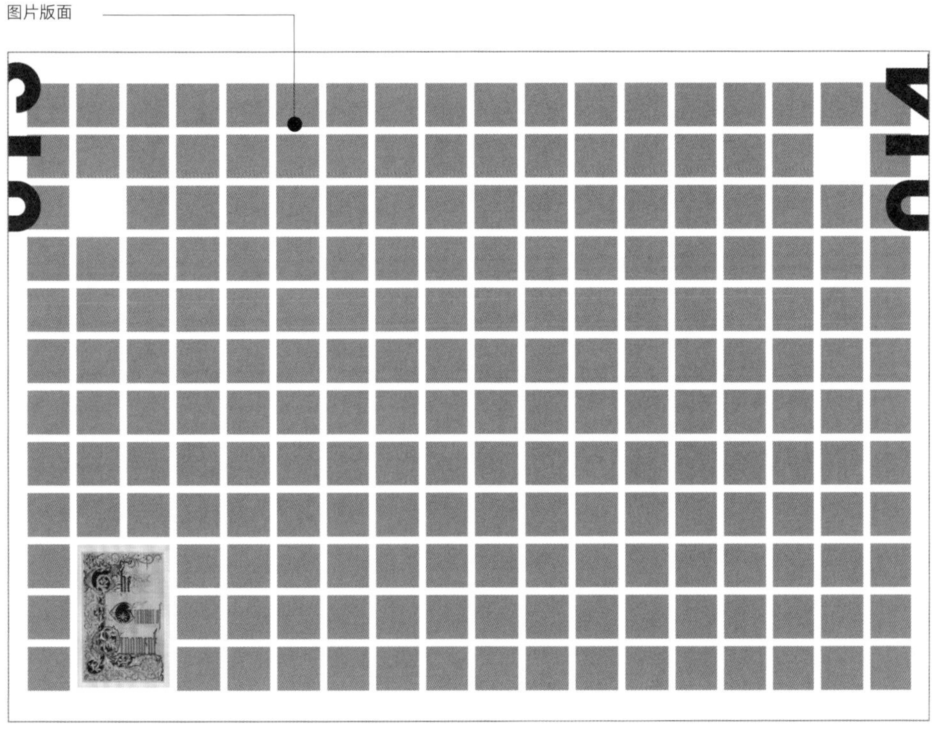

图 40 建构网格系统

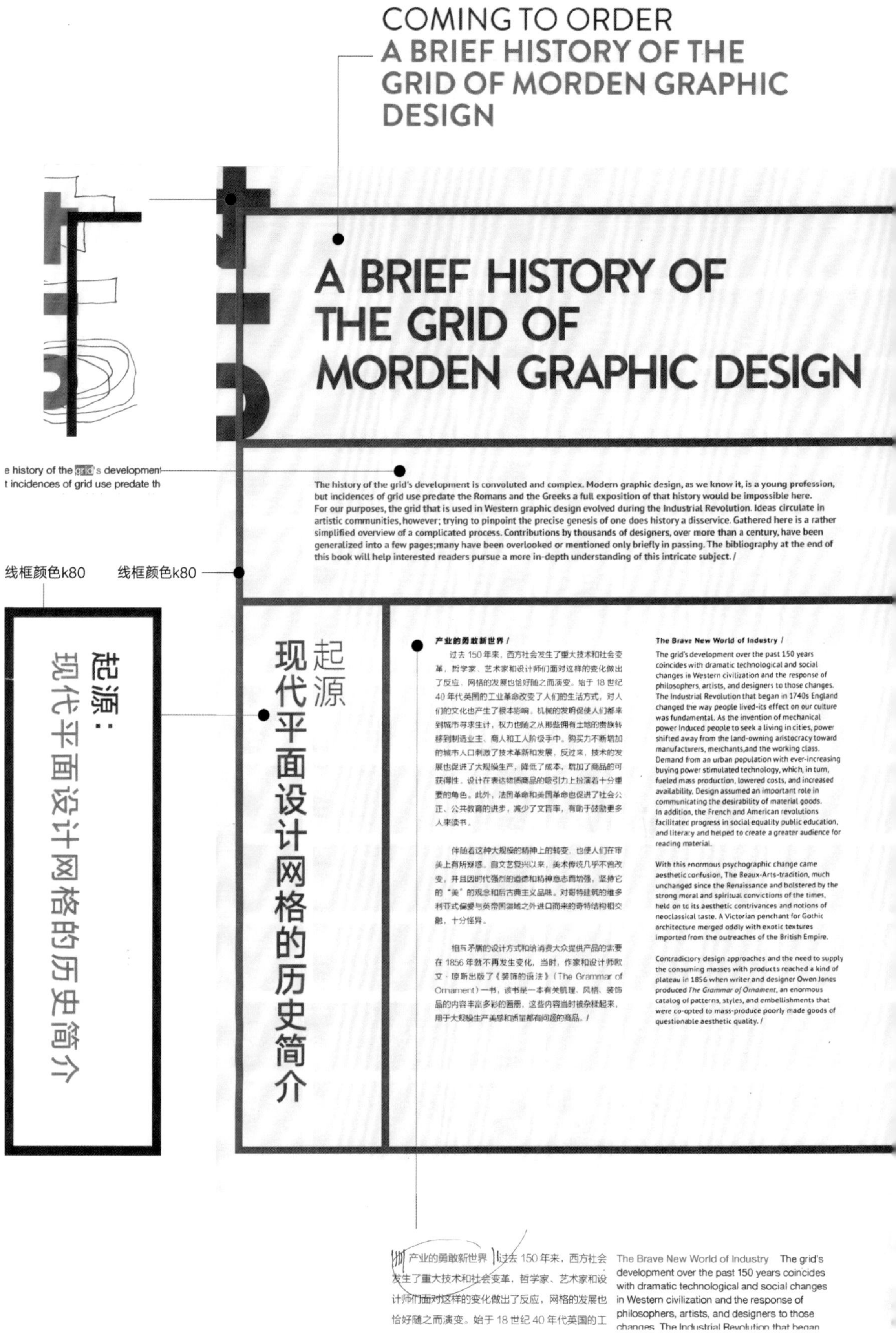

COMING TO ORDER
A BRIEF HISTORY OF THE GRID OF MORDEN GRAPHIC DESIGN

# A BRIEF HISTORY OF THE GRID OF MORDEN GRAPHIC DESIGN

e history of the grid's developmen
t incidences of grid use predate th

The history of the grid's development is convoluted and complex. Modern graphic design, as we know it, is a young profession, but incidences of grid use predate the Romans and the Greeks a full exposition of that history would be impossible here. For our purposes, the grid that is used in Western graphic design evolved during the Industrial Revolution. Ideas circulate in artistic communities, however; trying to pinpoint the precise genesis of one does history a disservice. Gathered here is a rather simplified overview of a complicated process. Contributions by thousands of designers, over more than a century, have been generalized into a few pages;many have been overlooked or mentioned only briefly in passing. The bibliography at the end of this book will help interested readers pursue a more in-depth understanding of this intricate subject. /

线框颜色k80　线框颜色k80

起源：现代平面设计网格的历史简介

## 起源 现代平面设计网格的历史简介

**产业的勇敢新世界 /**

过去 150 年来，西方社会发生了重大技术和社会变革，哲学家、艺术家和设计师们面对这样的变化做出了反应，网格的发展也恰好随之而演变。始于 18 世纪 40 年代英国的工业革命改变了人们的生活方式，对人们的文化也产生了根本影响。机械的发明促使人们都来到城市寻求生计，权力也随之从那些拥有土地的贵族转移到制造业主、商人和工人阶级手中。购买力不断增加的城市人口刺激了技术革新和发展，反过来，技术的发展也促进了大规模生产，降低了成本，增加了商品的可获得性。设计在表达物质商品的吸引力上扮演着十分重要的角色。此外，法国革命和美国革命也促进了社会公正、公共教育的进步，减少了文盲率，有助于鼓励更多人来读书。

伴随着这种大规模的精神上的转变，也使人们在审美上有所疑惑。自文艺复兴以来，美术传统几乎不曾改变，并且因时代强烈的道德和精神意志而增强，坚持它的“美”的观念和后古典主义品味。对哥特建筑的维多利亚式偏爱与英帝国疆域之外进口而来的奇特结构相交融，十分怪异。

相互矛盾的设计方式和给消费大众提供产品的需要在 1856 年就不再发生变化，当时，作家和设计师欧文·琼斯出版了《装饰的语法》(The Grammar of Ornament) 一书，该书是一本有关肌理、风格、装饰品的内容丰富多彩的画册，这些内容当时被杂糅起来，用于大规模生产美感和质量都有问题的商品。/

**The Brave New World of Industry /**

The grid's development over the past 150 years coincides with dramatic technological and social changes in Western civilization and the response of philosophers, artists, and designers to those changes. The Industrial Revolution that began in 1740s England changed the way people lived-its effect on our culture was fundamental. As the invention of mechanical power Induced people to seek a living in cities, power shifted away from the land-owning aristocracy toward manufacturers, merchants,and the working class. Demand from an urban population with ever-increasing buying power stimulated technology, which, in turn, fueled mass production, lowered costs, and increased availability. Design assumed an important role in communicating the desirability of material goods. In addition, the French and American revolutions facilitated progress in social equality public education, and literacy and helped to create a greater audience for reading material.

With this enormous psychographic change came aesthetic confusion, The Beaux-Arts-tradition, much unchanged since the Renaissance and bolstered by the strong moral and spiritual convictions of the times, held on to its aesthetic contrivances and notions of neoclassical taste. A Victorian penchant for Gothic architecture merged oddly with exotic textures imported from the outreaches of the British Empire.

Contradictory design approaches and the need to supply the consuming masses with products reached a kind of plateau in 1856 when writer and designer Owen Jones produced *The Grammar of Ornament*, an enormous catalog of patterns, styles, and embellishments that were co-opted to mass-produce poorly made goods of questionable aesthetic quality. /

产业的勇敢新世界 过去 150 年来，西方社会发生了重大技术和社会变革，哲学家、艺术家和设计师们面对这样的变化做出了反应，网格的发展也恰好随之而演变。始于 18 世纪 40 年代英国的工

The Brave New World of Industry The grid's development over the past 150 years coincides with dramatic technological and social changes in Western civilization and the response of philosophers, artists, and designers to those changes. The Industrial Revolution that began

图 41 细节优化

# COMING TO ORDER

014

COMING TO ORDER
A BRIEF HISTORY OF THE GRID OF
MORDEN GRAPHIC DESIGN

015

网格设计的发展历史十分曲折，而且复杂。众所周知，现代平面设计是一个比较年轻的行业，但是平面设计早在罗马和希腊人出现之前就已经被人使用过；要想在本书中完全展示该历史进程几乎不可能。为了满足我们自己的目的，西方平面设计中所使用的网格设计在工业革命时期也得到了发展。然而，各种想法和概念在艺术界流传；试图找到某一种设计概念的具体起源对历史的发展无益。一个多世纪的过程中，成千上万名设计师所做的贡献被概括为几页纸的内容；许多贡献都被忽视或者只是简单地草草一笔带过。本书结尾的参考文献部分将有助于感兴趣的读者更深入理解这一复杂的主题。/

第二稿
页面大小: 正文字号:

第三稿
页面大小: 正文字号:

最终稿
页面大小: 正文字号:

**目的的合适性 /**

英国建筑业、绘画和设计的工艺美术运动在这样的衰退背景下兴起。运动的先驱是威廉 · 莫里斯，一个出身高贵、对诗歌和建筑兴趣颇丰的年轻学生。不过似乎诗歌和建筑表面上都与工业化世界没有联系。莫里斯受到了约翰 · 拉斯金（John Ruskin）的启发，约翰 · 拉斯金是一位作家，他坚称艺术应该成为社会秩序的基石，通过把艺术与劳动结合起来，应该将其用于提升人们的生活水平，正如中世纪人们的生活状况一样。莫里斯和他的伙伴爱德华 · 伯恩 - 琼斯（Edward Burne-Jones，一位作家和绘画家）、菲利普 · 韦伯（Philip Webb，一位建筑家）一起复兴了英国人的具有审美趣味的日常生活。1860 年，伯为新婚的莫里斯设计了红房子，红房子的空间设计并不对称，而是基于其功能而设计，因此房子功能决定了其表面的形状。

然而，没有什么家具适合这样一栋房子。莫里斯被迫自己设计并监督所有家具、纺织品、玻璃和物品的生产，通过这一过程，他也成为了一位手工艺大师。此次经历也催生了莫里斯公司（Morris and Company），该公司积极倡导这样一种概念：要从目的和用途中寻找灵感。该公司生产了大量纺织品、物件、玻璃和家具，也开启了这样一种工作方式：追随内容、关注社会、关心制成品的质量，即使其生产方式是规模化生产。

莫里斯时代的亚瑟 · 马克默多（Arthur Mackmurdo）和埃默里 · 沃克尔爵士（Sir Emery Walker）把他们的注意力转向款式和书籍设计。马克默多的杂志《霍比马》就倡导同样的品质——有目的地分割空间和仔细控制样式的尺寸大小、样式的选择、页边距和打印质量——这是莫里斯所希望的，但要以打印的形式表现出来。1891 年，莫里斯成立了位于

**Fitness of Purpose /**

The English Arts and Crafts movement in architecture, painting, and design grew out of a reaction to this decline. At the movement's forefront was William Morris, a young student of privileged background who had become interested in poetry and architecture -and their seeming disconnection with the industrialized world. Morris was inspired by John Ruskin, a writer who insisted art could be the basis of a social order that improved lives by unifying it with labor, as it had in the Middle Ages. Together with Edward Burne-Jones, a fellow poet and painter, and Philip Webb, an architect, Morris undertook the revitalization of England's daily aesthetic life. Webb's design of Red House in 1860 for a just-married Morris organized the spaces asymmetrically, based on their intended uses, thereby dictating the shape of the facade. At the time, this idea was unheard of—the prevailing neoclassical model called for a box layout with a symmetrical facade.

Furthermore, no suitable furnishings existed for such a house. Morris was compelled to design and supervise the production of all its furniture, textiles, glass, and objects, becoming a master craftsman in the process. The company that resulted from this experience, Morris and Company, vigorously advocated the notion that fitness of purpose inspired form their prolific output in textiles, objects, glass, and furnishings heralded a way of working that responded to content, was socially concerned, and paid utmost attention to the finished quality of the work, even when it was mass-produced.

Arthur Mackmurdo and Sir Emery Walker, two of Morris' contemporaries, directed his attention toward type and book design. Mackmurdo's periodical, *The Hobby Horse*, espoused the same qualities—a purposeful proportioning of space and careful control of type size, type selection,
margins, and print quality—to which Morris had aspired, but in printed form. In 1891, Morris established the Kelmscott Press in Hammersmith, producing exquisitely designed books in which the typefaces, woodblock

1
装饰的语法
出版物
欧文 · 琼斯出版

The Grammar of Ornament
Publication
Courtesy of Owen Jones

装饰的语法
出版物
欧文 · 琼斯出版

The Grammar of Ornament
Publication
Courtesy of Owen Jones

1. 装饰的语法
出版物
欧文 · 琼斯出版

The Grammar of Ornament
Publication
Courtesy of Owen Jones

**THE BRAVE NEW WORLD OF INDUSTRY /**

社会发生了重大技术和社会变革……们面对这样的变化做出了反应，……而演变。始于 18 世纪 40 年代英

The grid's development over the past 150 years coincides with dramatic technological and social changes in Western civilization and the response of philosophers, artists, and designers to those changes. The Industrial

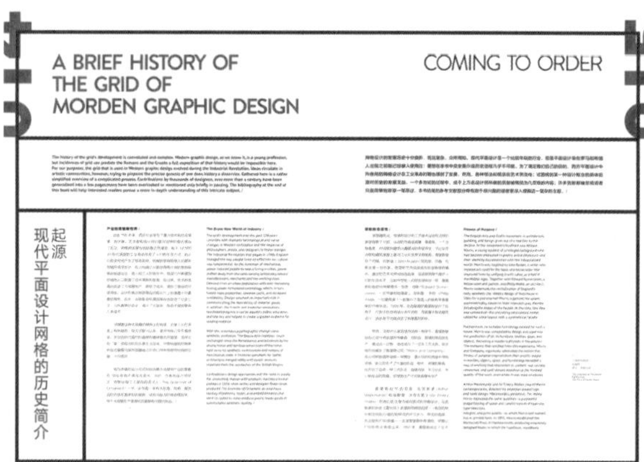
A BRIEF HISTORY OF
THE GRID OF
MORDEN GRAPHIC DESIGN
COMING TO ORDER
起源
现代平面设计网格的历史简介

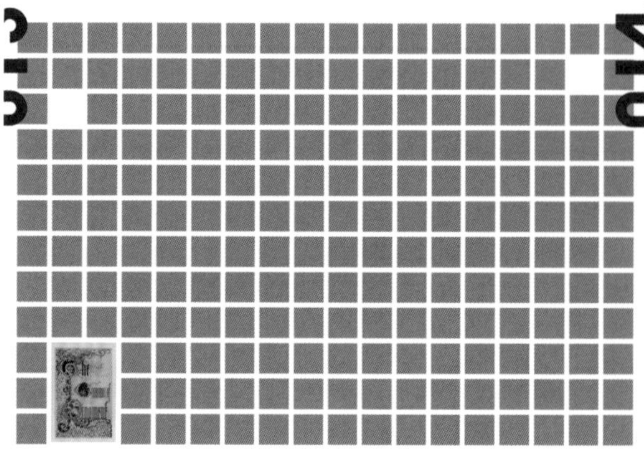

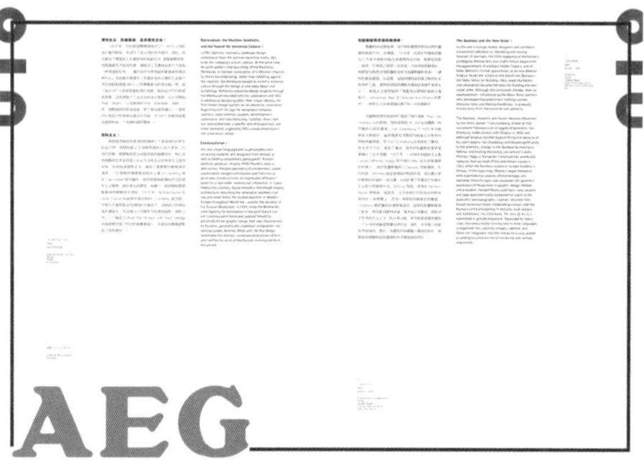
AEG

ANHALTISCHER
KUNSTVEREIN
KANDINSKY
JUBILÄUMS-AUSSTELLUNG
60.
AUSSTELLUNG
EUROPÄI
-SCHES
KUNST-
GEWERBE
1927
LEIPZIG
КЛИНОМ
КРАСНЫМ
БЕЙ

IT IS A FORMAL PROGRAM
A PRIORI FOR 'X' UNKNOWN
CONTENTS.
für
einen geeinten
starken
sozialen
Kanton
Basel
Radikale
Liste
1

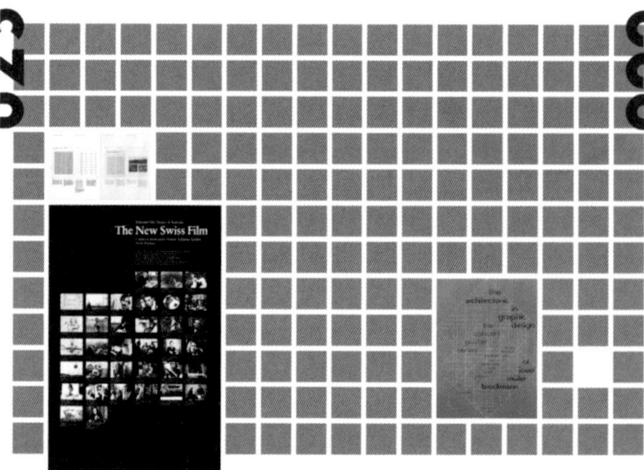
The New Swiss Film

图 42 课堂习作完成稿

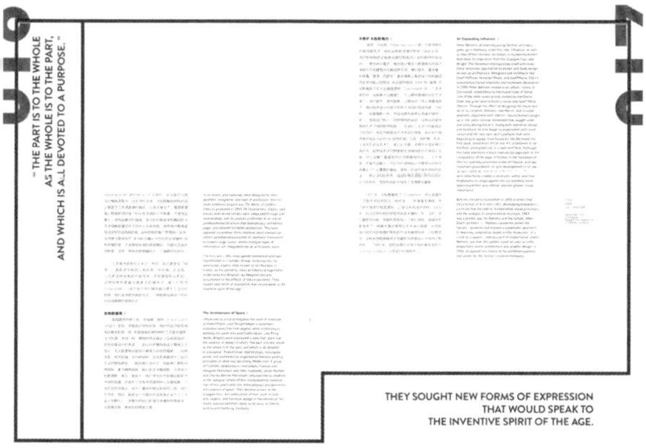
"THE PART IS TO THE WHOLE AS THE WHOLE IS TO THE PART, AND WHICH IS ALL DEVOTED TO A PURPOSE."
THEY SOUGHT NEW FORMS OF EXPRESSION THAT WOULD SPEAK TO THE INVENTIVE SPIRIT OF THE AGE.

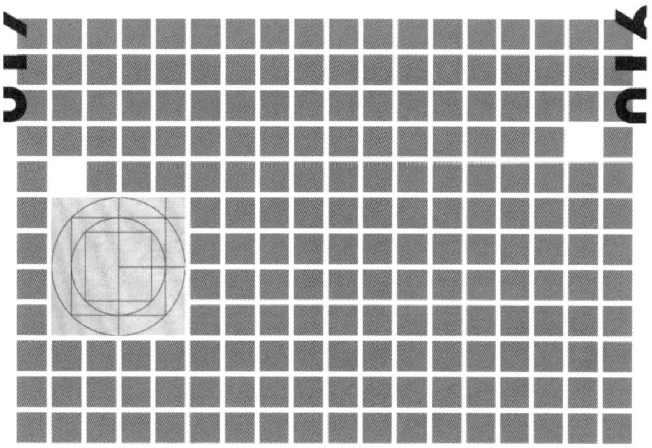

"ELEMENTARE TYPOGRAPHIE," AS IT WAS TITLED, GENERATED A TREMENDOUS ENTHUSIASM FOR ASYMMETRIC AND GRID-BASED LAYOUT.
BAUHAUS
WEIMAR

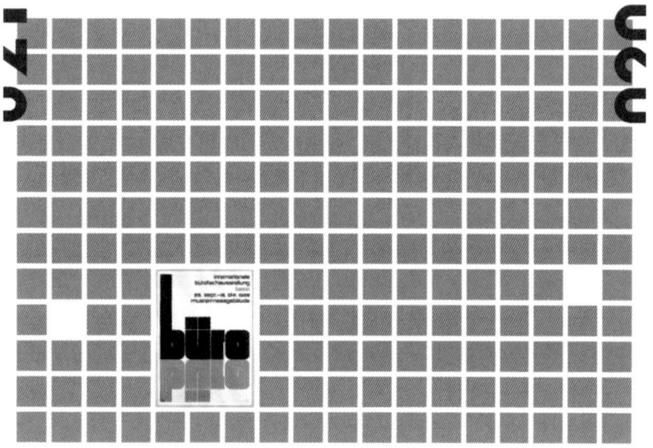

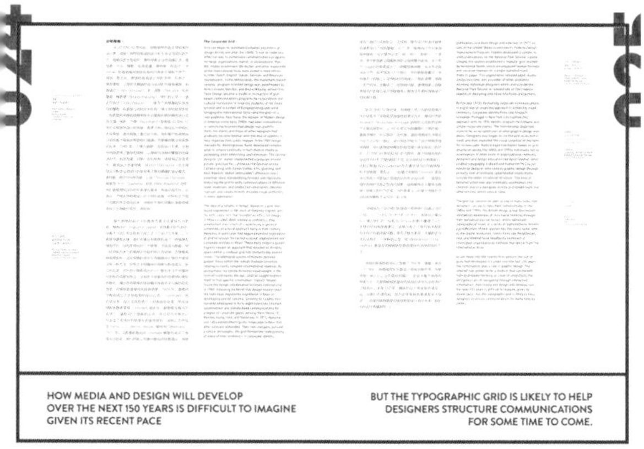
HOW MEDIA AND DESIGN WILL DEVELOP OVER THE NEXT 150 YEARS IS DIFFICULT TO IMAGINE GIVEN ITS RECENT PACE
BUT THE TYPOGRAPHIC GRID IS LIKELY TO HELP DESIGNERS STRUCTURE COMMUNICATIONS FOR SOME TIME TO COME.

Piccolo Teatro di Milano
La lanzichenecca

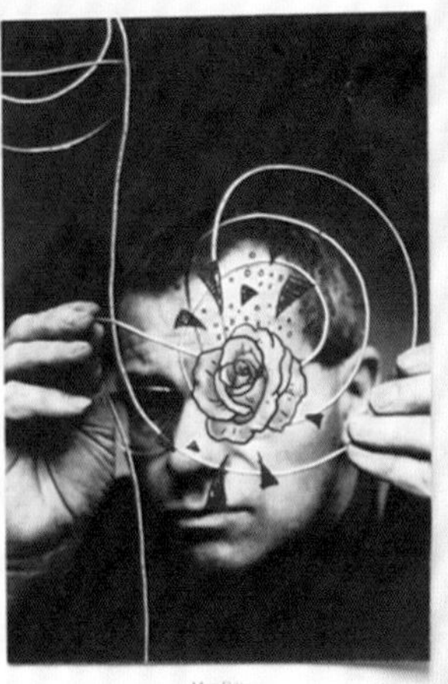

Max Bill
（见第1页）

Wolfgang Metzger
（见第8页）

Richard Paul Lohse
（见第2页）

Emil Ruder
（见第10页）

Theo van Doesburg
（见第8页）

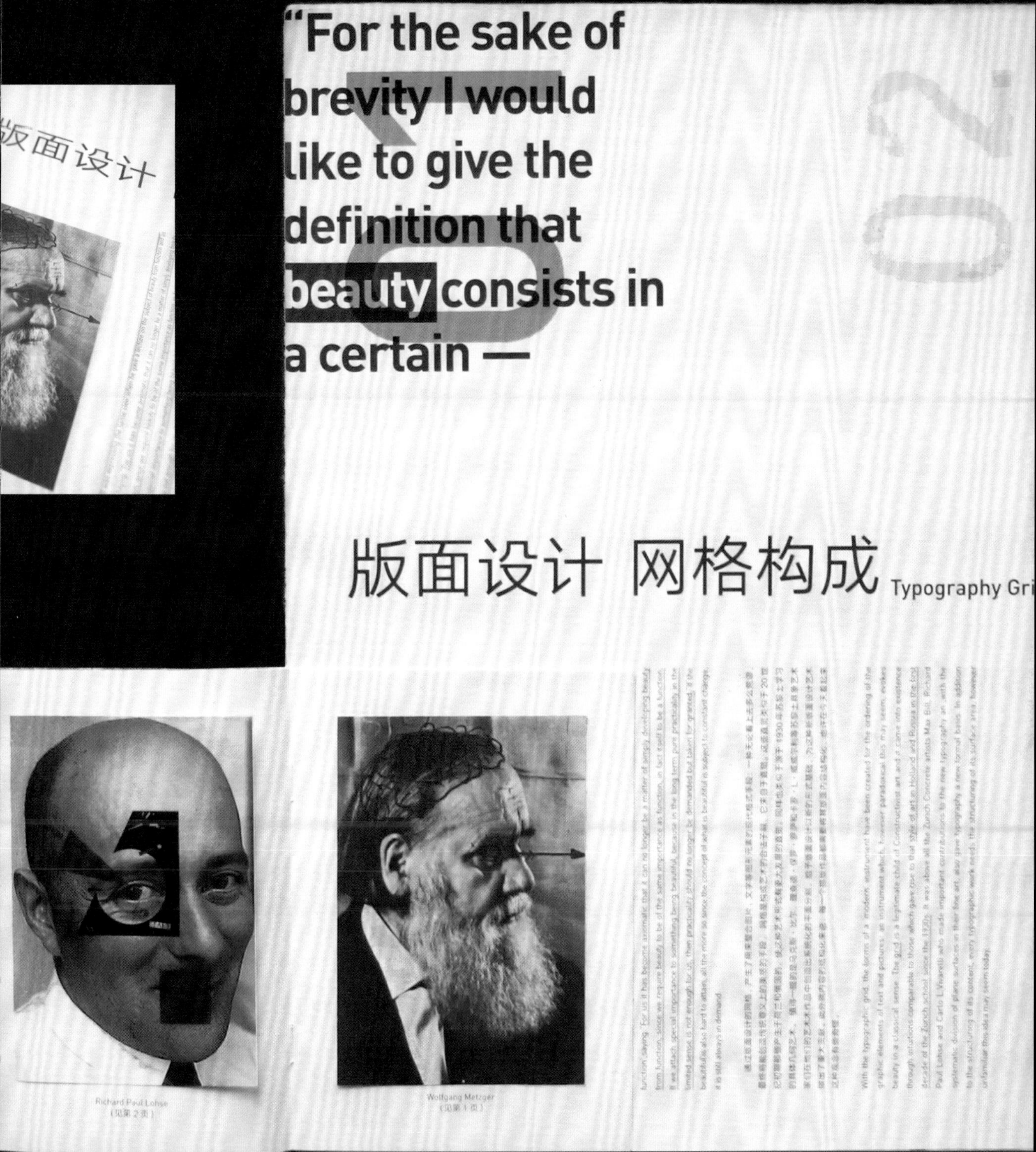

# "For the sake of brevity I would like to give the definition that beauty consists in a certain —

# 版面设计 网格构成 Typography Gri

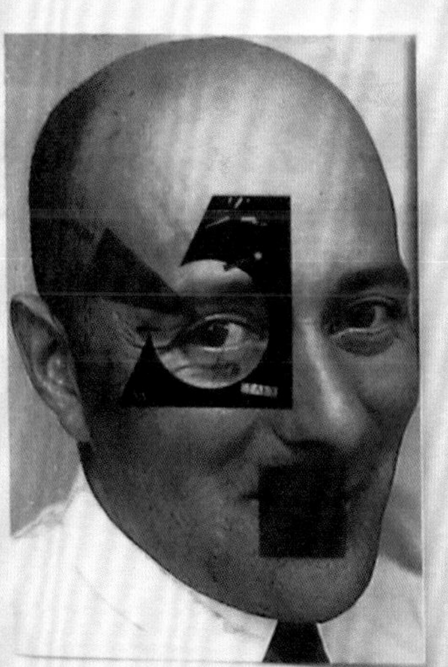

Richard Paul Lohse
（见第 2 页）

Wolfgang Metzger
（见第 1 页）

06

"For the sake of brevity I would like to give the definition that beauty consists in a certain—

图 1（a-f）：一系列以连续根号比例排列的印刷作品（1969）

Fig 1 (a-f) A series of print products (1969),assembled by means of successive proportions of the root formats.

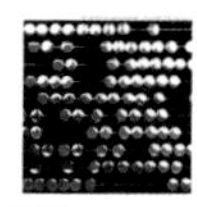

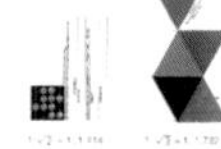

1a　b　c

# 前言 PERFACE

006

在我们视阈之内的物象，除了部分特定为独立，通常被认为是相互从属和关联的[1]。这种感知心理的事实是由"看"的文化传统、习惯或者是必要性来决定的。文艺复兴时期的建筑大师和理论家里昂·巴蒂萨·阿尔贝蒂写道（约 1450 年）："简短地说，我愿意下这样一个定义，美是由一物体与生俱来的各个组成部分的和谐一致构成的，任何添加、消减或更改都会使其美感降低。"[2] 阿尔贝蒂说的是一种易被毁坏的美，他理所当然的认为建筑艺术作品不仅要有功能性还要有审美性——当然这观点也被广泛应用于版面设计。在我们现在的时代，马克斯·比尔在一次关于"美的功能和功能的美"主题的讲座中也表示了同样的观点，他说："对我们来讲，事实已经很明了，自从我们要求美感与功能同等重要的那一刻起，仅仅从功能中发展美是远远不够的，事实上美本身也是一种功能，如果我们给予美的东西特殊的关注，那么实用性将不会被特意要求而是被看作是一种理所应当，因为从长久看来，狭义的纯粹实用性将不能满足人们的需求。"[3] 美的观念经历着不断的变化，使美更加

Objects which are with our range of vision are seen as belong together and related to one another,unless parts of them are deliberately separated[1]. This face of the psychology of perception is determined by cultural traditions and the customs-or rather the necessities-of seeing. The Renaissance architect and theoretician Leon Battista Alberti wrote(ca 1450):"*For the sake of brevity I would like to give the definition that beauty consists in a certain inherent agreement of all the parts of an object, such that nothing can be added, taken away or altered without making it less pleasing.*"[2] Alberti speaks of vulnerable beauty and takes it for granted that word of architecture but also applies unreservedly to typography – must be not only functional but also beautiful. In our own time, Max Bill was expressing the same view when he gave a lecture on the subject of beauty from function and as function[3],saying:"*For us it has become axiomatic that it can no longer be a matter of simply developing beauty from function, since we require beauty to be of the same importance as function, in fact itself to be a function. If we attach special importance to something being beautiful, because in the long term pure practicality in the limited sense is not enough for us, then practicality should no longer be demanded but taken for granted.*" If the beautiful is also hard to attain, all the more so since the concept of what is beautiful is subject to constant change, it is still always in demand.

1. 视概力的基本法则：见沃尔冈夫·麦茨格《Geesetze des Sehens》（1975 年）；汉斯·鲁道夫·波斯哈德（Typografie Schrift Lesbarkeit Sechs Essays）（1996）45-66 页。

1.For basic guidance on perception, see Wolfgang Metzger: Gesetze desSehens,1975, and Hans Rudolf Bosshard: Typografie Schrift Lesbarkeit Sechs Essays,1996, pp. 45-66.

2. 里昂·巴蒂萨·阿尔贝蒂：见（Zehn Bucher uber die Baukunst）（Sechstes Bunch uber den Schmuck）1975 年，293 页。

2.Leon Battista Alberti: *Zehn Bucher uber die Baukunst,Sechstes Bunch uber den Schmuck,1975,pp.293f*

3. 马克斯·比尔于 1948 年在瑞士巴塞尔的威克邦德年度会议上主讲了《美的功能和功能的美》的讲座本讲座文稿在 1949 第 8 期（威克）272-281 页发表。

3.Max Bill gave a lecture on'Schonheit aus Funktion und als Funktion'(Beauty from function and as function) at the 1948 annual meeting of the

"For the sake of brevity I would like to give the definition that beauty consists in a certain —

06

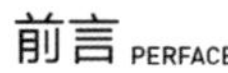

前言 PERFACE

Objects which are with our range of vision are seen as belong together and related to one another,unless parts of them are deliberately separated. This face of the psychology of perception is determined by cultural traditions and the customs-or rather the necessities-of seeing. The Renaissance architect and theoretician Leon Battista Alberti wrote(ca 1450):"For the sake of brevity I would like to give the definition that beauty consists in a certain inherent agreement of all the parts of an object, such that nothing can be added, taken away or altered without making it less pleasing." Alberti speaks of vulnerable beauty and takes it for granted that word of architecture but also applies unreservedly to typography – must be not only functional but also beautiful. In our own time, Max Bill was expressing the same view when he gave a lecture on the subject of beauty from function and as function saying:"For us it has become axiomatic that it can no longer be a matter of simply developing beauty from function, since we require beauty to be of the same importance as function, in fact itself to be a function. If we attach special importance to something being beautiful, because in the long term pure practicality in the limited sense is not enough for us, then practicality should no longer be demanded but taken for granted." If the beautiful is also hard to attain, all the more so since the concept of what is beautiful is subject to constant change, it is still always in demand.

With the typographic grid, the forms of a 'modern' instrument have been created for the ordering of the graphic elements of text and pictures: an instrument which, however paradoxical this may seem, evokes beauty in a classical sense. The grid is a legitimate child of Constructivist art and it came into existence through intuitions comparable to those which gave rise to that style of art in Holland and Russia in the first decade of the Zurich school since the 1930s. It was above all the Zurich Concrete artists Max Bill, Richard Paul Lohse and Carlo L Vivarelli who made important contributions to the new typography an with the systematic division of plane surfaces in their fine art, also gave typography a new formal basis. In addition to the structuring of its content, every typographic work needs the structuring of its surface area, however unfamiliar this idea may seem today.

Establishment of the page size normally comes at the beginning of the typographical exercise. The considerable number of 'regular' proportions excuses us from being limited to the 'beautiful' Golden Section or the 'economical' din sizes. The sizes of the din series should be used where business stationery or publicity and information printing of all kinds. With books, exhibition catalogues, personal printing, small posters and similar jobbing work, on the other hand, individual individual proportions and dimensions may be used, subject only to the limitations imposed by machine size – and therefore not entirely independent.

With books, the size data refer to the individual page of the book black, not to the larger area which includes the binding. On the other hand, the double page or 'opening' is viewed as a design entity. The back margin provides a Natural symmetrical axis. It is obvious (or was for centuries) that the type area must be arranged symmetrically on either side of this axis. No less logical, however, is the need to place the axis asymmetrically within the opening.

For the activity of reading, or perhaps just leafing through, is just as characteristic of book use as the peaceful contemplation of the double page. In western culture, after initial phases of reading from right to left, or in different directions in alternate lines(know as 'Boustrophedon' from the Greek 'as the ox ploughs'), we have settled for reading from left to right. The mirror symmetry with vertical axis, taken from art and architecture, relates to the form of the book and not the flow of the reading. From the typographic point of view it is therefore to be regarded as a formalistic construction which conflicts with the flow of reading.

The book is a complex but the permanent form, which has stubbornly resisted all 20th century manifestos aimed at revolutionizing its form and typography, whether propagated by Futurists, Dadaists, Constructivists or any others. At the same time, aftermaths and traces of conflict such as symmetry versus asymmetry or sans-serif versus roman are not to be ignored. There has been no asymmetry or sans-serif versus roman are not to be ignored. There has been no fundamental change to the form of the book, as dreamed up by El Lissitzky and others, and who today could imagine anything different? The only real innovation is to be found in the astonishing extent of the replacement of the book by electronic media in the technical and scientific world. This is a radical turning away from book.

In 1927 El Lissitzky wrote: "The appearance of the book is characterized by: 1, a dispersed type image, 2. photomontage and type montage [...] Even today we have no new form for the book, which remains a bound object with cover and spine and pages 1,2,3..." He further writes that new work on the inside of the book has not yet gone so far as to abolish the traditional form of the book - but current trends are not to be ignored. "The invention of easel painting led to great works of art but the strength has been lost. The cinema and the weekly magazine have won the field. We enjoy the means that techniques put at our disposal."

09

"For the sake of brevity I would like to give the definition that beauty consists in a certain —

01

# 版面设计 网格构成 Typography Grid

在我们视阈之内的物象，除了部分特定为独立，通常被认为是相互从属和关联的。这种感知心理的事实是由“看”的文化传统、习惯或者是必要性来决定的。文艺复兴时期的建筑大师和理论家里昂·巴蒂萨·阿尔贝蒂写道（约 1450 年）：“简短地说，我愿意下这样一个定义，美是由一物体与生俱来的各个组成部分的和谐一致构成的，任何添加、消减或更改都会使其美感降低。”阿尔贝蒂说的是一种易被毁坏的美，他理所当然的认为建筑艺术作品不仅要有功能性还要有审美性——当然这观点也被广泛应用于版面设计。在我们现在的时代，马克斯·比尔在一次关于“美的功能和功能的美”主题的讲座中也表示了同样的观点。他说：“对我们来讲，事实已经很明了，自从我们要求美感与功能同等重要的那一刻起，仅仅从功能中发展美是远远不够的。事实上美本身也是一种功能。如果我们给予美的东西特殊的关注，那么实用性将不会被特意要求而是被看作是一种理所应当。因为从长久看来，狭义的纯粹实用性将不能满足人们的需求。” 美的观念经历着不断的变化，使美更加难以达到，但是人们依然在渴求着美。

Objects which are with our range of vision are seen as belong together and related to one another,unless parts of them are deliberately separated. This face of the psychology of perception is determined by cultural traditions and the customs-or rather the necessities-of seeing. The Renaissance architect and theoretician Leon Battista Alberti wrote(ca.1450):"For the sake of brevity I would like to give the definition that beauty consists in a certain inherent agreement of all the parts of an object, such that nothing can be added, taken away or altered without making it less pleasing."Alberti speaks of vulnerable beauty and takes it for granted that word of architecture but also applies unreservedly to typography - must be not only functional but also beautiful. In our own time, Max Bill was expressing the same view when he gave a lecture on the subject of beauty from function and as function',saying:"For us it has become axiomatic that it can no longer be a matter of simply developing beauty from function, since we require beauty to be of the same importance as function, in fact itself to be a function. If we attach special importance to something being beautiful, because in the long term pure practicality in the limited sense is not enough for us, then practicality should no longer be demanded but taken for granted."If the beautiful'is also hard to attain, all the more so since the concept of what is beautiful is subject to constant change, it is still always in demand.

通过版面设计的网格，产生了用来整合图片、文字等图形元素的现代格式手段：一种无论看上去多么荒谬，最终将能创造传统意义上的美感的手段。 网格是构成艺术的合法子嗣，它来自于直觉。这些直觉类似于 20 世纪初期那些产生于荷兰和俄国的，使这种艺术形式有更大发展的直觉。同样也类似于源于 1930 年苏黎士学习的具体几何艺术。 值得一提的是马克斯·比尔、理查德·保罗·罗萨和卡罗·L·威威尔利等苏黎士具象艺术家们在他们的艺术术作品中创造出系统化的平面分割，给予版面设计以新的形式基础，为这种新版面设计艺术做出了重大贡献。此外就内容的结构化来说，每一个排版作品都需要将其版面内容结构化，也许在今天看起来这种观念有些奇怪。

With the typographic grid, the forms of a 'modern' instrument have been created for the ordering of the graphic elements of text and pictures: an instrument which, however paradoxical this may seem, evokes beauty in a classical sense. The grid is a legitimate child of Constructivist art and it came into existence through intuitions comparable to those which gave rise to that style of art in Holland and Russia in the first decade of the Zurich school since the 1930s. It was above all the Zurich Concrete artists Max Bill, Richard Paul Lohse and Carlo L.Vivarelli who made important contributions to the new typography an ,with the systematic division of plane surfaces in their fine art, also gave typography a new formal basis. In addition to the structuring of its content, every typographic work needs the structuring of its surface area, however unfamiliar this idea may seem today.

图 45 最终确定稿：正文以旋转 90 度排列

"For the sake of brevity I would like to give the definition that beauty consists in a certain —

版面设计 网格构成 Typography Grid

02

—inherent agreement of all the parts of an object, such that nothing can be added, taken away or altered without

mobile grid

04

# Contests The Classical Rule of The "Framework"

05

装饰"一样"滥用条形、线性、诗句和点"，此外，还反对——在版面设计中使用绘画式的构成图案，尤其像今天俄国人所做的那样。他号召要完全掌握版面设计介质："空白空间、文字、色彩以及最后的图片。"对于塞荣·凡·达斯伯格来说，除了某些有关技术和科学的作品外，"图片并不真正属于书籍的元素之一"。有趣的是，就像这个时代其他作者那样，他将版面设计与建筑联系在一起（尽管只是偶然提到的）；但真正惊人的是，他将空白定义为版面设计介质第一元素——空白不是用来"读"的，因此通常也就不被给予太多的关注。但事实上一种新的观点认为，现代版面设计与旧传统截然相反，是前卫的、积极的、时空化的。"空间"是一种来自于人体体验的三维世界的概念，但当版面设计者使用这个术语时，他们指的是一个平面概念：在塞荣·凡·达斯伯格来看，空白的、未经印刷的纸面简直就像建筑当中的空间一样。

Marinetti promoted the 'New Book' in this flowery, rhetorical language. Nevertheless even he did not find its realization easy, though he had some initial success. All the same it was Marinetti who revolutionized typography, leaving aside the claims of the French poet St'phane Mallarm' with his typographically designed poem of 1897, 'Un coup de d's jamais n'abilira le hazard' (A throw of the dice will never abolish chance). While the content if Marinetti's 'Bookprinting Revolution' is polemic and threw fore somewhat vague, Theo van Doesburg articulated his idea of the 'new book' more clearly in 1929 with the following definition: "There is a double problem in book design. Like the house, the book should not only be supremely useful but also beautiful, or at least pleasant to look at [...] A design solution is not though, a matter of taste but a reality based on our new view of the world [...] Shall we, then, return to classical formulae? No, we separate the book into its elements and give it a new appearance [...] The old typesetting pattern was passive and frontal, whereas the modern way is active and related to space-time." But Theo van Doesburg, too, polemicized against the expressionless French book, against the aggressive 'dynamic, Expressionistic, photographically mounted" book and against 'the tacish use of bars, stripers, staves and dots' which is "basically just as rubbistry as the former use of fleurons, little birds and typographical ornaments, and moreover. Against 'a painterly construction of pictures with typographical means, as is practised today in particular by the Russians" He calls for the complete mastery of the typographical medium: "white space, text, colour and in the last place the photographic picture" For van Doeaburg, pictures" do not actually belong to the laments of book design, apart from technical and scientific works, it is also of interest that he connects typography with architecture (though only in a passing reference), like other authors of the time: but what is completely surprising is that he names white space as the first element of the typographic medium-white space, which is not 'read' and is therefore often given too fettle attention. A base new recognition is of the fact that modern typography design, in contrast to the old tradition, is frontal, active and related to space-time. 'Space' is a concept from the three-dimensional world of bodily experience, but when typographers use the term (rather imprecisely) they refer to the surface: that empty, white, unprinted paper surface which, in Theo van Doesburg's view, produces the greatest effect, just like the empty space in architecture.

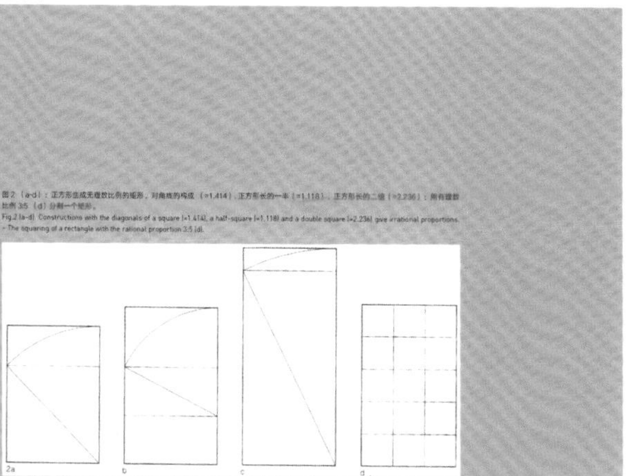


图2（a-d）：正方形生成无理数比例的矩形，对角线的构成（≈1.414），正方形长的一半（≈1.118），正方形长的二倍（≈2.236）；所有理数比例3:5（d）分割一个矩形。
Fig.2 (a-d) Constructions with the diagonals of a square (≈1.414), a half-square (≈1.118) and a double square (≈2.236) give irrational proportions. - The squaring of a rectangle with the rational proportion 3:5 (d).

约翰·契肖德也就"新书"发表了如下观点："版面设计艺术必须要找到更简单，更易懂的形式（比之对称轴式），同时还要用更悦目更多变的手段来设计这些形式。[……]历史禁锢的解除为我们带来了介质选择上的自由。[……]但无论将宁静平和还是混乱不堪定义为版面设计的重中之重都是一种错误，[……]新版面设计艺术对每一种用途可能的特殊适应性使其在我们这个时代脱颖而出。这全无关于时尚，而是要建立一种所有随后图形工作的基础。"

Jan Tschichold, too, gave his views on the 'New Book', as follows: "Typography must both find simpler, more easily graspable forms (than the central axis) and at the same time design these forms in a more optically attractive way and with more variety [...] liberation from the handcuffs of history brings complete freedom in the choice of medium. [...] It is also a mistake to set up a quiet or peaceful appearance as the be-all and end-al of design for there is also such a thing as a designed unrest. [...] The extraordinary adaptability of the new typography to every possible use makes it into an important manifestation of our times. It is no mere matter of fashion but is called upon to form the basis of al subsequent graphic work."

保罗·热纳提出一种经得起推敲的观点，他说："新版面设计艺术从抽象艺术中借鉴了艺术化的结构空间[……]这种结构空间已经成为建筑艺术的一个内容，但在适用于空白纸面时尽管形势有别，但价值等同。纸面不仅仅是文字的背景和载体，还是一种需要认真对待的白色空间。

07

在我们视阈之内的物象，除了部分特定为独立，通常被认为是相互从属和关联的一。这种感知心理的事实是由"看"的文化传统、习惯或者是必要性来决定的。文艺复兴时期的建筑大师和理论家里昂·巴蒂萨·阿尔贝蒂写道（约一四五〇年）："简短地说，我愿意下这样一个定义，美是由一物体与生俱来的各个组成部分的和谐一致构成的，任何添加、消减或更改都会使其美感降低。"二阿尔贝蒂说的是一种易被毁坏的美，他理所当然的认为建筑艺术作品不仅要有功能性还要有审美性——当然这观点也被广泛应用于版面设计。在我们现在的时代，马克斯·比尔在一次关于"美的功能和功能的美"主题的讲座中也表示了同样的观点。他说："对我们来讲，事实已经很明了，自从我们要求美感与功能同等重要的那一刻起，仅仅从功能中发展美是远远不够的。事实上美本身也是一中功能。如果我们给予美的东西特殊的关注，那么实用性将不会被特意

with our range of vision are seen as belong together and her, unless parts of them are deliberately separated. This ogy of perception is determined by cultural traditions and her the necessities-of seeing. The Renaissance architect eon Battista Alberti wrote (ca.1450): "For the sake of e to give the definition that beauty consists in a certain t of all the parts of an object, such that nothing can be or altered without making it less pleasing."2Alberti ole beauty and takes it for granted that word of architecture reservedly to typography – must be not only functional In our own time, Max Bill was expressing the same a lecture on the subject of beauty from function and as For us it has become axiomatic that it can no longer be a eveloping beauty from function, since we require beauty mportance as function, in fact itself to be a function. If mportance to something being beautiful, because in the cticality in the limited sense is not enough for us, then no longer be demanded but taken for granted."3 If the rd to attain, all the more so since the concept of what is to constant change, it is still always in demand.

With the typographic grid, the forms of a 'modern' instrument have been created for the ordering of the graphic elements of text and pictures: an instrument which, however paradoxical this may seem, evokes beauty in a classical sense. The grid4 is a legitimate child of Constructivist art and it came into existence through intuitions comparable to those which gave rise to that style of art in Holland and Russia in the first decade of the Zurich school since the 1930s.5 It was above all the Zurich Concrete artists Max Bill, Richard Paul Lohse and Carlo L.Vivarelli who made important contributions to the new typography an ,with the systematic division of plane surfaces in their fine art, also gave typography a new formal basis. In addition to the structuring of its content, every typographic work needs the structuring of its surface area, however unfamiliar this idea may seem today.

通过版面设计的网格，产生了用来整合图片、文字等图形元素的现代格式手段：一种无论看上去多么荒谬，最终将能创造传统意义上的美感的手段。网格四是构成艺术的合法子嗣，它来自于直觉。这些直觉类似于二十世纪初期那些产生于荷兰和俄国的，使这种艺术形式有更大发展的直觉。同样也类似于源于一九三〇年苏黎士学习的具体几何艺术五。值得一提的是马克斯·比尔、理查德·保罗·罗萨和卡罗·L·威威尔利等苏黎士具象艺术家们在他们的艺术术作品中创造出系统化的平面分割，给予版面设计以新的形式基础，为这种新版面设计艺术做出了重大贡献。此外就内容的结构化来说，每一个排版作品都需要将其版面内容结构化，也许在今天看起来这种观念有些奇怪。

每一个排版作品都需将其版面内容结构化

20世纪初期那些产生于荷兰和俄国的，使这种艺术形式有更大发展的直觉。

不要那些反契肯德的论调，比尔的论文极具说服力。然而他思想的开发程度足以创造一种更新、更先进的学说，究竟对称形式还是非对称形式中哪个才是唯一正确的选择的争论现在显得有些多余了。我们现在可以平静地将烙有文艺复兴的烙印的、在巴洛克时代书籍封面设计中达到形式主义极至的、在十九世纪走向低谷的镜像对称形式抛开。但是，我们会试图将对称设计（复数形式）包括到我们的现代版面设计种来，并在某些适当的场合给予它适当的形式。

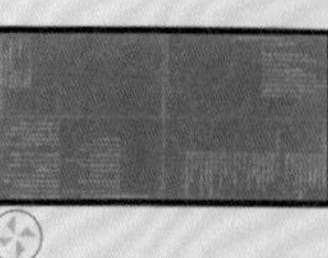

图 47　课堂习作：徐茜雅

## 中式古籍与西式编排的对比

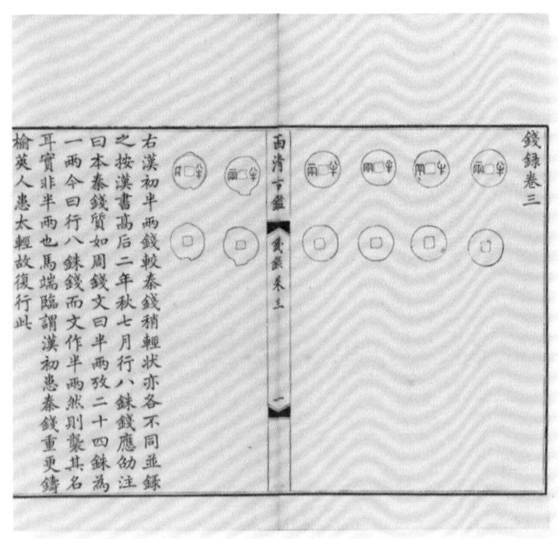

錢録卷三

西清古鑑　貮錢　桊三　一

右漢初半兩錢較秦錢稍輕狀亦各不同並録之按漢書高后二年秋七月行八銖錢應劭注曰本秦錢質如周錢文曰半兩重十二銖為一兩今回行八銖錢而文作半兩然則[illegible]其名耳實非半兩也馬端臨謂漢初患秦錢重更鑄榆莢人患太輕故復行此

图 48　中式传统古籍具有明显的版框、象鼻、鱼尾等中国传统书籍版式规范，文字竖向排列，字体多以宋体为主，版式特征显著

15

**CHAPTER 4**

BEING POSITIVE IS YOUR OWN CHOICE

You may also feel that life has become terrible for you to live and you are carrying no hope that someone would be there to rescue you. Happiness is your own choice and decision. Each of us can be as happy as we make up our minds to be. We can, if we want, fill up our days with positive attitude chatter and laughter. To be happy, we need to concentrate only on happy thoughts. The ghosts of the past have to be exorcised. You may be working in any field, the key to success is your outlook. Sometimes you may think that no road is left for you from where you can achieve the happiness of life. There may be chances that someone who was there with you before might hold on to you when you are on the dark side of the life. The experience has taught us that we should buy some strength, hope and positive ness from our loved ones to help ourselves in such a situation rather than surrendering as life is a precious gift of God and is equipped with full of joy and happiness if we help ourselves in these critical moments and live with considerable optimism. Happiness in life comes through the doors of positive thoughts, we do not even realize which one is left open. We have so many reasons to cry and at the same time plenty of reasons to smile as well. Keeping our dreams and hope alive might be a reason that success and happiness will come our way again.

We ought to know that happiness alone does not stand for anything, but it is on our way of thinking that how do we keep ourselves happy in life. Ending up our lives does not lead us to our destination but of course proves we are supposed to be cowards who know not to unfold the doors of belief in God and in ourselves.

Failure and disappointment are part of our life. The only thing is that we need to face and solve the problem. We must not forget to believe in God whatever our situation may be, we would be taken away from Him by the difficulties, in order that we bow down and surrender. But if our faith is strong enough, we will not be let down, rather we would break the knees of sorrows and force it to die and lead happy lives. We should not surrender but must find out ways to come out of our worries, anxieties and difficulties. We ought not to indulge ourselves into the darkness of the room but find out the doors to free ourselves from unnecessary fear and worries.

We must belief in ourselves and our hearts, and believe in the ones who love us and not the ones whom we love. We must not fall on the negative side of a thing. It is the real time when you keep on revealing the truth of our lives and relations, do not fall on the reverse side but think how good it was that because of the hard times of our lives we could well judge about them. We should always try to be positive and should think that whatever is happening, it is the positive side or consequence of that incident in would be on the positive side of our imagination. With all these thoughts, I would request my readers to implement some good thoughts in their life that would make things easier to be tackled by them. We should accept the situation and fight it with more determination. In this world nothing is good or bad and only thinking makes it so. We ought to know that advice from people around us will help us to overcome from the any drastic situation. Also, we have to always minimize the stress as it gives nothing but takes away joy and happiness from our lives. And finally, we need to take things casually and fight with it seriously.

15

16

The next morning after all, will surely come with fresh air to breathe the new hopes in us with the brightness of the sun. A clear minded person looks for good qualities in the other person, whereas a negative mind always looks for the fault in the other person, whereas a negative mind always looks for the fault. An optimist goes forward keeping in mind the past, a pessimist thinks of the future and reverts back to the past.

In fact negative thoughts are our greatest enemies. Experience the happiness in all circumstances by maintaining better relationships. How about understanding that sadness cannot touch a person with a positive attitude? The capability increases as It boosts up patience and confidence. It increases the decision of making power. Creative way of thoughts appears in the mind. Positive thoughts teach the art of finding solutions to any problem. Optimism is something what we do. Anxiety and other negative emotions are known to be detrimental to the body, especially to our immune systems, and having an optimistic nature seems to protect against those effects. People who are supposed to be optimistic, about their future, behaving differently. They do exercise, do not indulge in in smoking and often follow a good and better diet. Whenever we are unhappy, if we analyze the reason for our unhappiness, it is because life is not matching our expectations.

16

图 49　西式编排版面简洁，英文段落以左对齐方式呈现，并非强制性对齐，英文横向排列，字体多以衬线体为主，版面设计强调阅读性

## 中西版式的融合设想

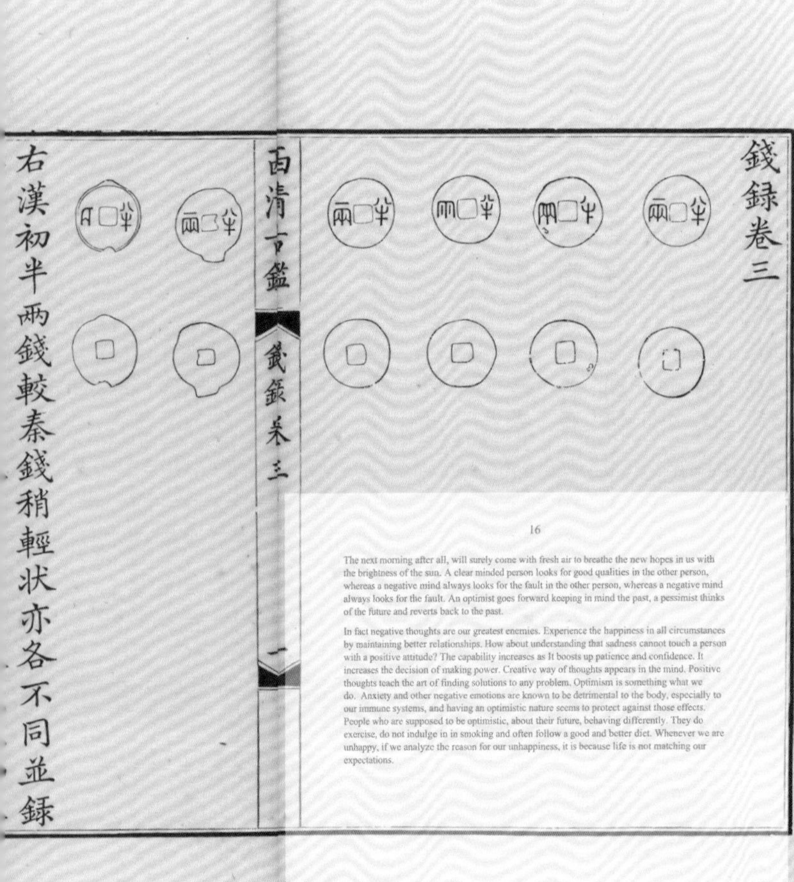

錢録卷三

西清古鑑　貮錢　桊三　一

右漢初半兩錢較秦錢稍輕狀亦各不同並録

16

The next morning after all, will surely come with fresh air to breathe the new hopes in us with the brightness of the sun. A clear minded person looks for good qualities in the other person, whereas a negative mind always looks for the fault in the other person, whereas a negative mind always looks for the fault. An optimist goes forward keeping in mind the past, a pessimist thinks of the future and reverts back to the past.

In fact negative thoughts are our greatest enemies. Experience the happiness in all circumstances by maintaining better relationships. How about understanding that sadness cannot touch a person with a positive attitude? The capability increases as It boosts up patience and confidence. It increases the decision of making power. Creative way of thoughts appears in the mind. Positive thoughts teach the art of finding solutions to any problem. Optimism is something what we do. Anxiety and other negative emotions are known to be detrimental to the body, especially to our immune systems, and having an optimistic nature seems to protect against those effects. People who are supposed to be optimistic, about their future, behaving differently. They do exercise, do not indulge in in smoking and often follow a good and better diet. Whenever we are unhappy, if we analyze the reason for our unhappiness, it is because life is not matching our expectations.

图 50　左图示意了这位学生对中西版式融合的大胆设想，也正是这样的设想，展开了后续对中西版式的探讨与实践。通过中国传统古籍与西式现代排版方式的对比，这位学生发现在版面设计上，中国传统古籍版面版框、鱼口、界栏等编排传统版式特征鲜明。在字体编排上，中式编排的文字竖向排列，对齐方式以界格为依据，而现代版式则是以横向排列，对齐方式多为左对齐。在版面气质上，中国传统古籍的版式具有独特的东方人文气息。西方的现代版式更强调易读性，版面层级清晰。于是，她产生了一种游戏性的想法：倘若将中西两种不同的编排方式融合在一起，是否会碰撞出新的火花？迥然不同的两种文本呈现的范式，如何共处于同一个页面？

## 绘制草图

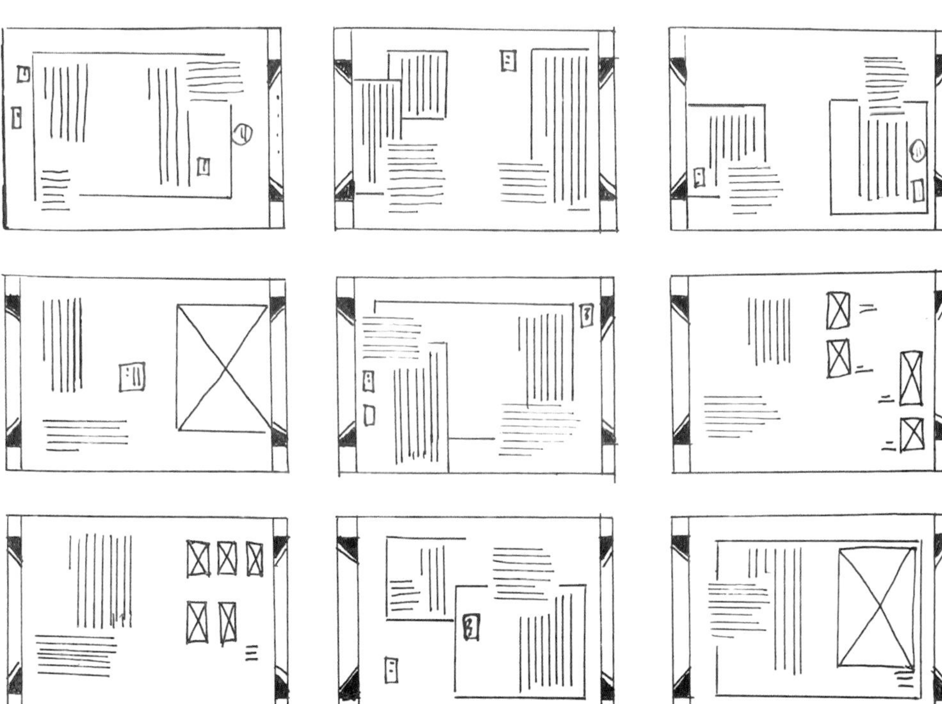

囗·注释
三·英文
川·中文

图 51 学生绘制的草图

## 视觉符号提取

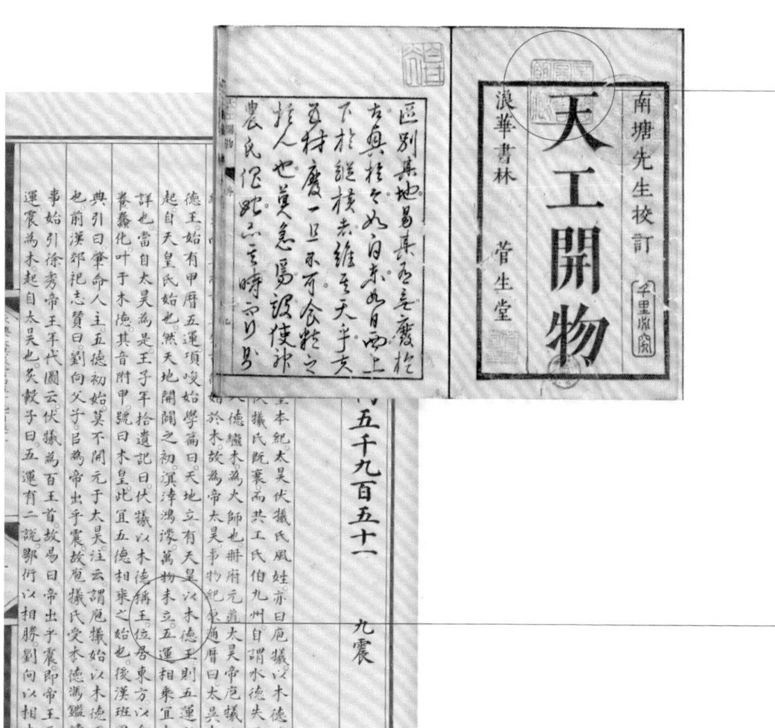


图 52 这位学生提取了中国传统古籍版式中的一些象征性符号，如收藏章、批注文字等，通过再设计，发展出新的视觉形式

版面设计的网格是文字、表格、图片等等的一个标准仪。它是一种未知内容的前期形式。真正的困难在于如何在最大限度的公式化和最大限度的自由化之间寻找平衡

图 53　第 1 稿。将传统古籍版式中的一些特征性视觉要素直接应用于版面。左页版面英文横排，右页版面中文竖排。整体上看，版面视觉较为呆板

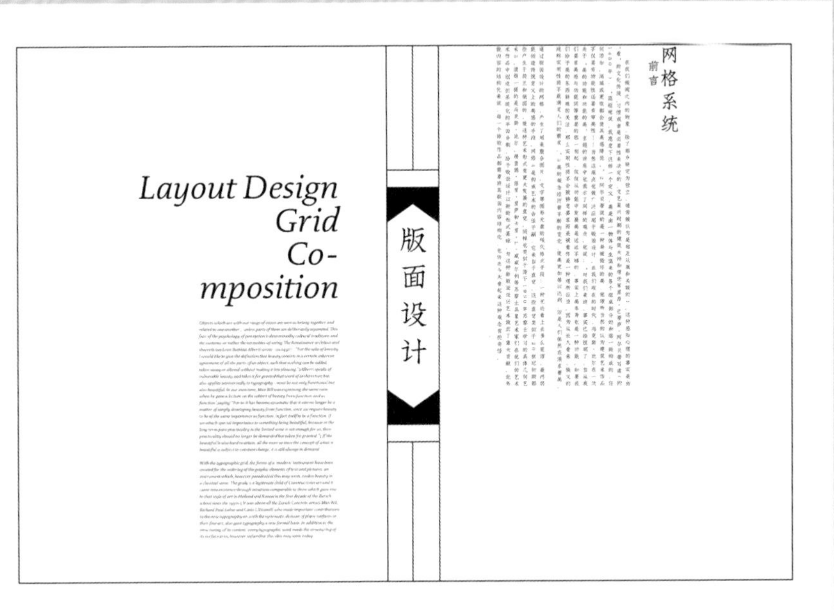


图 53

图 54　第 2 稿。学生通过进一步了解传统古籍版式中各部分要素的功能，尝试改造传统版式的空间布局，营造新式设计。这种尝试预示着学生在不断地调整，并思考传统与现代的融合，中式与西式版面的并存方式。然而中英文段落依然被分别放置在左右页上，版面效果依旧显得拘谨

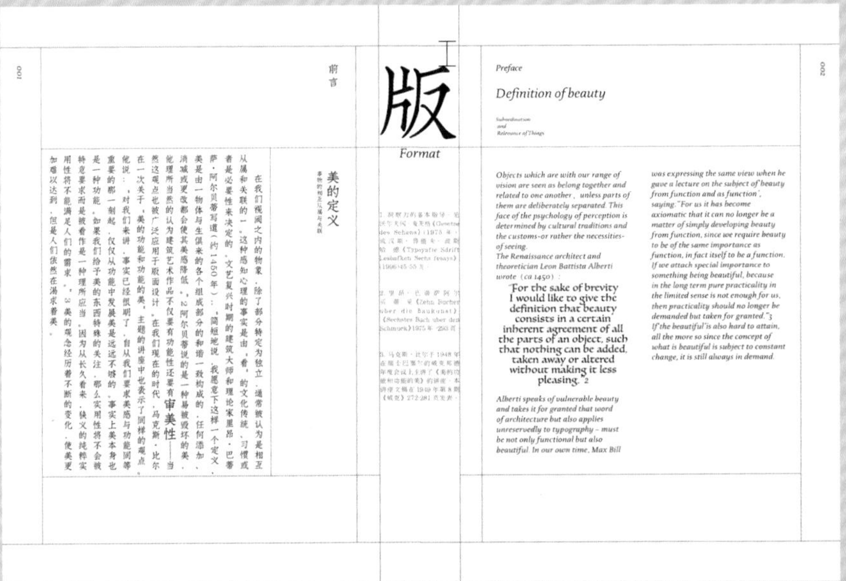


图 54

图 57　在中西文的编排中，由于 Adobe InDesign 的书写器差异，倘若用 CJK 书写器编排西文内容，文本框可能会有所改变。这是由于 CJK 书写器的行高按照顶线计算，这与西文行高按照基线间距离计算的方式不同。因此，为了版面的美观，应当尽可能对中西文应用不同的书写器模式

右图为错用中西排版模式的结果：
两个相同尺寸的文本框，左边错用了 CJK 书写器编排西文，而右边正确地使用了西文排版模式。两种模式编排同样的段落西文，呈现出不同的编排效果

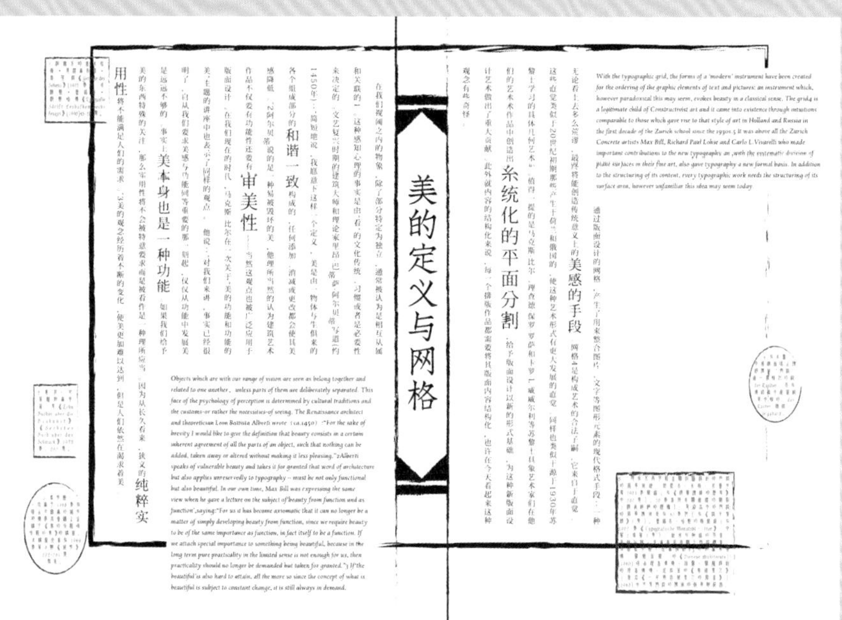

图 55

图 55 第 3 稿。在这一稿中，学生大胆地将中西文字穿插并置于对页版面中。横排与竖排的对比，让版面活跃起来。恰如其分的字体、字号、行距，以及文本段落的空间占比，使内容层级分明

图 56

图 56 第 4 稿，深化与细节处理。重新调整了正文的字重和行距，以及版框的样式。此外，为了匹配输出制作的要求，调整了色彩和版面的对页顺序

CJK 书写器：顶线之间距离为行高

Objects
as belo
unless p

Objects which are with our range of vision are seen as belong together and related to one another, unless parts of them are deliberately separated.This face of the psychology of perception is determined by culture traditions and the customs-or rather the necessities-of seeing.

西文书写器：基线之间距离为行高

Objects
as belon
parts of

Objects which are with our range of vision are seen as belong together and related to one another.unless parts of them are deliberately separated.This face of the psychology of perception is determined by culture traditions and the customs-or rather the necessities-of seeing.

图 57

在我们视阈之内的物象，除了部分特定为独立，通常被认为是相互从属和关联的。

事实上美本身也是一种功能，狭义和纯粹实用性也将不能满足人们的需求

在我们视阈之内的物象，除了部分特定为独立，通常被认为是相互从属和关联的。这种感知心理的事实是由"看"的文化传统、习惯或者是必要性来决定的。文艺复兴时期的建筑大师和理论家里昂·巴蒂萨·阿尔贝蒂写道（约一四五〇年）："简短地说，我愿意下这样一个定义，美是由一物体与生俱来的各个组成部分的和谐一致构成的，任何添加、消减或更改都会使其美感降低。"阿尔贝蒂说的是一种易被毁坏的美，他理所当然的认为建筑艺术作品不仅要有功能性还要有审美性——当然这观点也被广泛应用于版面设计。在我们现在的时代，马克斯·比尔在一次关于"美的功能和功能的美"主题的讲座中也表示了同样的观点。他说："对我们来讲，事实已经很明了，自从我们要求美感与功能同等重要的那一刻起，仅仅从功能中发展美是远远不够的。事实上美本身也是一种功能。如果我们给予美的东西特殊的关注，那么实用性将不会被特意要求而是被看作是一种理所应当。因为从长久看来，狭义的纯粹实用性将不能满足人们的需求。"美的观念经历着不断的变化，使美更加难以达到，但是人们依然在渴求着美。

*Objects which are with our range of vision are seen as belong together and related to one another, unless parts of them are deliberately separated. This face of the psychology of perception is determined by cultural traditions and the customs-or rather the necessities-of seeing. The Renaissance architect and theoretician Leon Battista Alberti wrote（ca.1450）:"For the sake of brevity I would like to give the definition that beauty consists in a certain inherent agreement of all the parts of an object, such that nothing can be added, taken away or altered without making it less pleasing."2Alberti speaks of vulnerable beauty and takes it for granted that word of architecture but also applies unreservedly to typography – must be not only functional but also beautiful. In our own time, Max Bill was expressing the same view when he gave a lecture on the subject of'beauty from function and as function',saying:"For us it has become axiomatic that it can no longer be a matter of simply developing beauty from function, since we require beauty to be of the same importance as function, in fact itself to be a function. If we attach special importance to something being beautiful, because in the long term pure practicality in the limited sense is not enough for us, then practicality should no longer be demanded but taken for granted."3 If'the beautiful'is also hard to attain, all the more so since the concept of what is beautiful is subject to constant change, it is still always in demand.*

100

*With the typographic grid, the forms of a 'modern for the ordering of the graphic elements of text and however paradoxical this may seem, evokes beauty is a legitimate child of Constructivist art and it can intuitions comparable to those which gave rise to th Russia in the first decade of the Zurich school since the Zurich Concrete artists Max Bill, Richard Paul who made important contributions to the new typo division of plane surfaces in their fine art, also gav basis. In addition to the structuring of its content, the structuring of its surface area, however unfami*

通过版面设计的网格，产生了用来整合图片、文字等图形元素的现代格式手段：一种无论看上去多么荒谬，最终将能创造传统意义上的美感的手段。网格[4]是构成艺术的合法子嗣，它来自于直觉。这些直觉类似于二十世纪初期那些产生于荷兰和俄国的，使这种艺术形式有更大发展的直觉。同样也类似于源于一九三〇年苏黎士学习的具体几何艺术5。值得一提的是马克斯·比尔、理查德·保罗·罗萨和卡罗·L·威威尔利等苏黎士具象艺术家们在他们的艺术作品中创造出系统化的平面分割，给予版面设计以新的形式基础，为这种新版面设计艺术做出了重大贡献。此外就内容的结构化来说，每一个排版作品都需要将其版面内容结构化，也许在今天看起来这种观念有些奇怪。

每一个排版作品都需将其版面内容结构化

图 58　课堂习作完成稿: 徐茜雅

人们通常总是说网格体系限制性太强，没有自由创作的空间。卡尔・格斯特纳在网格体系的全盛时期就意识到了这种批评，他率直的诠释了网格体系的局限性和可能性：“版面设计的网格是文字、表格、图片等等的一个标准仪，它是一种未知内容的前期形式，真正的困难在于如何在最大限度的公式化和最大限度的自由化之间寻找平衡。换句话说就是在大量的不变因素与可变因素之间寻找平衡，我们已经[……]发展‘动感的格子’。”当然设置网格的前提条件是为了避免设计中错误的出现，当网格设置得过于严格公式化的时候的确会限制设计师的自由，但从另一个方面来说，复杂的网格也允许大量变化的存在，也能包容更多、更自由的理念。网格是最先体现构想的标准化系统，同时提前设置网格还能有助于印刷页面的结构、分割和整合。当然，设计师完全可能仅凭运气和任性的设计风格进行创作，也许运气或任性两者之一能够带来理想的结果，但两者都不可能弥补设计者大分的不足。埃米尔・鲁德尔在一九六七年的《版面设计》中写道：“只有能够全面考虑所有结构，并能协调安排所有因素的设计师才能胜任工作中大量的设计任务。从另一方面讲，以局部着手进行设计只能限制整体思维而使设计工作愈发困难。”他用该书中几页的篇幅解释道：“网格是一种将不同尺寸比例的文字、图片结合成整齐匀称的整体的手段，但在最终效果中网格应该是被其他图形主题所覆盖或隐性。”这个最后的注解是一种纯粹理想化的表示像约瑟夫・米勒・布鲁克曼著的《网》等优秀书中所支持的那样，尽管没有被认为是完全正确的，它、20年代的网格还是以积极的姿态跳入我们的观念中来。

*It is often said of grid systems that they are limiting and leave no freedom or scope for creative design. Karl Gerstner was aware of this criticism and, even in the heyday of grid design, defined their limitations and possibilities in a pointed way: "The typographic grid is a proportional regulator for type-matter, tables, pictures and so on. It is an a priori programme for a content as yet unknown. The difficulty lies in finding the balance between maximum formality and maximum freedom, or in other words, the greatest number of constant factors combined with the greatest possible variability. We have [...] developed the 'mobile grid'."20 Certainly, preconditions - crash barriers in a sense - with which a grid is defined, limit the freedom of the designer when they are too rigidly formulated. On the other hand, complex grids allow for great variability, allowing room for more and freer interpretations. The grid is a regulatory system which pre-empts the basic formal decisions. At the same time, its preconditions help in the structuring, division and ordering of a printed page. Of course, it is also possible to do without such preconditions and play around with a style of design which obeys only the laws of chance and the artist's caprice. Either of*

不要那些反契肖德的论调，比尔的论文极具说服力，虽然他思想的开发程度足以创造一种更新、更先进的学说。究竟对称形式还是非对称形式中哪个才是唯一正确的选择的争论现在显得有些多余了。我们现在可以平静地将带有文艺复兴的烙印的、在巴洛克时代书籍封面设计中达到形式主义极至的，在十九世纪走向低谷的镜像对称形式抛开，但是，我们会试图将对称设计（复数形式）包括到我们的现代版面设计中来，并在某些适当的场合给予它适当的形式。

*Disregarding the anti-Tschichold polemic, Bill's thesis is of matchless clarity, while his thoughts, without ever becoming random, are open enough to be capable of replacement by a completely new and more advanced doctrine. The dispute as to whether symmetry or asymmetry is the only right way has become redundant. We can now quietly lay aside the mirror symmetry that was marked by the Renaissance, reached its high point of absurdity in the formalistic baroque book title page and its absolute low point in the decadence of the 19th century. Instead, we can attempt to include symmetries (in the plural!) in our typography, in a contemporary form as an addition to asymmetry in a few appropriate instances.*

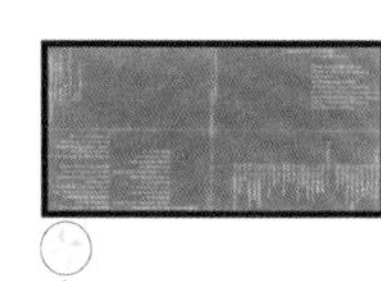

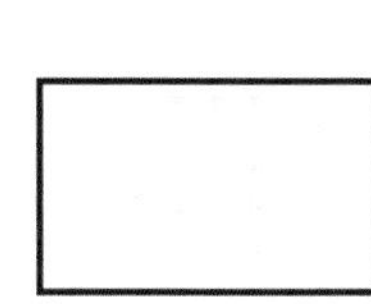

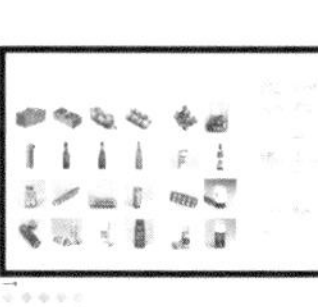

责任编辑：章腊梅
装帧设计：葛　烨　徐茜雅
责任校对：杨轩飞
责任印制：张荣胜

**图书在版编目（CIP）数据**

网格系统与版式设计 / 方舒弘著. -- 杭州 : 中国美术学院出版社, 2022.5（2024.1 重印）
中国美术学院·国家一流专业·视觉传达设计教材系列 / 毕学锋主编
ISBN 978—7—5503—2822—8

Ⅰ. ①网… Ⅱ. ①方… Ⅲ. ①版式 — 设计 — 高等学校 — 教材 Ⅳ. ① TS881

中国版本图书馆 CIP 数据核字（2022）第 034703 号

[ 新形态教材 New Integrated Form of Coursebook ] 中国美术学院
国家一流专业·视觉传达设计教材系列 / 毕学锋　主编

**网格系统与版式设计**

**方舒弘　著**

出 品 人　祝平凡
出版发行　中国美术学院出版社
地　　址　中国·杭州南山路 218 号　邮政编码：310002
网　　址　http://www.caapress.com
经　　销　全国新华书店
印　　刷　浙江省邮电印刷股份有限公司
版　　次　2022 年 5 月第 1 版
印　　次　2024 年 1 月第 2 次印刷
印　　张　12
开　　本　787mm×1092mm　1/16
字　　数　180 千
印　　数　2001—4000
书　　号　ISBN　978-7-5503-2822-8
定　　价　98.00 元